MODERNER PFLANZENBAU

Fundiertes Wissen für Ausbildung und landwirtschaftliche Praxis

Josef Aigner
Josef Altenburger

avBUCH

Liebe/r Leser/in,

wir freuen uns, dass wir dir mit unserem Buch neue Inspiration liefern dürfen und hoffen, es wird dir gefallen. Weitere Leseabenteuer mit verbriefter Fachinformation findest du auf www.cadmos.de

Wenn du mit uns in Verbindung treten oder deine Erfahrungen teilen möchtest, dann tue das bitte unter:
https://www.facebook.com/cadmosverlag
https://www.instagram.com/cadmosverlag
oder per Mail an info@cadmos.at

Wir freuen uns schon jetzt über dein Feedback!

Haftungsausschluss

Die Inhalte dieses Fachbuches wurden mit größter Sorgfalt und nach dem aktuellen Stand von Wissenschaft, Praxis und Rechtlage zusammengestellt. Dennoch kann keine Gewähr für die Vollständigkeit, Richtigkeit und Aktualität der Angaben übernommen werden.

Insbesondere bei der Anwendung von Pflanzenschutz- und Düngemitteln ist stets die jeweils geltende gesetzliche Regelung zu beachten. Die in diesem Buch genannten Mittel, Dosierungen und Verfahren stellen keine Empfehlung im rechtlichen Sinne dar, sondern dienen ausschließlich der fachlichen Information. Es liegt in der Verantwortung der Anwender, vor dem Einsatz die aktuell gültigen Zulassungen, Anwendungsbestimmungen, Sicherheitsvorschriften sowie die Produktetiketten und Sicherheitsdatenblätter sorgfältig zu prüfen und zu befolgen.

Die Autoren und der Verlag übernehmen keine Haftung für Schäden oder Verluste, die aus einer unsachgemäßen oder gesetzeswidrigen Anwendung von Produkten oder Verfahren resultieren.

Aktuelle Links zu EU-Richtlinien, amtlichen Verzeichnissen, nützlichen Downloadangeboten von Behörden und Institutionen findest du auf der Website https://fachbuch.cadmos.de/pflanzenbau

Bildquellennachweis

Umschlag: Shutterstock/Oh jeong kwan, Photoongraphy, Fotokostic

Innenteil: *Aichele:* Was blüht denn da? Franckh'sche Verlagsbuchhandlung Stuttgart.
Aufhammer/Fischbeck: Getreide – Produktionstechnik und Verwertung, VUA.
Berger u. a.: Pflanzenproduktion – Band 1, ÖAV/Stocker Verlag.
Berger u. a.: Pflanzenproduktion – Band 1, ÖAV/Stocker Verlag.
Berger u. a.: Pflanzenproduktion – Band 2, ÖAV/Stocker Verlag.
Biebl/Germ: Praktikum der Pflanzenanatomie, Springer.
Bundesanstalt f. Bodenwirtschaft: Richtlinien für die sachgerechte Düngung, Wien.
Dörfler/Hüffmeier: Pflanzliche Erzeugung – Die Landwirtschaft 1. Teil A, BLV.
Herrmann/Meyer-Ötting: Agrarwirtschaft – Fachstufe Landwirt, BLV.
Herrmann/Meyer-Ötting u. a.: Agrarwirtschaft – Grundstufe 1, BLV.
Kämpf/Petzold: Erfolgreicher Zuckerrübenbau, VUA.
Lexikothek: Das Reich der Pflanzen, Bertelsmann Lexikon-Verlag.
Pretzler: Landtechnik und Baukunde – Band 3/Stocker Verlag.
Ruckenbauer: Beratungsschrift Nr. 7 der Österreichischen Düngerberatungsstelle, Wien.
Traktor aktuell, 1/97.
Zscheischler: Handbuch Mais – Anbau und Verwertung, VUA.

avBUCH im CADMOS Verlag

14., komplett überarbeitete und erweiterte Auflage

Satz: Hantsch PrePress Services OG, Wien
Lektorat: Ing. Barbara P. Meister MA, FachLektor.at, Wien
Druck: www.graspo.com

ISBN: 978-3-8404-8326-4

INHALTSVERZEICHNIS

ALLGEMEINER PFLANZENBAU

1. Bodenkunde

1.1. Die Bedeutung des Bodens

Unter „Boden" im landwirtschaftlichen Sinn verstehen wir die oberste, lockere und von Pflanzen bewachsene Verwitterungsschichte der Erdrinde.
Diese Schichte wird dauernd durch den Einfluss von chemischen und physikalischen Vorgängen (Klima, Pflanze, Mensch) verändert.

1.1.1. Aufgabe des Bodens

Der Boden soll das Wachstum der Pflanzen ermöglichen, indem er Wasser und Nährstoffe speichert und freisetzt sowie den Abbau von abgestorbenen organischen Stoffen mit Hilfe des Bodenlebens besorgt!

Zusätzlich zur Nährstoff- und Wasserspeicherung spielt der Boden eine zentrale Rolle im Klimaschutz, indem er große Mengen an Kohlenstoff speichert und so zur Reduktion von Treibhausgasen beiträgt. Durch gezielte Maßnahmen wie die Förderung von Dauerhumus und konservierende Bodenbearbeitung kann der Kohlenstoffspeicher des Bodens langfristig erhöht werden.

1.2. Chemische Grundbegriffe

Der Landwirt lebt naturverbunden und er muss daher wissen, dass chemische Vorgänge im Boden und in der Pflanze die Grundlage der pflanzlichen Produktion sind.

Chemische Vorgänge wirken im Besonderen auf:

- Nährstoffangebot aus dem Boden
- Ernährung und Wachstum der Pflanzen
- Qualität der Ernteprodukte

1.2.1. Die chemischen Elemente

Die einfachsten Bausteine der Natur, die sich nicht mehr weiter zerlegen lassen, werden als Grundstoffe oder Elemente bezeichnet. Bis heute sind 105 solcher Elemente bekannt. Davon liegen 2 in flüssiger, 9 in gasförmiger und der Rest in fester Form vor.
13 dieser Elemente konnten bis jetzt künstlich hergestellt werden.

Die Grundstoffe werden infolge ihrer verschiedenen Eigenschaften in Metalle und Nichtmetalle eingeteilt:

Nichtmetalle		**Metalle**	
Element	*Zeichen*	*Element*	*Zeichen*
Kohlenstoff	C	Kalium	K
Sauerstoff	O	Kalzium	Ca
Wasserstoff	H	Magnesium	Mg
Stickstoff	N	Natrium	Na
Phosphor	P	Aluminium	Al
Schwefel	S	Eisen	Fe
Silizium	Si	Kupfer	Cu
Bor	B	Zink	Zn
Jod	J	Zinn	Sn
Chlor	Cl	Mangan	Mn
		Molybdän	Mo
		Kobalt	Co
		Cadmium	Cd
		Quecksilber	Hg

Geben Sie an, in welchen Bereichen des tägl. Lebens Metalle und Nichtmetalle anzutreffen sind!

Die häufigsten Elemente der Erdrinde

Element	*Anteil in %*	*Element*	*Anteil in %*
Sauerstoff	46,6	Natrium	2,8
Silizium	27,7	Kalium	2,6
Aluminium	8,1	Magnesium	2,1
Eisen	5,0		
Kalzium	3,6	alle übrigen unter 1 %	

1.2.2. Atome – Moleküle – Ionen

Die kleinste Einheit eines Grundstoffes ist das Atom, welches sich mit herkömmlichen Mitteln nicht weiter teilen lässt. Heute ist es jedoch möglich, durch eine Kernspaltung auch Atome zu zerkleinern, wobei einerseits enorme Kräfte, andererseits

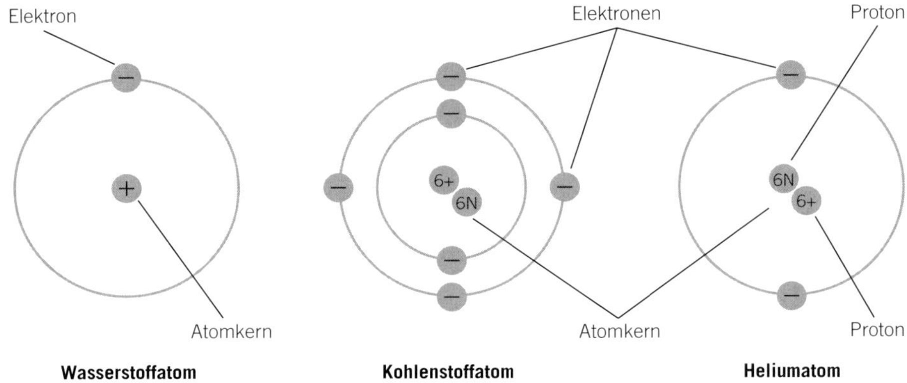

Aufbau der Atome (Beispiele: Wasserstoffatom – Kohlenstoffatom – Heliumatom).

jedoch auch gefährliche Strahlungen freigesetzt werden. Siehe Kernkraftwerke und Atombombe!

Beschreiben Sie den Aufbau eines Atoms!

Ein Atom besteht aus einem elektrisch positiv geladenen Atomkern und der elektrisch negativ geladenen Atomhülle. Der Atomkern besteht aus den Protonen (+-Ladung) und den Neutronen (neutral), die Atomhülle aus Elektronen (–-Ladung), die den Atomkern umkreisen.

Ist die Anzahl der Protonen und Elektronen gleich, so ist das Atom neutral. Häufiger ist jedoch, dass die Atome Elektronen abgeben (das Atom wird positiv geladen) oder Elektronen aufnehmen (das Atom wird negativ geladen). Solcherart geladene Atome bezeichnet man nun als „Ionen“.

Die unterschiedlichen elektrischen Ladungen bewirken die Entstehung von verschiedenen chemischen Verbindungen, da sich Atome mit entgegengesetzter Ladung anziehen!

Die Moleküle sind chemische Verbindungen, die aus mehreren gleichartigen, aber auch unterschiedlichen Atomen aufgebaut sein können.

Die Moleküle weisen dann neue Eigenschaften auf, im Gegensatz zu den Atomen, aus denen sie entstanden sind.

Beispiel: Wasser

Strukturformel:

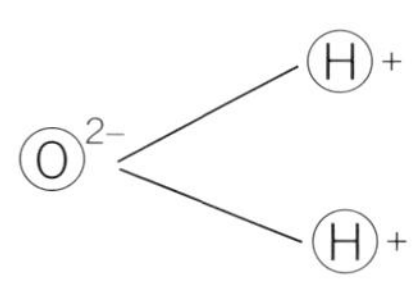

Summenformel: H_2O

1.2.3. Chemische Reaktionen

Bei den verschiedenen chem. Reaktionen entstehen aus Atomen oder Molekülen neue chem. Verbindungen.

Zu den wichtigsten chem. Reaktionen zählen:

Die Oxidation

Nennen Sie wichtige Oxidationsformen!

Darunter versteht man die Verbindung eines Stoffes mit Sauerstoff.

Es gibt sehr lebhafte Oxidationsvorgänge, begleitet von Licht- und Wärmeentwicklung, die man als Verbrennung bezeichnet. Weniger lebhafte Reaktionen sind z. B. das Rosten von Eisen, die Atmung und die Verwesung.

Auch unsere Erde, die ursprünglich in einem feurig-flüssigen Zustand war (= Verbrennung), besteht zum überwiegenden Teil aus Oxiden.
Verbindet sich ein Metall mit Sauerstoff, so entsteht ein Metalloxid; durch die Verbindung eines Nichtmetalls mit Sauerstoff entsteht ein Nichtmetalloxid.

Die Reduktion

Dies bedeutet eine Verringerung bzw. die Entfernung des Sauerstoffes aus einer Verbindung. Dies trifft z. B. auf Eisenverbindungen im Boden zu.

Die Dissoziation

Eine chem. Verbindung zerfällt oder wird in einfachere Bestandteile zerlegt, z. B. werden Mineraldünger durch Wasser aufgelöst und in Ionen zerlegt.
Diese können von den Pflanzen dann als Nährstoffe aufgenommen werden.

1.2.4. Wichtige Verbindungen der anorganischen Chemie

Grundstoffe: Nichtmetalle und Metalle
↓ ↓
bei Verbrennung verbinden sie sich mit Sauerstoff und liefern
↓ ↓
Oxide: der Nichtmetalle — der Metalle
mit Wasser zusammengebracht, entstehen
↓ ↓
Verbindungen: Säuren — Laugen
beide zusammengebracht, liefern
↓ ↓
Salze

Die Säuren

Säuren entstehen aus der Verbindung eines Nichtmetalloxids mit Wasser. Sie schmecken sauer, haben eine ätzende Wirkung und färben blaues Lackmuspapier rot.
Ein praktisches Beispiel für die Entstehung und Verwendung einer Säure finden wir beim Ausschwefeln von Fässern.
Es wird ein mit Schwefel getränkter Papierstreifen verbrannt, wodurch ein Nichtmetalloxid entsteht. Dieses verbindet sich mit der Feuchtigkeit im Fass zur Schwefelsäure, welche Krankheitserreger abtötet.

Nennen Sie wichtige Merkmale der Säuren!

Weitere wichtige Säuren

Salzsäure .... Salpetersäure ....

Kohlensäure .... Kieselsäure ....

Phosphorsäure ....

Tragen Sie die chem. Formeln ein!

Die Laugen

Laugen oder Basen entstehen aus einer Vereinigung von Metalloxiden mit Wasser. Sie fühlen sich seifig an, sind ebenfalls ätzend und färben rotes Lackmuspapier blau.

Nennen Sie die wichtigsten Merkmale der Laugen!

Ein praktisches Beispiel für die Entstehung und Verwendung einer Lauge ist die Herstellung einer Kalklauge. Diese bildet sich, wenn man Kalkoxid (Branntkalk) mit Wasser zusammenbringt (Kalklöschen). Wird diese Lauge z. B. als Stallanstrich verwendet, so führt dies zu einer Desinfektion.

Tragen Sie die chem. Formeln ein!

Weitere wichtige Laugen

Kalilauge .... Magnesiumlauge ....

Natronlauge .... Eisenlauge ....

Die Salze

Wodurch unterscheiden sich die Salze von Säuren und Laugen?

Salze entstehen, wenn man eine Säure und eine Lauge in einem bestimmten Verhältnis mischt. Es entsteht eine neue, salzig schmeckende Verbindung, die weder blaues noch rotes Lackmuspapier färbt, also neutral ist.

Neben dem Salz entsteht bei der Neutralisation auch noch Wasser.

$$Ca(OH)_2 + H_2SO_4 = CaSO_4 + 2\ H_2O$$

Kalklauge + Schwefelsäure = Gips + Wasser

Weitere wichtige Salze

Ordnen Sie einige bekannte Dünger diesen Salzen zu!

Salze der Phosphorsäure – Phosphate
Salze der Schwefelsäure – Sulfate
Salze der Kohlensäure – Karbonate
Salze der Salpetersäure – Nitrate
Salze der Salzsäure – Chloride
Salze der Kieselsäure – Silikate

Die meisten Gesteine, die am Aufbau unserer Erde beteiligt sind, sind chemisch gesehen Salze und somit auch die in der Landwirtschaft verwendeten Handelsdünger.

Eine wichtige Neutralisation, die der Landwirt durchzuführen hat, ist die Verringerung der Säurewirkung im Boden, indem er eine Kalkung durchführt.

Bekanntlich benötigen die meisten Kulturpflanzen einen leicht sauren bis neutralen Boden!

Expertenwissen

Bodenkolloide wie Humus und Ton sind entscheidend für die Kationen-Austauschkapazität (KAK), die das Nährstoffpuffervermögen des Bodens bestimmt. Eine hohe KAK begünstigt die Pufferung gegen Säuren und Laugen und optimiert die Nährstoffverfügbarkeit für Pflanzen. Diese Kapazität variiert je nach Bodentyp und wird durch den Humus- und Tongehalt entscheidend beeinflusst.

1.2.5. Wichtige Verbindungen der organischen Chemie

Die organische Chemie befasst sich mit dem Kohlenstoff und seinen Verbindungen, welche in der belebten Natur in großer Zahl vorkommen (ca. 1 000 000).
Die organischen Verbindungen werden wie folgt eingeteilt:

Die Kohlenwasserstoffe

Diese bestehen nur aus C- und H-Atomen, z. B.:

Alkane – dazu zählen die leicht brennbaren Bestandteile von Erdöl, Erdgas und Kohle (Methan, Äthan, Propan, Butan).

Alkene und Alkine – diese sind sehr explosiv (Äthylen, Acetylen).

Alkohole – der bekannteste Alkohol ist der Äthylalkohol, der bei der alkoholischen Gärung aus Frucht- und Traubenzucker unter Mitwirkung von Hefepilzen entsteht. Zu den Alkoholen zählen noch der Methylalkohol und das Glyzerin.

Vorsicht, Gärgas!

Organische Säuren

Viele dieser Säuren sind auch für die Landwirtschaft von Bedeutung, wie z. B.:

Essigsäure – diese entsteht aus Alkohol unter Mitwirkung von Essigsäurebakterien.

Propionsäure – diese wird zur Konservierung von Futtermitteln und zur Herstellung bestimmter Unkrautbekämpfungsmittel verwendet.

Milchsäure – entsteht bei der Vergärung von Milch- und Traubenzucker mit Hilfe von Milchsäurebakterien. Sie kommt in saurer Milch, in Sauerkraut und in Silagen vor.

Nennen Sie Lebensmittel, die mittels organ. Säuren konserviert werden!

Buttersäure – wird durch Buttersäurebazillen verursacht und kommt in ranziger Butter sowie in verdorbener Silage vor.

Fettsäuren – sind Bestandteile der Fette.

Aminosäuren – sind Eiweißbausteine und in der menschlichen und tierischen Ernährung von großer Bedeutung.

Kohlenhydrate

Diese Verbindungen enthalten neben dem Kohlenstoff noch Wasserstoff und Sauerstoff. Sie werden von den Pflanzen aus CO_2 und H_2O aufgebaut!

Erklären Sie die Bedeutung der Kohlenhydrate für die Ernährung!

Einteilung der Kohlenhydrate

Einfachzucker	*Doppelzucker*	*Vielfachzucker*
Traubenzucker	Rübenzucker	Stärke
Fruchtzucker	Milchzucker	Zellulose
Schleimzucker	Malzzucker	Pektin
		Glykogen

Fettstoffe

Diese Verbindungen bestehen aus dem Glyzerin und verschiedenen Fettsäuren.

Wir unterscheiden:

die festen Fette (z. B. Rindertalg),
die flüssigen Fette (z. B. Pflanzenöle),
die Wachse (z. B. Bienenwachs) sowie
die Seifen – entstehen durch eine Verbindung von Fettsäuren und Laugen.

Eiweißstoffe

Diese sind organische Stickstoffverbindungen, die einen wesentlichen Bestandteil der pflanzlichen und tierischen Zellen bilden. Eiweißmoleküle bestehen aus einer großen Anzahl von Atomen (bis einige Millionen).

Wir unterscheiden:

Proteine – eiweißartige Stoffe, die in der Milch, im Blut und in Eiern vorkommen.

Proteide – enthalten auch noch andere Stoffe, wie Zucker, Fette und Farbstoffe.

Wirkstoffe – sind eiweißartige Stoffe, zu denen Hormone, Enzyme und pflanzliche Gifte gehören.

Lösen Sie die im Anschluss an das Kapitel „Bodenkunde" folgenden Fragen 1 bis 10!

1.3. Die Entstehung der Böden

Die feste Erdoberfläche (Erdrinde), deren Stärke etwa 60 km beträgt, setzt sich aus verschiedenen Mineralien und Gesteinen zusammen. Es sind dies die aus der feurig-flüssigen Schmelzmasse (Magma) im Urzustand der Erde durch Abkühlung erstarrten Gesteine, wie Granit, Basalt, sowie die Minerale Quarz, Feldspat, Glimmer u. a.
Die Gesteinszersetzung (Verwitterung) begann bereits vor Millionen Jahren und wird auch heute noch fortgesetzt. Sie ist die Grundlage der Bodenbildung.
Nach den dabei mitwirkenden Kräften unterscheidet man:

1.3.1. Die physikalische Verwitterung

Nennen Sie jene Kräfte, die den Zerfall der Gesteine bewirken!

Durch den wechselnden Einfluss von Erwärmung und Abkühlung entstehen in den Gesteinen Spannungen. Später bilden sich Risse, die zu einem Gesteinszerfall führen. Dringt in diese Spalten Wasser ein, welches anschließend gefriert, so bewirkt die Sprengwirkung des Eises einen weiteren Zerfall der Gesteine.
Zur physikalischen Verwitterung zählen auch noch die Sprengwirkung von Pflanzenwurzeln, die Bewegung der Gletscher und das Fließen von Wasser.

1.3.2. Die chemische Verwitterung

Hier kommen vor allem der Lösungswirkung von Wasser und im Wasser gelösten Stoffen (Kohlen-, Kiesel- und Humussäure) große Bedeutung zu. Auch die Pflanzen sind aktiv an der chemischen Verwitterung beteiligt, indem sie Säuren und andere Stoffe in den Boden ausscheiden.
Die physikalischen und chemischen Verwitterungsvorgänge verlaufen ständig, gleichzeitig und miteinander!

Zusammenfassend bewirkt die Verwitterung

- eine Zerkleinerung des Gesteins,
- ein Herauslösen von Pflanzennährstoffen,
- die Entstehung von Sand und Ton.

Expertenwissen

Der Klimawandel beeinflusst die Bodenbildungsprozesse durch verstärkte Witterungsextreme. Böden sind heute stärker als je zuvor durch Erosion, Hitze und unregelmäßige Niederschläge bedroht, die die physikalische Verwitterung beschleunigen. Diese Prozesse führen zur verstärkten Freisetzung von Mineralien, was die langfristige Bodenqualität gefährden kann.

1.3.3. Die Einteilung der Böden nach ihrer Entstehung

Verwitterungsböden

Die Verwitterungsprodukte sind am Ort ihrer Entstehung liegen geblieben. Sie sind häufig seichtgründig, steinig und nicht sehr fruchtbar. Sie sind in Berggebieten und im Wald- und Mühlviertel anzutreffen.

Umgelagerte Böden

Die Umlagerung der Verwitterungsprodukte kann verschiedene Ursachen haben:

- Ablagerungen fließender Gewässer (Schwemmlandböden). Ihre Zusammensetzung kann lehmig bis schottrig sein.
- Ablagerungen von Eiszeitgletschern (Geschiebeböden).
- Ablagerungen durch den Wind (Lößböden). Eiszeitlicher Moränenstaub wurde über weite Strecken verfrachtet. Diese Böden sind häufig im nordöstlichen Weinviertel anzutreffen.

Geben Sie an, wie die Böden in Ihrer näheren Umgebung entstanden sind!

Moorböden

Diese sind aus großen Massen abgestorbener Wasserpflanzen entstanden und infolge von Luftmangel vertorft. Der Anteil an mineralischen Bestandteilen ist sehr gering.

Lösen Sie die im Anschluss an das Kapitel „Bodenkunde" folgenden Fragen 11 bis 16!

1.4. Die Bestandteile des Bodens

Hauptbestandteile:

- Sand
- Schluff
- Ton
- Kalk

} anorganische Bestandteile

- Humus → organischer Bestandteil

Weitere Bestandteile:

- Bodenlebewesen
- Bodenwasser
- Bodenluft
- Nährstoffe

Der Boden ist daher ein Gemisch aus mineralischen und organischen Bestandteilen. In seinen Hohlräumen befinden sich die Bodenlebewesen sowie Wasser und Luft!

1.4.1. Die Hauptbestandteile des Bodens

Der Sand

Geben Sie die ungünstigen Eigenschaften eines Bodens mit sehr hohem Sandanteil an!

Unter Sand versteht man Bodenteilchen mit einer Größe von 0,06 bis 2 mm. Er lockert den Boden und führt zu einer raschen Erwärmung. Der Sand begünstigt das Versickern des Wassers. Bei seiner Verwitterung werden Nährstoffe frei.

Bodenbestandteile, die größer als 2 mm sind, nennt man Steine. Diese haben einen ungünstigen Einfluss auf die Bodeneigenschaften und erschweren die Bearbeitung.

Der Schluff

Die Schluffteilchen haben eine Größe von 0,002 bis 0,06 mm und liegen somit zwischen dem Sand und dem Ton.

Er besitzt ein gutes Speichervermögen für Wasser und ein mittleres Nährstofffesthaltevermögen. Schluffreiche Böden neigen zu Verdichtungen und weisen eine mittlere Bearbeitbarkeit auf.

Der Ton

Erläutern Sie die wichtigsten Eigenschaften der Kolloide!

Der Ton ist das wichtigste Verwitterungsprodukt mit einer Teilchengröße unter 0,002 mm. Ton besitzt die Eigenschaft eines Kolloides, das heißt, er hat die Fähigkeit, Wasser und Nährstoffe zu binden und wieder abzugeben, zu quellen und zu schrumpfen und Sandteilchen zu verkleben. Der Ton beeinflusst daher den Wasser-, Luft- und Nährstoffhaushalt eines Bodens ganz besonders!

Schwere Böden (Ton- und Lehmböden) können mehr Nährstoffe speichern als leichte Böden (Sandböden), die arm an Kolloiden sind.

Beschriften Sie die dargestellten Kolloide richtig!

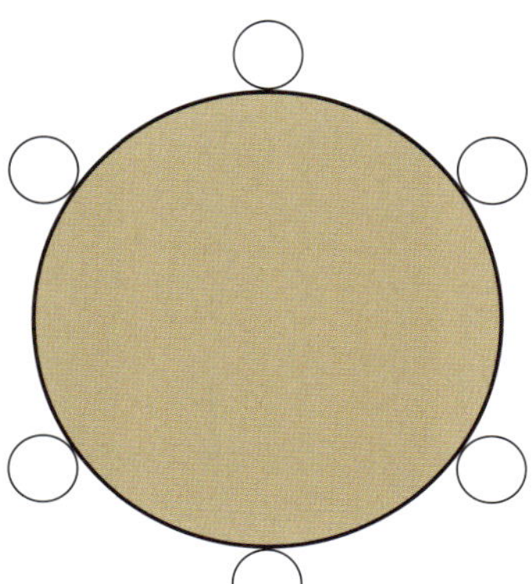

gesättigt

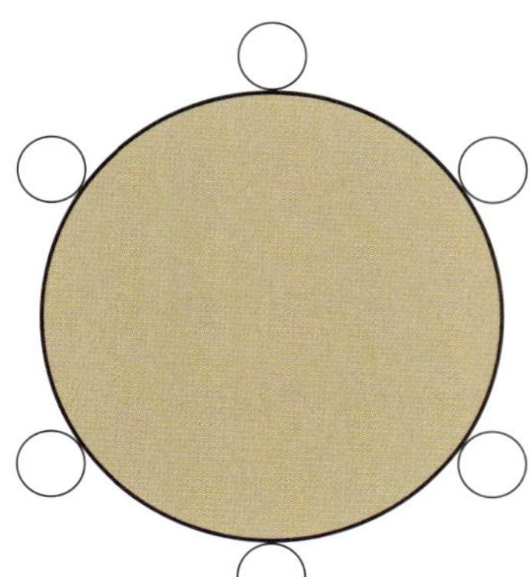

ungesättigt

Aber nicht alle Nährstoffe werden gleich stark an die Kolloide gebunden. So werden z. B.:

- stark gebunden – Phosphor, Kalium, Ammonium,
- schwächer gebunden – Kalk, Natrium, Magnesium,
- wenig gebunden – Nitratstickstoff.

Diese Eigenschaft der Kolloide ist der Grund dafür, dass manche Nährstoffe leicht und andere nur schwer ausgewaschen werden können.
Tonteilchen, die viele Nährstoffe gebunden haben, nennt man gesättigt, solche, die wenig Nährstoffe, jedoch viele H^+-Ionen gespeichert haben (dies kann zu einer Auflösung der Kolloide führen), nennt man ungesättigt.

Der Kalk

Der Kalkgehalt eines Bodens ist abhängig vom Ausgangsmaterial, aus dem der Boden gebildet wurde und ist daher sehr unterschiedlich.

Erklären Sie, wie der Kalkgehalt eines Bodens verbessert werden kann!

Aufgaben des Kalkes im Boden:

- Neutralisation verschiedener Säuren (pH-Wert-Regelung),
- Sättigung der Bodenkolloide,
- Kittsubstanz für die Krümelbildung,
- Pflanzennährstoffe.

Reicht der natürliche Kalkvorrat des Bodens nicht aus, so ist die Zufuhr von Düngekalk erforderlich!

Der Humus – Organische Substanz

Die gesamte abgestorbene Bodensubstanz wird als Humus bezeichnet. Wir kennen folgende Humusarten:

Humus
Nährhumus / \ Dauerhumus

Nennen Sie die zwei bedeutendsten Humusarten!

Der Nährhumus

Darunter verstehen wir die leicht zersetzbaren Bestandteile der organischen Substanz, wie Zucker, Stärke und Eiweiß.
Der Nährhumus dient den Bodenlebewesen als Nahrung!

Der Dauerhumus

Der Dauerhumus besteht aus den schwer zersetzbaren organischen Verbindungen und er wird daher nur langsam abgebaut. Das Vorhandensein von Dauerhumus ist entscheidend für die Fruchtbarkeit des Bodens, denn:

- er ist ein Kolloid und vermag daher Wasser und Nährstoffe zu binden (besser als der Ton),
- er ist für den Aufbau eines guten Bodengefüges unerlässlich,
- seine dunkle Farbe fördert die Erwärmung des Bodens,
- er enthält die Hauptmasse des Bodenstickstoffes (Stickstoffreserve).

Geben Sie an, wie man den Humusgehalt eines landwirtschaftlich oder gartenbaulich genutzten Bodens verbessern kann!

Voraussetzungen für die Bildung von Dauerhumus sind:

- organisches Material (Mist, Kompost, Ernterückstände),
- ausreichend Feuchtigkeit und Wärme,
- gute Kalkversorgung des Bodens,
- nicht zu viel Sauerstoff,
- intensives Bodenleben.

Bei Kalkmangel und Vernässung entsteht Rohhumus, welcher keine Kolloidwirkung aufweist und stark versauernd wirkt!

1.4.2. Weitere wichtige Bodenbestandteile

Die Bodenlebenwesen

Die Bodenlebewesen sind ein entscheidender Bestandteil eines fruchtbaren Bodens. Je nach ihrer Zugehörigkeit zur Pflanzen- oder Tierwelt unterscheidet man die Bodenflora und die Bodenfauna.

Arten von Bodenlebewesen

pflanzliche Organismen	*tierische Organismen*
Bakterien	Einzeller
Pilze	Würmer
Algen	Insekten
	Tausendfüßler u. a.

Die Hauptmasse des Bodenlebens bilden die Pilze (60 %), gefolgt von den Bakterien (25 %), den Würmern (10 %) und anderen tierischen Lebewesen (5 %).

Beachte: Ein fruchtbarer Boden enthält bis zu 100 Millionen Mikroorganismen pro cm^3 oder bis 10 000 kg pro ha!

Expertenwissen

Aktuelle Forschungen zeigen, dass das Bodenmikrobiom aus einer komplexen Gemeinschaft von Mikroorganismen besteht, die maßgeblich zur Bodenfruchtbarkeit beitragen. Mithilfe moderner Analysemethoden wie der **Next-Generation-Sequencing-Technologie** wurde die Rolle der Bodenmikrobiota für die Nährstoffverfügbarkeit und Krankheitsresistenz der Pflanzen umfassender verstanden. Pilze und Bakterien beeinflussen durch ihre Symbiose mit Pflanzenwurzeln den Kohlenstoffkreislauf und die Stickstofffixierung.

Voraussetzungen für ein reges Bodenleben

- ausreichende Versorgung mit organischer Substanz,
- genügend Feuchtigkeit,
- warmer Boden,
- milde Bodenreaktion,
- ausreichend Sauerstoff.

Aufgaben der Bodenlebewesen

Die Bodenlebewesen zerlegen die organischen Substanzen, wodurch Nährstoffe frei werden (Mineralisation) und Humus gebildet wird.
Viele Bakterien zersetzen das Eiweiß und bilden daraus Salpeter – einen wichtigen Pflanzennährstoff. Unter ungünstigen Verhältnissen (Luftmangel) können jedoch auch salpeterzerstörende Bakterien auftreten.
Eine weitere wesentliche Aufgabe der Bodenlebewesen ist die Verbindung von Sand, Schluff, Ton und Humusteilchen, wodurch der Boden ein festes, dauerhaftes Gefüge bekommt.
Gewisse Bakterienarten können auch den in der Luft enthaltenen Stickstoff aufnehmen. Ein Beispiel hiefür sind die Knöllchenbakterien, die in den Wurzeln der Leguminosen leben.

Nennen Sie die wichtigsten Aufgaben der Bodenlebewesen!

Das Bodenwasser

Nur ein Boden, der Wasser enthält, ist in der Lage, den Pflanzen Nährstoffe in gelöster Form zuzuführen und so das Wachstum zu ermöglichen. Außerdem ist die Verwitterung des Gesteins vom Wasser abhängig!

Das Bodenwasser stammt überwiegend

- von den Niederschlägen (Regen, Schnee, Tau),
- vom Grundwasser – wenn dieses nicht tiefer als 1,5 m liegt.

Das in den Boden eindringende Wasser bezeichnet man als

- Sickerwasser – dieses wird in weiterer Folge zum
- Haftwasser – welches der Boden speichert oder zum
- Grund- oder Stauwasser.

Damit der Boden den darauf wachsenden Pflanzen das Wasser stets in ausreichender Menge zur Verfügung stellen kann, muss er zwei Eigenschaften aufweisen:

- die Wasserdurchlässigkeit
- das Wasserhaltevermögen

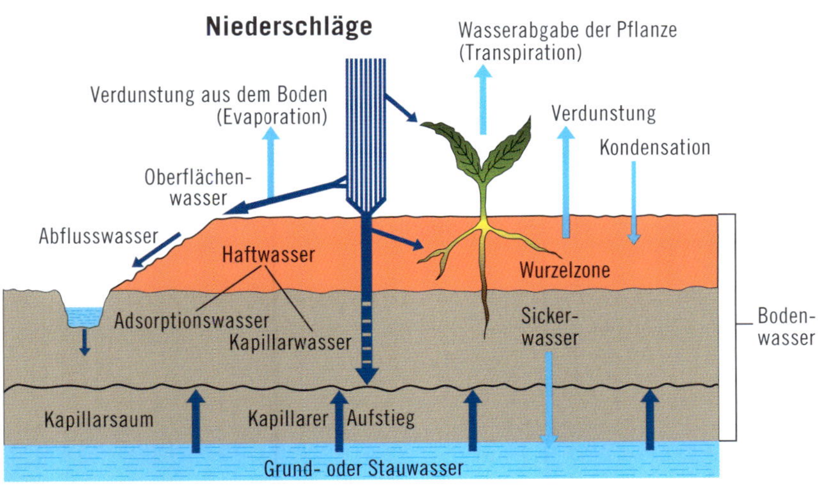

Der Boden als Wasserspeicher im natürlichen Kreislauf.

Geben Sie die drei Formen des Bodenwassers an!

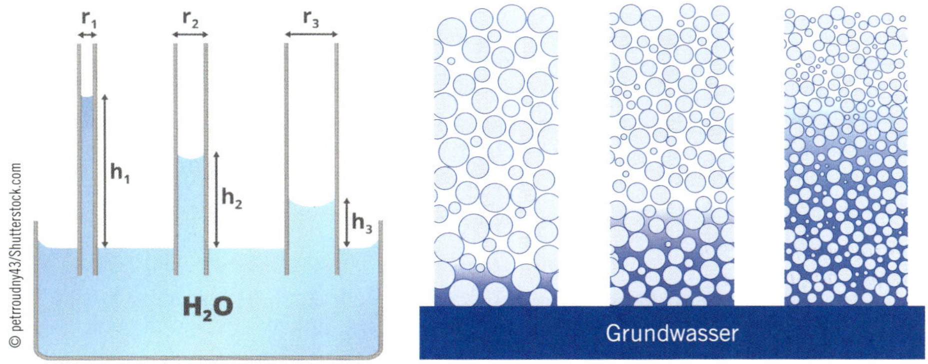

Darstellung der Haarröhrcheneffekt in einem Laborversuch (links) und die Wirkung der gleichen Kraft im natürlichen Boden (rechts).

Unter Wasserdurchlässigkeit verstehen wir die Eigenschaft des Bodens, das Niederschlagswasser mehr oder weniger schnell durch die Hohlräume zwischen den größeren Bodenteilchen durchsickern zu lassen.

Erklären Sie die Aufgaben des Wassers im Boden!

Sandböden (leichte Böden) haben eine höhere Wasserdurchlässigkeit als tonreiche (schwere Böden), da sie viele grobe Bodenbestandteile aufweisen.

Als Wasserhaltevermögen bezeichnen wir die Fähigkeit des Bodens, Wasser entgegen der Schwerkraft der Erde festzuhalten.

Die Ursache dieser wasserhaltenden Kraft liegt darin, dass die feinen Bodenbestandteile (Kolloide) das Wasser anziehen und festhalten können. Die Größe dieser Kraft hängt wiederum von der Bodenart ab. So beträgt z. B. das Wasserhaltevermögen eines Sandbodens ca. 20 %, das des Tonbodens bis 80 % seines Volumens.

Erläutern Sie, wie man die wasserhaltende Kraft eines Bodens erhöhen könnte!

Eine weitere wichtige Kraft, die das Wasserhaltevermögen eines Bodens beeinflusst, ist die Haarröhrchenkraft (Kapillarkraft).

Stellt man verschieden starke Glasröhrchen ins Wasser, so steigt dieses in ihnen auf und zwar umso höher, je feiner das Röhrchen ist. Der Grund dafür sind wasseranziehende und wasserabstoßende Kräfte, die in den feinen Glasröhrchen, aber auch in den feinen Hohlräumen des Bodens auftreten. Dieses Wasser ist besonders leicht pflanzenverfügbar!

Die Bodenluft

Da die Bodenlebewesen und die Pflanzenwurzeln Sauerstoff zum Atmen benötigen, ist das Vorhandensein von Luft im Boden ebenso wichtig wie sein Wassergehalt.

Geben Sie an, warum der Boden immer ausreichend mit Luft versorgt sein muss!

Da auch die Nährstoffaufnahme der Pflanzen und die Wurzelatmung eng zusammenhängen, ist es wichtig, dass der Boden stets gut durchlüftet und wenig verdichtet oder verkrustet ist.

Besonders luftbedürftig sind die Hackfrüchte!

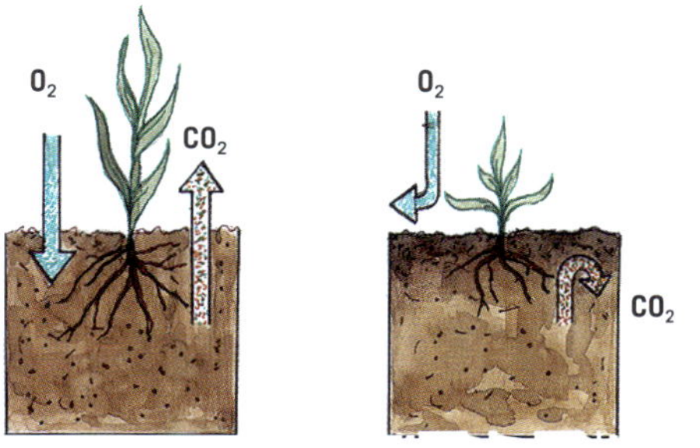

Gasaustausch zwischen Boden und Außenluft.

Eine unzureichende Bodendurchlüftung ist die Folge von stauender Nässe, mechanischen Bodenverdichtungen und oberflächlichen Verkrustungen. Notwendige Gegenmaßnahmen können sein: eine Entwässerung, eine mechanische Bodenlockerung, Zufuhr von Kalk und Humus sowie der Anbau von Pflanzen mit einer intensiven Durchwurzelung.

Die Bodennährstoffe

Der größte Teil der Nährstoffe im Boden stammt vom natürlichen Ausgangsmaterial, aus dem sich der Boden entwickelte. Es ist jedoch nur ein kleiner Teil dieses Gesamtnährstoffgehaltes für die Pflanzen verfügbar.

Der Nährstoffhaushalt eines Bodens ergibt sich aus:

Nährstoffzufuhren	*Nährstoffverlusten*
Verwitterung	Aufnahme der Pflanzen
Düngung	Abschwemmung
Niederschläge	Auswaschung

Wodurch lassen sich unproduktive Nährstoffverluste vermeiden?

....

....

....

1.5. Die Eigenschaften des Bodens

Zu den wichtigsten Bodeneigenschaften zählen:

- die Bindigkeit,
- das Speichervermögen,
- die Bodenstruktur,
- die Bodenreaktion,
- die Bodentemperatur.

Erklären Sie, worauf sich die Begriffe „schwerer“ und „leichter“ Boden beziehen!

1.5.1. Die Bindigkeit

Unter Bindigkeit versteht man die Zusammenhangskraft der einzelnen Bodenteilchen, wodurch den Bearbeitungsgeräten ein mehr oder weniger großer Widerstand entgegengesetzt wird.

In der Praxis spricht man daher, bezogen auf die Bearbeitbarkeit, von schweren und leichten Böden.

Die Bindigkeit macht sich besonders im Tonboden, im trockenen Zustand durch Festigkeit und im nassen Zustand durch Klebrigkeit bemerkbar.

Die Bindigkeit wird durch einen ausreichenden Humusgehalt und eine gute Krümelstruktur günstig beeinflusst.

1.5.2. Das Speichervermögen

Als Speichervermögen bezeichnet man die Eigenschaft eines Bodens, feinste Teilchen, vor allem gelöste Nährstoffe, nicht in tiefere Schichten verlagern zu lassen.

Die im Boden beweglichen Stoffe werden festgehalten durch:

- das mechanische Speichervermögen – der Boden wirkt wie ein Filter,
- das chemische Speichervermögen – es bilden sich schwer lösliche Verbindungen,
- das biologische Speichervermögen – Bodenlebewesen und Pflanzen nehmen Nährstoffe auf.

1.5.3. Die Bodenstruktur (Gefüge)

Je nachdem, wie die Bodenteilchen zueinander angeordnet sind, unterscheidet man:

Beschreiben Sie, wie es zur Bildung der wertvollen Krümelstruktur kommt!

- *Die Einzelkornstruktur:* Die Bodenteilchen lagern sich dicht, ohne jede Gesetzmäßigkeit, aneinander. Solche strukturkranken Böden weisen meist eine mehr oder weniger starke Verdichtung auf.
- *Die Krümelstruktur:* Sie ist eine dauerhafte, wasserbeständige Gefügeform, die auch als „Gare“ bezeichnet wird. Weist die oberste Bodenschicht diese Struktur auf, so ist dies die beste Voraussetzung für das Gedeihen der Pflanzen!

Vorgänge bei der Bildung von Krümeln

Primärteilchen – Sandkörnchen und Schluffteilchen werden durch Kalk, Ton und Humus verklebt.

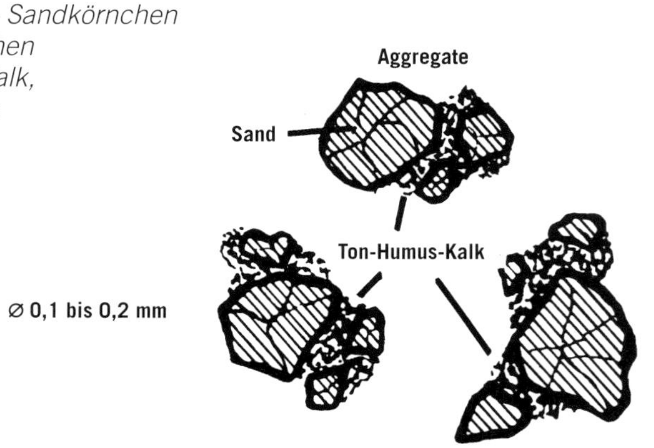

Primärteilchen
Pflanzenwurzeln
Bakterien
Pilzfäden

} Sekundärteilchen = „Krümel"

Voraussetzung für eine dauerhafte Krümelstruktur sind daher:

- Kolloide, die jedoch ihre klebende Wirkung nur bei Anwesenheit von Kalk beibehalten.
- Feinste Pflanzenwurzeln, Pilzfäden und die Ausscheidungen von Bakterien verbinden und festigen die Primärteilchen zu dauerhaften Krümeln. Diesen Vorgang bezeichnet man auch als „Lebendverbauung".

Da jedoch die Bodenlebewesen nur kurzlebig sind, ist die Krümelbildung ein ständiger Auf- und Abbau.

Durch welche Maßnahmen kann der Landwirt die Krümelbildung günstig beeinflussen?

....

....

Expertenwissen

In modernen Bodensystemen ist die Kolloidstruktur entscheidend für die Wasser- und Nährstoffspeicherung. Der Einsatz von **Pflanzenkohle (Biochar)** zeigt vielversprechende Ergebnisse, da diese poröse Kohlenstoffform die Wasserhaltefähigkeit und Bodenfruchtbarkeit nachhaltig verbessern kann. Pflanzenkohle bindet Wasser und Nährstoffe und fördert die mikrobielle Aktivität im Boden.

Der Gareschwund (Zerstörung der Krümelstruktur)

Dies kann die Folge sein von:

- Witterungseinflüssen (Starkregen),
- Kalkmangel,
- zu wenig organischer Substanz,
- garebelastender Fruchtfolge,
- falscher Bodenbearbeitung.

Die Auswirkungen einer zerstörten Krümelstruktur sind meist schwer wiegende Verdichtung der Ackerkrume, die die Pflanzenwurzeln nur schwer und bei fortgeschrittener Verdichtung überhaupt nicht mehr durchdringen lassen.

Nach dem Grad der Verdichtung unterscheidet man

Verdichtung 1. Grades (V 1) – leichte Verdichtung, der Boden wirkt bröckelig;
Verdichtung 2. Grades (V 2) – stärkere Verdichtung, der Boden wirkt schollig;
Verdichtung 3. Grades (V 3) – stärkste Verdichtung, der Boden bricht in großen Platten.

Pflanzenwachstum (Durchwurzelung) bei verschieden starken Bodenverdichtungen.

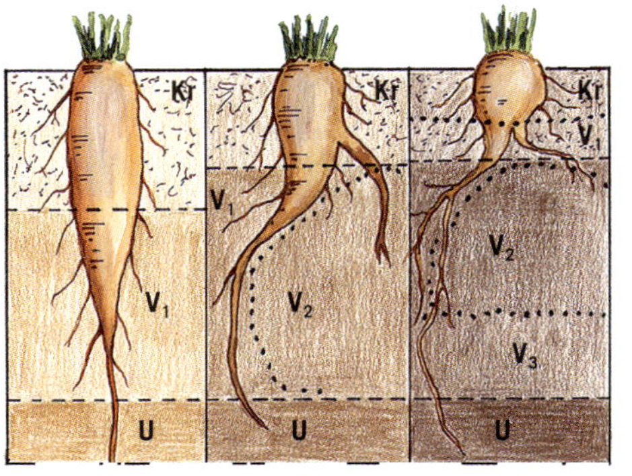

1 = normaler Boden
2 = verdichteter Boden
3 = stark verdichteter Boden
Kr= Krume
V_1, V_2, V_3 = verdichtete Schichten
U = Untergrund

Die Feststellung von Bodenverdichtung kann auf einfache Weise durch die Spatenblattprobe durchgeführt werden. Es wird dem Boden ein Erdziegel entnommen und dieser auf Verdichtung (V 1 bis 3) untersucht.

Die Spatenprobe: Mit der „Kralle" wird Krümel für Krümel des Bodenziegels gelöst und die Verdichtung entsprechend der geringeren oder größeren Härte des Bodens festgestellt.

Maßnahmen zur Verbesserung von strukturkranken Böden

Nennen Sie Möglichkeiten zur Verbesserung strukturkranker Böden!

- Überprüfung der Bodenreaktion (Kalkgehalt),
- Regelung der Wasserverhältnisse,
- Zufuhr von Humus,
- mechanische Lockerung, auch der tieferen Bodenschichten,
- Anbau von tiefwurzelnden Pflanzen (Leguminosen, Kreuzblütler),
- Vermeidung einseitiger Fruchtfolgen (Getreide, Mais) sowie
- schonende Bodenbearbeitung.

1.5.4. Die Bodenreaktion

Die chemische Reaktion eines Bodens wird durch verschiedene, im Wasser des Bodens gelöste Säuren, Laugen und Salze bedingt. Es kommt daher zu einer

sauren
neutralen } Reaktion
alkalischen

Ausgedrückt wird die Bodenreaktion durch die pH-Zahl. Diese ergibt sich aus dem Gewicht des freien Wasserstoffes (stammt überwiegend von den Bodensäuren) in 1 Liter Bodenlösung.

z. B. $\frac{1}{1\,000\,000}$ g H+ Ionen/l Wasser = pH 6.

Böden mit einer pH-Zahl von 7 bezeichnet man als neutral. Ist die Zahl kleiner als 7, so ist der Boden sauer, ist sie größer als 7, so ist er alkalisch.

Die genaue Einteilung des pH-Wertes nach landwirtschaftlichen Gesichtspunkten lautet:

Geben Sie an, in welchem pH-Bereich die Kulturpflanzen gut gedeihen können!

pH 4 und darunter = sehr stark sauer
pH 4,1–4,5 = stark sauer
pH 4,6–5,2 = sauer
pH 5,3–6,4 = schwach sauer
pH 6,5–7,4 = neutral

Landwirtschaftliche Kulturpflanzen gedeihen am besten im schwach sauren bis neutralen Bereich!

Es sind jedoch auch zwischen den einzelnen Kulturpflanzen verschiedene Ansprüche festzustellen.

Optimale Boden-pH-Werte für landwirtschaftliche Kulturen

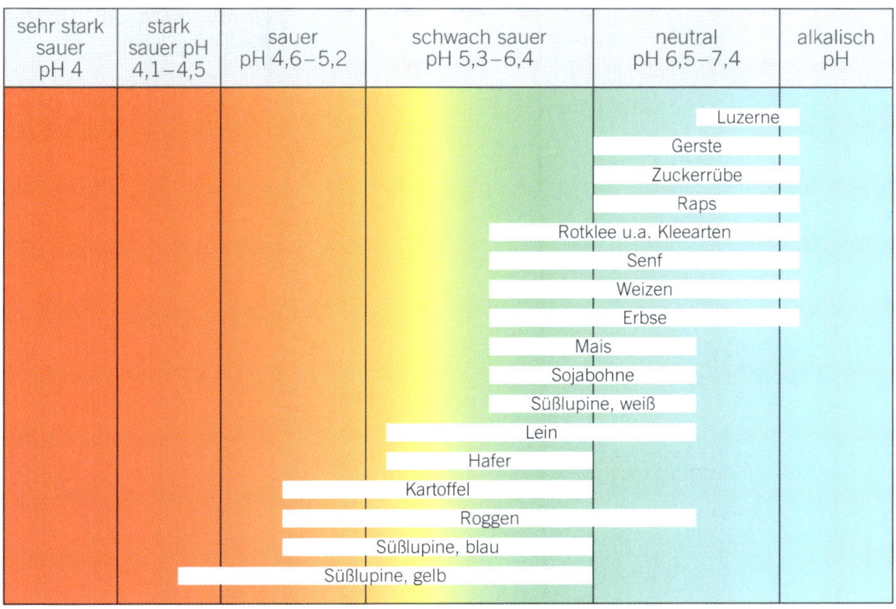

© Quelle der Werte: naturkalk.de

Die Ursachen einer Bodenversauerung sind

- Säureausscheidungen von Wurzeln und Mikroorganismen,
- Auswaschung von Kalk,
- sauer wirkende Düngemittel, z. B. Superphosphat,
- schlechte Durchlüftung des Bodens = Rohhumusbildung sowie
- Vernässung durch Grund- oder Stauwasser.

Gegenmaßnahmen bei einem sauren pH-Wert

Eine rasche Verbesserung ist nur durch eine gezielte Kalkzufuhr zu erreichen. Der Einsatz von kalkhältigen Düngemitteln ist ebenfalls eine geeignete Maßnahme, die Bodenreaktion auf dem gewünschten Stand zu halten.

Die Feststellung des pH-Wertes erfolgt durch

- eine Bodenuntersuchung (genauestes Ergebnis),
- einen Bodenprüfer mittels Universalindikator oder
- Zeigerpflanzen.

Beispiele für

saure Bodenreaktion ....

alkalische Bodenreaktion ....

1.5.5. Die Bodentemperatur

Diese hat besonders im Frühjahr große Bedeutung, da warme Böden zeitiger bearbeitet und bebaut werden können.

Die Bodentemperatur hat einen besonderen Einfluss auf:

- Keimung und Wachstum der Pflanzen,
- die Tätigkeit der Bodenlebewesen,
- Umsetzungsvorgänge im Boden (Humusbildung, Verwitterung).

Die Bodentemperatur wird während der Vegetationszeit von verschiedenen Faktoren beeinflusst:

- der Bodenart,
- der Hangneigung,
- der Bodenfarbe,
- der Bodenbedeckung und
- von den Niederschlägen.

Leichte Böden mit dunkler Farbe und südseitig gelegene erwärmen sich wesentliche rascher als schwere, feuchte Böden, besonders in Nordlage.

Die Bodeneigenschaften stehen in einem engen Zusammenhang mit der Bodenfruchtbarkeit.

Die Bodenfruchtbarkeit hängt ab von

- der Bodenart,
- einem guten Speichervermögen,
- ausreichendem Humusgehalt,
- einem hohen Nährstoffgehalt,
- einer günstigen Bodenreaktion,
- einer guten Struktur sowie
- einer entsprechenden Bodentiefe.

Die Kenntnis der Bestandteile und der Eigenschaften der Böden ermöglicht dem Landwirt,

- **seinen Boden richtig einzuschätzen,**
- **Fehler zu erkennen und**
- **die Bewirtschaftung darauf abzustellen!**

Lösen Sie die im Anschluss an das Kapitel „Bodenkunde" folgenden Fragen 17 bis 32!

1.6. Die Einteilung der Böden

Das ungleiche Mischungsverhältnis von Sand und Ton sowie der wechselnde Gehalt des Bodens an Kalk und Humus ergeben die Grundlage zur Einteilung der Böden.

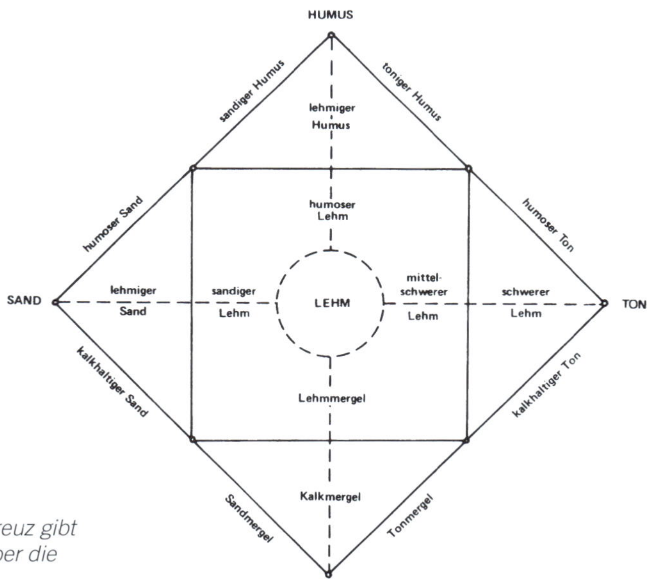

Das sogenannte Bodenkreuz gibt einen guten Überblick über die Bodenarten.

Die Böden werden nach ihrem Anteil an Hauptbodenbestandteilen eingeteilt in: Humus, Sand, Lehm, Ton und Kalk.

Reine Sand-, Ton-, Humus- und Kalkböden kommen in der Natur äußerst selten vor. Am häufigsten vertreten sind die Lehmböden, die hinsichtlich Zusammensetzung und Eigenschaften eine Mittelstellung einnehmen.

Eine genauere Einteilung der Bodenarten lässt sich mit Hilfe des so genannten Bodenviereckes durchführen.

Im inneren Viereck der vorherigen Zeichnung finden wir die gut gemischten und daher landwirtschaftlich wertvollen Bodenarten. Außerhalb liegen die einseitigen und daher schlechteren Bodenarten.

Expertenwissen

Die Klassifikation der Böden sollte heute anhand des World Reference Base for Soil Resources (WRB) Systems erfolgen, das weltweit als Standard zur Bodenbewertung anerkannt ist. Dies ermöglicht eine einheitliche Vergleichbarkeit und stellt sicher, dass die Bodenklassifikation international kompatibel bleibt.

1.6.1. Die Eigenschaften der wichtigsten Bodenarten

In der auf der nächsten Seite dargestellten Übersicht werden die Eigenschaften der wichtigsten Bodenarten beschrieben.

1.6.2. Die Bodenschichten (Bodenprofil)

Der schichtförmige Aufbau der Böden ist das Ergebnis einer langen Entwicklung unter dem Einfluss von:

Erklären Sie, wie die nebenstehenden Entwicklungseinflüsse die Bildung der Bodenschichten ermöglichen!

- Klima,
- Pflanzenwuchs,
- Ausgangsgestein,
- Oberflächenform,
- Mensch und
- Zeit.

Die Bodenschichten (Horizonte) entstehen durch Umwandlungs- und Umlagerungsvorgänge.
Die einzelnen Horizonte werden mit Großbuchstaben gekennzeichnet.

Das Bodenprofil

A-Horizont: humusreiche, dunkel gefärbte, stark belebte und durchwurzelte oberste Mineralbodenschichte (Ackerkrume oder **Oberboden** genannt).

B-Horizonte: humusärmere, schwächer belebte und durchwurzelte, rotbraun bis rötlich gefärbte und häufig dichter gelagerte Zwischen- oder Übergangsschichte (**Unterboden** genannt).

C-Horizont: kaum durchwurzelte und unbelebtes Ausgangsgestein (**Untergrund** genannt).

Nennen Sie jene Gebiete in Ihrem Bundesland, die diese Bodentypen aufweisen!

Das dargestellte Bodenprofil entspricht dem in Österreich häufig vorkommenden Braunerdeboden. Weitere wichtige Bodentypen sind:

- Schwarzerdeböden,
- Gley- und Pseudogleyböden,
- Kalkschwarzerdeböden (Rendsina),
- Bleicherdeböden (Podsol)

Übersicht über die Eigenschaften der Böden

Bodenart	Bestandteile und Gefüge	Wasser	Luft	Wärme	Nährstoffe	Bearbeitung	Besondere Eigenschaften
Sandboden	grobe Bodenbestandteile, körnig, locker, lose, wenig bindig	geringe wasserhaltende Kraft, wasserarm	sehr gute Durchlüftung	warmer Boden, erwärmt sich leicht und kühlt rasch ab	geringes Aneignungsvermögen für Nährstoffe, meist kalkarm und sauer	leicht zu bearbeiten, Erhaltung der Feuchtigkeit und Humusvermehrung ist anzustreben	tätiger Boden; ertragsunsicher, geeignet für Roggen, Kartoffel, Lupine, Buchweizen, Linse, Esparsette u. a.
Tonboden	hoher Feinbodenanteil, sehr hohe Bindigkeit, neigt leicht zur Verkrustung	sehr großes Wasserhaltungsvermögen	schlechte Durchlüftung	kalter Boden, erwärmt sich langsam und kühlt langsam ab	hoher Nährstoffgehalt, besonders Kali und Kalk	schwer zu bearbeiten, Erhöhung der Wasser- und Luftzirkulation ist anzustreben, Kalk- und Stallmist zur Gareerhaltung nötig	träger Boden; geeignet für Weizen, Hafer, Pferdebohne, Rübe, Erbse, Raps, Futterpflanzen u. a.
Lehmboden	feine und grobe Bodenbestandteile gemischt, Krümelstruktur, lässt sich leicht erhalten	gutes Wasserhaltungsvermögen	gute Durchlüftung	mittleres Wärmevermögen, geringe Wärmeschwankungen	gutes Aneignungsvermögen, mittlerer Nährstoffgehalt	Erzielung des Garezustandes stellt keine hohen Arbeitsanforderungen	ertragssicher für alle Kulturpflanzen geeignet
Kalk- und Mergelboden	meist grobkörnig bis steinig durchsetzt	gutes Wasseraufnahmevermögen, rasche Abtrocknung	sehr starke Durchlüftung	erwärmt sich rasch, wird leicht zu warm	mäßiger Nährstoffgehalt	gut bearbeitbar	sehr tätiger und hitziger Boden Humus wird rasch abgebaut
Humusboden	hoher Humusanteil, sehr locker, geringe Bindigkeit	großes Wasserhaltungsvermögen, geringe Durchlässigkeit	beschränkte Durchlüftung	kalter Boden, geringes Wärmehaltungsvermögen	arm an Phosphor und Kali, Niederungsmoore reich an Stickstoff und Kalk, Hochmoore dagegen arm	Bearbeitung hauptsächlich auf Wasserregelung gerichtet	für Grünland und Futterbau geeignet

Die Kenntnisse über die Zusammensetzung der Böden (Bodenarten) und die Bodenschichten (Bodentypen) ermöglichen es dem Landwirt, alle Maßnahmen im Hinblick auf Bodenbearbeitung, Düngung und Pflegemaßnahmen genau auf seinen Boden abzustimmen.

Lösen Sie die im Anschluss an das Kapitel „Bodenkunde" folgenden Fragen 33 bis 35!

1.7. Die Bodenbearbeitung

1.7.1. Bedeutung und Ziele der Bodenbearbeitung

Durch die Bodenbearbeitung soll der Boden in einen für die Kulturpflanzen günstigen Zustand gebracht werden, das heißt, die Struktur des Bodens muss erhalten bzw. verbessert werden.

Weiters werden mit den Geräten der Bodenbearbeitung Ernterückstände und Düngemittel in den Boden eingearbeitet, Unkräuter mechanisch vernichtet und ein auf die Pflanzen abgestimmtes Saatbett hergestellt.

Die Ziele der Bodenbearbeitung sind je nach Erfordernis den Boden zu

- lockern,
- wenden,
- zerkleinern,
- ebnen,
- mischen und
- zu verdichten.

1.7.2. Die Bodenbearbeitungsgeräte und ihre Wirkung auf den Boden

Die *Pflüge* wenden, lockern, krümeln und mischen den Boden. Von besonderer Bedeutung ist der richtige Feuchtigkeitszustand des Bodens beim Pflügen (nicht zu nass und nicht zu trocken), da er ansonsten schlecht krümelt.

Eggen, Kultivatoren (Grubber), Hackgeräte – diese Geräte lockern oberflächlich, bekämpfen Unkräuter und verteilen Saatgut und Pflanzenschutzmittel im Boden. Schwergrubber lockern und zerkleinern den Boden auch in tieferen Schichten.

Geben Sie die Bodenbearbeitungsgeräte, die in Ihrem Betrieb eingesetzt werden, an!

Rotoreggen (Kreiseleggen) und Fräsen – mischen, lockern und zerkleinern den Boden durch ihre rotierenden Werkzeuge sehr intensiv. Sie können vielfach auch mit Sämaschinen kombiniert werden und helfen so Arbeitsgänge einzusparen.

Schleppen und Schleifen – ebnen den Boden und vernichten keimende Unkräuter. Sie können leicht aus Holzbalken oder alten Reifen selbst hergestellt werden.

Walzen – verdichten den Boden oberflächlich (Verbesserung der Kapillarität), zerkleinern Schollen und drücken Samen in den Boden.

1.7.3. Die Bodenbearbeitung im Laufe des Jahres

Die unterschiedlichen Verfahren der Bodenbearbeitung

Verfahren	Grundbodenbearbeitung	Saatbettbereitung	Saat	Ablauf der Arbeitsgänge
Bodenbearbeitung mit Pflug	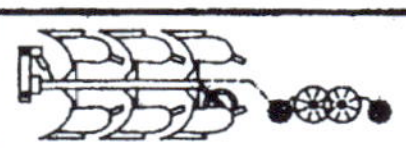	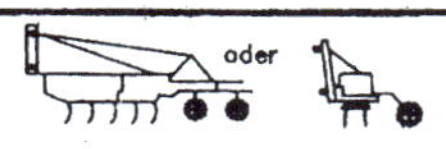		getrennt
	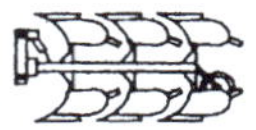	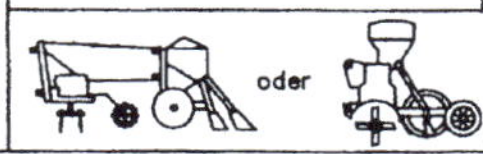	Bodenfräse oder Rotoregge	kombiniert, Saatbettbereitung u. Saat zusammengefasst
	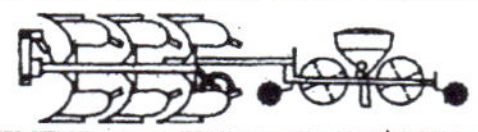			alle Arbeitsgänge kombiniert
Bodenbearbeitung ohne Pflug –konservierend–				getrennt
				kombiniert, Saatbettbereitung u. Saat zusammengefasst
	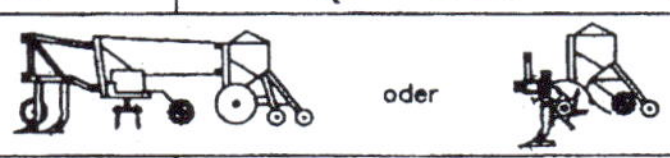			alle Arbeitsgänge kombiniert
	——			ohne Grundbodenbearbeitung, Saatbettbereitung und Saat kombiniert
Direktsaat	——	——		Saat ohne Bodenbearbeitung

Der Stoppelsturz (Schälfurche)

Dieser soll unmittelbar nach der Getreideernte durchgeführt werden, denn:

- die Wasserverdunstung soll verringert,
- Verdichtungen müssen zerkleinert,
- Ernterückstände und Dünger müssen mit dem Boden vermischt, sowie
- Unkrautsamen und Ausfallgetreide sollen zur Keimung gebracht werden.

Im Allgemeinen ist der Stoppelsturz seicht durchzuführen (max. 12 cm), außer es werden im Anschluss daran Stoppelfrüchte angebaut.
Für den Stoppelsturz eignen sich folgende Geräte: Pflug, Schälpflug, Grubber, Fräse und Spatenrollegge.

Welches Gerät wird im eigenen Betrieb eingesetzt?

....

Expertenwissen

Der Stoppelsturz dient heute nicht nur der Verringerung der Wasserverdunstung und der Einarbeitung von Ernterückständen, sondern auch dem Bodenschutz. Moderne konservierende Bodenbearbeitungsmethoden wie **Minimalbodenbearbeitung** oder **Strip-Till** reduzieren den Bodeneingriff und **schonen die Bodenstruktur**. Bei minimalem Einsatz von Geräten wie Grubber und Spatenrollegge wird die **Bodenverdichtung vermieden** und das **Bodenleben gefördert**. Diese Methoden tragen zur Verbesserung der Bodenfruchtbarkeit und langfristig zur Reduzierung von Erosion bei.

Die Saatfurche – für den Anbau von Winterungen

Die Saatfurche soll zeitgerecht vor dem Anbau erfolgen (ca. 14 Tage), damit sich das Saatbett noch absetzen kann. Der Saatfurche hat möglichst rasch die Egge zu folgen, um die Bildung von groben Schollen zu vermeiden. Kurz vor dem Anbau ist ein feinkrümeliges Saatbett herzustellen, insbesondere für Winterroggen und Wintergerste.

Expertenwissen

Für den Anbau von Winterungen ist eine flache Saatfurche von Vorteil, um die Bodenstruktur zu schonen. Auch durch direktes Säen (Direktsaatverfahren) auf der Stoppelfläche kann die Bodenverdichtung reduziert und die Feuchtigkeit optimal im Boden gehalten werden. Dieses Verfahren stellt die Wasserversorgung der Zwischenfrüchte sicher. Es ist besonders im ökologischen Landbau und in erosionsgefährdeten Gebieten von Bedeutung.

Die Herbstfurche (raue Winterfurche) – für den Anbau von Sommerungen

Dies ist die Saatfurche für den Frühjahrsanbau. Sie hat so tief zu erfolgen, wie es der Boden erlaubt. Sie bleibt in vielen Fällen grob gepflügt liegen, da der Boden durch den Frost zerkleinert wird (Frostgare). Nur im Rübenbau ist das grobe Einebnen im Herbst günstig, da dadurch ein gleichmäßiges Abtrocknen im Frühjahr erreicht wird. Um Arbeitsgänge einzusparen, kann man den Pflug mit speziellen Geräten kombinieren, z. B.:

....

....

Die Frühjahrsbearbeitung

Nennen Sie Gründe, die gegen eine Pflugarbeit im Frühjahr sprechen!

Die Frühjahrbearbeitung sollte aufgrund der Bodenschonung so minimal wie möglich gehalten werden. Konservierende Bodenbearbeitungsmethoden wie Strip-Till und Mulchsaat ermöglichen eine geringere Befahrung und schonen die Bodenstruktur. Studien haben gezeigt, dass diese Methoden eine verbesserte Bodenfruchtbarkeit fördern und die organische Substanz im Boden stabilisieren. Zwillingsreifen oder Gitterräder werden empfohlen, um Druckschäden zu vermeiden und den Bodenaufbau zu bewahren.

Ein oder zwei Eggenstriche bzw. der Einsatz einer Gerätekombination werden meist genügen, den Boden saatfertig herzurichten.

Auf Flächen, auf denen erst später angebaut wird, ist ein zeitiger Schleppeneinsatz vorteilhaft, da dadurch die Verdunstung verringert wird.

Eine gleichmäßige, auf die anzubauende Frucht abgestimmte Bearbeitungstiefe ist die Voraussetzung für das gleichmäßige Aufgehen der Kultur, das heißt, die Saatbettvorbereitung soll nur so tief vorgenommen werden, wie das Saatgut angebaut wird.

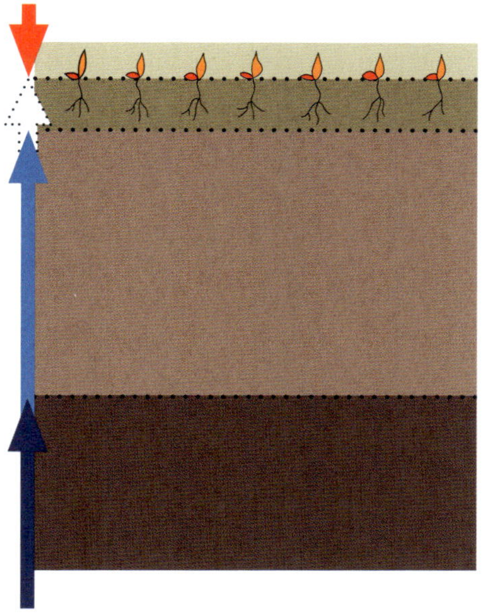

Nennen Sie eine Kulturart, die für eine tiefe Bodenlockerung im Frühjahr dankbar ist!

Pflegemaßnahmen

Darunter verstehen wir alle Bodenbearbeitungsmaßnahmen zwischen Anbau und Ernte.
Hauptziele sind die Beseitigung von Oberflächenverkrustungen und die mechanische Unkrautbekämpfung. Die Pflege der einzelnen Kulturpflanzen wird im speziellen Pflanzenbauteil behandelt.

1.7.4. Konservierende Bodenbearbeitung

Die konservierende Bodenbearbeitung gewinnt angesichts von Klimawandel, Erosion und steigenden Anforderungen an die Nachhaltigkeit immer mehr an Bedeutung. Sie umfasst Methoden, die darauf abzielen, den Boden so wenig wie möglich zu stören, um seine natürliche Struktur, das Bodenleben und die organische Substanz zu erhalten. Dazu gehören:

1 Minimalbodenbearbeitung:

- Nur die oberste Bodenschicht wird bearbeitet, um Erosion zu reduzieren und die Bodenstruktur zu schonen.
- Vorteile: Verbesserung der Wasserinfiltration und -speicherung, Schutz vor Wind- und Wassererosion.
- Aktuelle Studien (2023) zeigen, dass diese Methode die mikrobiologische Aktivitat erhöht und langfristig die Kohlenstoffspeicherung fördert.

2 Direktsaat:

- Die Aussaat erfolgt ohne vorherige Bodenbearbeitung direkt auf der Stoppel des vorherigen Anbaus.
- Vorteile: Einsparung von Energie und Arbeitszeit, Reduzierung der Bodenverdichtung.
- Studien der FAO (2022) zeigen, dass Direktsaat die organische Substanz erhöht und die Erosion um bis zu 60 % reduziert.

3 Mulchsaat:

- Der Boden bleibt durch eine Mulchschicht aus Ernterückständen oder organischem Material bedeckt.
- Vorteile: Schutz vor Verdunstung, Verbesserung der Bodenfruchtbarkeit durch schrittweise Zersetzung des Mulchs.
- Laut *Journal of Soil Science* (2021) führt die Mulchsaat zu einer Ertragssteigerung von bis zu 15 % in trockenen Regionen.

4 Zwischenfrüchte und Begrünung:

- Zwischenfrüchte binden Nährstoffe, reduzieren Erosion und fördern das Bodenleben.
- Wissenschaftliche Erkenntnisse (2020) belegen, dass Zwischenfrüchte die Stickstoffauswaschung um 30 % senken können.

Vorteile der konservierenden Bodenbearbeitung

- Reduktion von Bodenerosion und Nährstoffverlusten.
- Steigerung der Bodenfruchtbarkeit und Wasserspeicherung.
- Schutz des Bodenlebens und erhöhte Kohlenstoffbindung.
- Nachhaltigkeit und Klimaanpassung durch geringeren Energieaufwand und reduzierte Treibhausgasemissionen.

Die konservierende Bodenbearbeitung stellt eine zukunftsfähige Alternative dar, die sowohl ökonomische als auch ökologische Vorteile bietet. Sie ist insbesondere für Regionen mit erosionsgefährdeten und trockenen Standorten von entscheidender Bedeutung.

Lösen Sie die im Anschluss an das Kapitel „Bodenkunde“ folgenden Fragen 36 bis 41!

1.8. Erhaltung und Verbesserung der Bodenfruchtbarkeit

Bodenverbesserungsmaßnahmen (Meliorationen) haben das Ziel, ungünstige Voraussetzungen für die Bodenbewirtschaftung langfristig zu verringern. Diese Maßnahmen sind jedoch meist kostspielig und arbeitsaufwendig.

Zu den wichtigsten Bodenverbesserungsmaßnahmen gehören:

- Entwässerung,
- Bewässerung,
- Windschutzanlagen sowie
- Schutz vor Bodenabtragung.

Zusätzliche Maßnahmen wie die gezielte Einbringung von Zwischenfrüchten und Mulchen tragen ebenfalls zur Verbesserung der Bodenfruchtbarkeit bei. Zwischenfrüchte helfen, die Bodenstruktur zu stabilisieren, das Bodenleben zu fördern und Nährstoffe im Boden zu halten. Mulchen unterstützt das Bodenleben und die Wasserspeicherung.

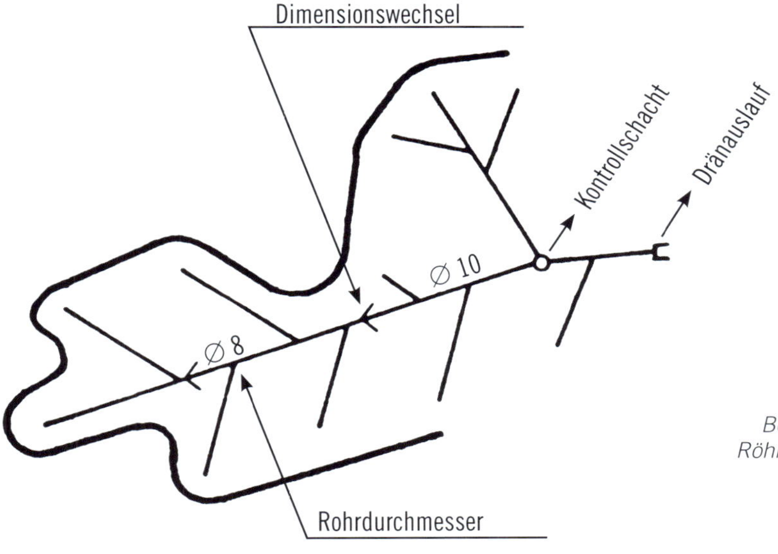

Beispiel einer Röhrendränage.

> **Expertenwissen**
> **Agroforstsysteme** – der kombinierte Anbau von Bäumen und Ackerkulturen – schützen die Felder vor Winderosion, fördern das Bodenleben und bieten zusätzliche Möglichkeiten zur Kohlenstoffspeicherung im Boden.

1.8.1. Entwässerung

Ein zu hoher Grundwasserstand oder stauende Nässe sind häufige Mängel unserer landwirtschaftlich genutzten Böden. Die Folgen davon sind eine schlechte Struktur, Schwierigkeiten bei der Bearbeitung und geringe Erträge.

Das Ziel der Entwässerung ist die Senkung des Grundwasserspiegels auf

ca. 0,8 bis 1 m auf Ackerland,
ca. 0,5 bis 0,8 m auf Grünland.

Möglichkeiten der Entwässserung

Röhrendränage
Die Wasserableitung wird in unterirdisch verlegten Tonröhren oder Plastikschläuchen besorgt. Durch den Einsatz von Spezialmaschinen ist der Handarbeitaufwand nur noch gering.
Größere Entwässerungsanlagen müssen von einem Fachmann geplant werden, um die Funktionssicherheit zu gewährleisten.

Maulwurfsdränage
Mit einem Spezialpflug werden im Boden Röhren angelegt, die in einen Vorfluter oder Sammler münden müssen. Voraussetzung für diese Entwässerungsart sind schwere, steinarme Böden.

Grabenentwässerung
Auf Grund des hohen Arbeitsaufwandes und der Flächenverluste wird diese Entwässerungsart kaum noch angewandt.

Expertenwissen

Um Bodenverdichtungen zu verhindern und die Drainage zu verbessern, können Systeme wie die Maulwurfsdränage auch in Kombination mit Agroforstsystemen eingesetzt werden. Diese Kombination fördert eine nachhaltige Wasserregulierung und trägt dazu bei, dass der Boden das Wasser optimal speichern und abgeben kann.

1.8.2. Bewässerung

Um eine intensive Pflanzenproduktion in den Trockengebieten durchführen zu können, ist die Errichtung von Bewässerungsanlagen in vielen Fällen notwendig. Besonders lohnend ist die Bewässerung von Zuckerrüben, Mais, Frühkartoffeln und Feldgemüse.
Voraussetzung für die Wirtschaftlichkeit einer Bewässerungsanlage ist weiters genügend Wasser in erreichbarer Nähe (Grundwasser, Teich, Fluss).
Die Ausbringung des Wassers erfolgt mittels Pumpen, die an ein Rohrnetz mit Regnern, Regenautomaten oder an eine so genannte Tröpfchenberegnung angeschlossen sind.

1.8.3. Windschutzanlagen

Solche Anlagen schützen den Boden vor Austrocknung und verbessern das Kleinklima. Die Windschäden an verschiedenen Kulturen werden ebenfalls verringert.
Windschutzanlagen werden von der Bodenschutzorganisation der Landesregierung geplant und angelegt.
Die Wirkung dieser Anlagen beruht darauf, dass der Wind mit halber Geschwindigkeit durchziehen kann und dadurch gebremst wird.
Lücken im Windschutzgürtel wirken wie Düsen, das heißt, sie erhöhen die Windgeschwindigkeit und sind daher zu vermeiden.

1.8.4. Schutz vor Bodenabtragung

Bodenabtragung (Erosion) ist meist die Folge einer unsachgemäßen Bodennutzung. Sie kann bei schwerwiegenden Fehlern zur großflächigen Abtragung der fruchtbaren Ackerkrume führen.

Ursachen der Erosion sind:

- Abschwemmen durch Wasser und/oder
- Verwehung durch den Wind.

Besonders gefährdet sind Böden mit starker Hangneigung sowie Flächen auf Kuppen und baumlosen Ebenen. Eine schlechte Bodenstruktur erhöht die Gefahr der Erosion noch weiter.

Geeignete Verhütungsmaßnahmen

- Den besten Erosionsschutz bildet eine geschlossene Pflanzendecke (Wintergetreide, Winterzwischenfrüchte) und die Einschränkung des Hackfrucht- und Maisbaues in gefährdeten Hanglagen.
- Die Bearbeitung des Bodens in der Fallinie muss verhindert werden.
- Das Anlegen von wasserableitenden Furchen kann ebenfalls zur Verringerung der Abschwemmung beitragen.
- In windgefährdeten Gebieten ist die Anlage von Windschutzanlagen unerlässlich.

Expertenwissen

Durch die Erhaltung einer geschlossenen Pflanzendecke und die Reduktion von Pflugintensität kann das Risiko der Erosion nachhaltig gesenkt werden. In erosionsgefährdeten Regionen bieten Agroforstsysteme mit Hecken und Baumstreifen eine effektive Methode zur Erosionskontrolle, da sie den Wind bremsen und die Bodenerosion durch Wind und Wasser deutlich reduzieren.

Beachte: Alle Maßnahmen zur Förderung der Bodenstruktur und Vermeidung von Verdichtungen erhöhen die Wasseraufnahmefähigkeit des Bodens und verringern so die Erosionsgefahr!

1.8.5. Weitere Maßnahmen der Bodenverbesserung

Zu den Maßnahmen der Bodenverbesserung zählen Planierungen und Entsteinungen, die die Bodenbearbeitung und Bewirtschaftung erleichtern und Erträge steigern können. Heutzutage werden Planierungsarbeiten mit präzisen GPS-gesteuerten Maschinen durchgeführt, die Eingriffe in die Bodenstruktur minimieren und den Bodenabtrag reduzieren.

- **Uferverbauungen** sind in erosionsgefährdeten Gebieten wichtig, jedoch sollten sie heute mit naturnahen Böschungssicherungen wie Gehölzpflanzungen und Grasnarben kombiniert werden, um die Biodiversität zu fördern und die Erosionsstabilität zu erhöhen.
- **Untergrundlockerung und Gesundkalkung** sind entscheidend zur Bodenverbesserung, insbesondere auf verdichteten Böden. Moderne Ansätze, wie der Einsatz von Biokohle (Pflanzenkohle) und pH-Pufferstoffen, werden vermehrt zur Förderung der Bodenfruchtbarkeit genutzt. Pflanzenkohle erhöht die Wasserhaltefähigkeit und Nährstoffspeicherung des Bodens und trägt so zur Reduzierung von Bodenversauerung und Erosion bei. Diese Methode wird besonders in Trockenregionen erfolgreich angewendet.
- Die **Grundstückzusammenlegung** bleibt eine wichtige Maßnahme zur Optimierung der Bewirtschaftung und Reduktion der Erosion. Dabei sollte auf die Integration von Schutzstreifen, Agroforstsystemen und Windschutzanlagen geachtet werden, um die Bodenfruchtbarkeit zu verbessern und die Erosionsgefahr langfristig zu senken. Solche integrierten Maßnahmen unterstützen auch die Kohlenstoffbindung und fördern die Nachhaltigkeit im Bodenmanagement.

Lösen Sie die im Anschluss an dieses Kapitel folgenden Fragen 42 bis 47!

Übungs- und Wiederholungsfragen

1. Welches sind die wichtigsten Aufgaben des Bodens?

   a) ....

   b) ....

   c) ....

2. Die Grundstoffe werden auf Grund ihrer verschiedenen Eigenschaften in zwei Gruppen eingeteilt. Nennen Sie diese!

   a) ....

   b) ....

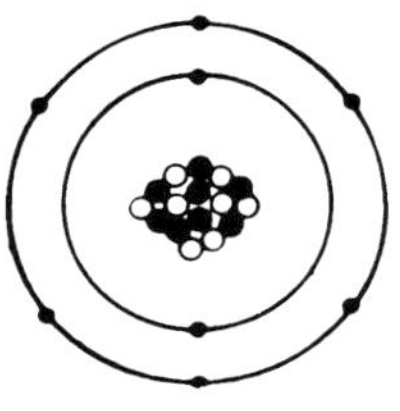

3. Beschreiben Sie am Beispiel des dargestellten Sauerstoffatoms den Aufbau der Atome!

   ....

   ....

   ....

4. Nennen Sie die wichtigsten chemischen Reaktionen!

   ....

5. Kennzeichnen Sie durch Ankreuzen im betreffenden Kästchen, ob ein Oxid durch eine Verbindung mit Wasser eine Säure oder eine Lauge ergibt!

Oxid	*Säure*	*Lauge*
CO_2	☐	☐
CaO	☐	☐
FeO	☐	☐
P_2O_5	☐	☐
N_2O^5	☐	☐
K_2O	☐	☐

6. Tragen Sie die fehlenden Begriffe ein!

   Säure + Lauge = ... + ...

7. Schreiben Sie die Namen der Salze folgender Säuren auf!

Die Salze der H_3PO_4 heißen ....

Die Salze der H_2SO_4 heißen ....

Die Salze der H_2CO_3 heißen ....

8. Wie heißt die bei der alkoholischen Gärung entstehenden Kohlenwasserstoffverbindung?

....

9. Nennen Sie zwei organische Säuren, die zur Konservierung von Lebensmitteln geeignet sind!

....

10. Die Kohlenhydrate können folgendermaßen einteilt werden:

a) ....

b) ....

c) ....

11. Nennen Sie physikalische Vorgänge, die zu einem Gesteinszerfall führen!

a) ....

b) ....

c) ....

d) ....

e) ....

12. Nennen Sie zwei Beispiele für die chemische Verwitterung!

a) ....

b) ....

13. Zählen Sie die Möglichkeiten der Entstehung von Böden auf!

a) ....

b) ....

c) ....

14. Wie nennt man Böden, die aus Ablagerungen von fließenden Gewässern entstanden sind?

....

15. Wie nennt man Böden, die durch die Ablagerung von Gletschern entstanden sind?

....

16. Böden, die durch Windablagerungen entstanden sind, nennt man

....

17. Zählen Sie die Hauptbestandteile und die weiteren Bestandteile des Bodens auf!

a) ....

b) ....

18. Der Ton hat im Vergleich mit dem Sand die Eigenschaft eines

....

19. Kolloide binden die Nährstoffe unterschiedlich stark:

stark gebunden werden: ....

schwächer gebunden: ....

wenig gebunden: ....

20. Nennen Sie die Aufgaben des Kalkes im Boden!

a) ....

b) ....

c) ....

d) ....

21. Erklären Sie die Voraussetzungen, die für die Bildung von Dauerhumus notwendig sind!

a) ....

b) ....

c) ....

d) ....

e) ....

22. Nennen Sie je drei pflanzliche und tierische Bodenlebewesen!

Pflanzliche: ....

Tierische: ....

23. Erklären Sie folgende Begriffe:

Wasserdurchlässigkeit: ....

....

Wasserhaltevermögen: ....

....

24. Erklären Sie, warum sich eine verkrustete Bodenoberfläche ungünstig auf das Pflanzenwachstum auswirkt!

....

....

25. Wie bezeichnet man Böden mit einer

hohen Bindigkeit: ....

geringen Bindigkeit: ....

26. Nennen Sie drei Ursachen für das Speichervermögen eines Bodens!

a) ....

b) ....

c) ....

27. Nennen Sie die zwei unterschiedlichen Strukturformen, in denen ein Boden vorkommen kann!

a) ....

b) ....

28. Nennen Sie die Ursachen, die zu einer Zerstörung der Krümelstruktur führen kann!

a) .... d) ....

b) .... e) ....

c) ....

29. Die chemische Reaktion eines Bodens kann sein

....

....

....

30. Die pH-Zahl drückt das ....

.... aus.

31. Nennen Sie vier Gegenmaßnahmen bei einem sauren pH-Wert!

a) ....

b) ....

c) ....

d) ....

32. Erklären Sie, worauf die Bodentemperatur einen besonderen Einfluss ausübt!

a) ....

b) ....

c) ....

33. Teilen Sie die Böden nach ihrem Anteil an den Hauptbodenbestandteilen ein!

a) ....

b) ....

c) ....

d) ....

e) ....

34. Nennen Sie jene Bodenarten aus dem Bodenviereck, die landwirtschaftlich am wertvollsten sind!

....

35. Nennen Sie die fünf wichtigsten Bodentypen, die in Österreich vorkommen!

a) ....

b) ....

c) ....

d) ....

e) ....

36. Nennen Sie die Ziele der Bodenbearbeitung!

....

37. Kreuzen Sie die Wirkung der einzelnen Bodenbearbeitungsgeräte auf den Boden an (Mehrfachnennung)!

Geräte zum	*Lockern*	*Wenden*	*Zerkleinern*	*Ebnen*	*Mischen*	*Verdichten*
Pflug	☐	☐	☐	☐	☐	☐
Egge	☐	☐	☐	☐	☐	☐
Kultivator	☐	☐	☐	☐	☐	☐
Fräse	☐	☐	☐	☐	☐	☐
Schleppe	☐	☐	☐	☐	☐	☐
Walze	☐	☐	☐	☐	☐	☐

38. Wann soll der Stoppelsturz grundsätzlich durchgeführt werden?

....

39. Beschreiben Sie die Durchführung der Saatfurche!

....

....

40. Wodurch lassen sich die Druckschäden, die durch die Traktorreifen verursacht werden, verringern?

....

41. Auf welcher Tiefe soll die Saatbettvorbereitung durchgeführt werden?

....

42. Nennen Sie die vier wichtigsten Bodenverbesserungsmaßnahmen!

....

....

43. Welche Entwässerungsarten kennen Sie?

a) ....

b) ....

c) ....

44. Welche Kulturen sind für eine Beregnung besonders dankbar?

....

45. Erklären Sie die Wirkungsweise eines Windschutzgürtels!

....

....

46. Nennen Sie die Ursachen der Bodenabtragung!

a) ....

b) ....

47. Beschreiben Sie die geeignetsten Verhütungsmaßnahmen gegen die Bodenerosion!

....

....

....

....

....

2. Klimakunde

2.1. Allgemeines

2.1.1. Begriffe

„Wetter“: Unter Wetter versteht man den momentanen Zustand der Atmosphäre an einem bestimmten Ort.

„Witterung“: Unter Witterung versteht man den Verlauf des Wetters in bestimmten kürzeren Zeitspannen (Dekade, Monat, Jahr).

„Klima“: Klima bezeichnet das durchschnittliche Wetter über eine längere Zeitspanne von mindestens 30 Jahren. In der heutigen Klimaforschung wird zusätzlich die Bedeutung von Klimatrends betont, da die globale Erwärmung und Extremwetterereignisse zunehmend Einfluss auf die klimatischen Bedingungen ausüben. Der Einfluss des Klimawandels zeigt sich in Mitteleuropa in Form häufigerer Hitzewellen, längerer Trockenperioden und vermehrter Starkregenereignisse, die die Landwirtschaft erheblich beeinflussen.

Warum ist das Kontinentalklima durch heiße Sommer und kalte Winter gekennzeichnet?

In Europa gibt es zwei große Klimagebiete:

Das kontinentale Klimagebiet: vorherrschend im Inneren Mitteleuropas und in Russland. Kennzeichnend für das Kontinentalklima sind die heißen, trockenen Sommer und die kalten, schneereichen Winter.

Das ozeanische Klimagebiet: vorherrschend in Küstennähe, soweit die ausgleichende Wirkung der Wassermassen gegeben ist. Kennzeichnend für dieses Klimagebiet sind kühle, feuchte Sommer und milde Winter.

Warum ist das ozeanische Klima durch kühle Sommer und milde Winter gekennzeichnet?

Österreich liegt im kontinentalen Klimagebiet. Dieses großräumige Klimagebiet wird in kleinere Klimagebiete unterteilt, von denen in Österreich

- pannonisches Klima,
- baltisches Klima,
- alpines Klima und
- Übergangsklima vorherrschen.

Die traditionellen Klimagebiete in Europa werden heute durch den Einfluss des Klimawandels zunehmend überlagert. In Mitteleuropa zeigt sich der Trend zu extremeren Temperaturen und veränderten Niederschlagsmustern. Die Landwirtschaft in Österreich muss sich sowohl auf intensivere Sommerhitze als auch auf unregelmäßige Niederschlagsmengen einstellen, die zu Dürren oder Überschwemmungen führen können. Regionen wie das pannonische Klima im Osten Österreichs erleben häufiger Hitzestress, während Gebiete im alpinen Klima mit erhöhter Schneeschmelze und Bodenerosion durch stärkeren Niederschlag konfrontiert sind.

Pannonisches Klima

Im Osten Niederösterreichs, Wien und Burgenland; Seehöhe bis 400 m; Niederschlag 400 bis 600 mm; 70 bis 90 Frosttage; Vegetationszeit März bis Oktober.

Baltisches Klima

Im Westen Niederösterreichs, Oberösterreich und der Norden Salzburgs; Seehöhe 450 bis 900 m; 90 bis 120 Frosttage; Niederschlag 800 bis 1 600 mm.

Alpines Klima

Seehöhe der Ackerfläche 600 bis 1 600 m; Niederschlagsmenge 800 bis 2 220 mm; bis 140 Frosttage; Vegetationszeit fünf bis sieben Monate. Es sind ausgesprochene Grünland- und Waldgebiete.

Übergangsklima

Das Übergangsklima ist zwischen dem pannonischen und dem baltischen sowie dem baltischen und alpinen Klima zu finden.

Weiters unterscheidet man nach dem Verhältnis von Niederschlag zu Verdunstung zwischen aridem und humidem Klima.

Arides Klima

In welchem Klimabereich befindet sich Ihr Produktionsgebiet?

Die Niederschläge sind geringer als die Verdunstung, wodurch die Nährsalze an die Bodenoberfläche gelangen.

Humides Klima

Die Niederschläge sind höher als die Verdunstung. Die Nährsalze können aus dem Boden ausgewaschen werden. Im humiden Klima sind die Niederschlagsmengen höher als 600 mm (= 600 l/m^2) im Jahr.

Für die Landwirtschaft ist weiters das Kleinklima von Bedeutung, das durch Bodenerhebungen, Wasserläufe, Tallagen usw. geschaffen wird.

Da das Klima auf Wachstum, Entwicklung und Reife unserer Kulturpflanzen großen Einfluss ausübt, muss sich die Landwirtschaft danach richten. Aus all diesen Tatsachen ergibt sich, dass sich die Auswahl der Kulturarten, der Sorten, des Anbauzeitpunktes, des Ernteverfahrens u. v. a. m. in der Praxis danach zu richten hat.

2.2. Klimafaktoren

2.2.1. Luftdruck

Die Erde ist von einer geschlossenen Lufthülle, der Atmosphäre, umgeben. Die Luft wird durch die Schwerkraft der Erde angezogen und lastet mit einem Gewicht von etwa 1 kg auf jedem Quadratzentimenter der Erdoberfläche, wodurch sich der Luftdruck ergibt. Der Luftdruck wird mit dem Barometer (Quecksilberbarometer oder Dosenaneroidbarometer) gemessen und in Millimetern (mm QS) oder Millibar (mb) angegeben.

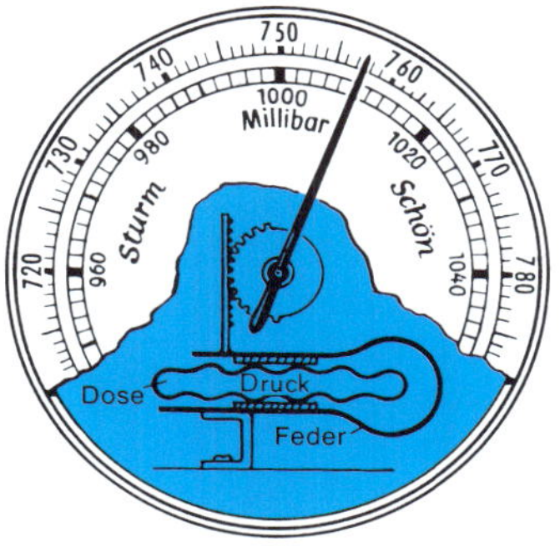

Zusammensetzung der Luft:

78 % N_2	= molekularer Stickstoff
21 % O_2	= molekularer Sauerstoff
0,03 % CO_2	= Kohlendioxid
Reste %	= Edelgase, Ozon

Aufbau und Funktionsweise eines Dosenbarometers (schematisch): Die luftleere Dose reagiert auf Luftdruckschwankungen.

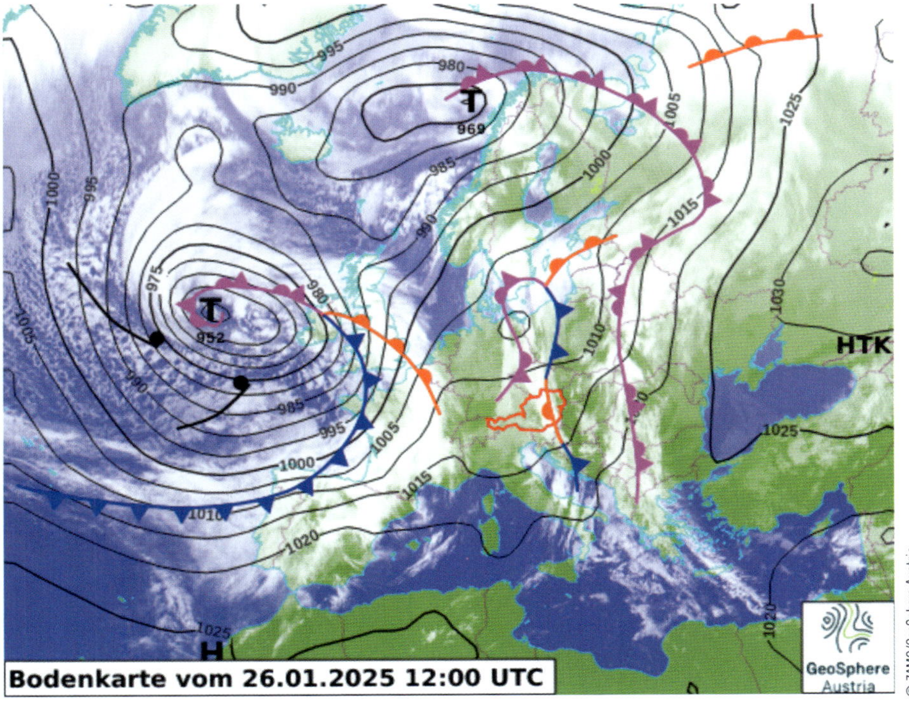

Aus der Wetterkarte kann man sowohl das momentane Wettergeschehen als auch die voraussichtliche Wetterentwicklung für die nächsten Tage erkennen.

Der Luftdruck ist örtlich und zeitlich dauernden Schwankungen unterworfen. Gebiete, in denen der Luftdruck (Barometerstand), verglichen mit der Umgebung, tiefer ist, nennt man Tiefdruckgebiete (T). Gebiete, in denen hoher Luftdruck gemessen wird, nennt man Hochdruckgebiete (H). In einem Tiefdruckgebiet ist es häufig stark bewölkt, es fallen Niederschläge, die Luft ist meist in lebhafter Bewegung. Im Sommer ist es ziemlich kühl, im Winter verhältnismäßig mild. In einem Hochdruckgebiet herrscht meist trockenes Wetter mit nur schwacher Luftbewegung. Bei geringer Bewölkung ist es im Sommer sehr warm, im Winter ist es im Gebirge heiter, in den Tälern nebelig-trüb. Bei geringer Luftbewegung treten die stärksten Fröste auf.

Expertenwissen

Die Intensität und Häufigkeit von Tief- und Hochdruckgebieten haben sich durch den Klimawandel verstärkt. Studien zeigen, dass der vermehrte Druckunterschied zu häufigeren und intensiveren Wetterextremen führen kann, wie etwa Hitzewellen im Sommer und starken Kälteeinbrüchen im Winter. In der Landwirtschaft führt dies zu Stressfaktoren für Pflanzen, die sich negativ auf das Wachstum und die Erträge auswirken.

2.2.2. Wind

Wind ist Luft in Bewegung. Als Windrichtung wird die Richtung bezeichnet, aus der der Wind kommt. Die Windgeschwindigkeit (Windstärke) wird in Metern pro Sekunde oder in Kilometern pro Stunde angegeben. Als Windmesser werden meist Schalenkreuze verwendet, die sich je nach Windgeschwindigkeit verschieden schnell drehen.
Leichte Luftbewegungen sind erwünscht, da sie die Pflanzenentwicklung begünstigen.

Die Windstärkenskala nach Beaufort.

Stärke	Windart	Windgeschwindigkeit	Wirkung des Windes
1.	Windstille	bis 2 km/h	Rauch steigt senkrecht auf.
2.	Leiser Zug	6 km/h	Rauch steigt schräg auf.
3.	Leichter Wind	11 km/h	Wind ist fühlbar.
4.	Schwacher Wind	19 km/h	Blätter bewegen sich.
5.	Mäßiger Wind	25 km/h	Zweige bewegen sich.
6.	Frischer Wind	35 km/h	Äste bewegen sich.
7.	Heftiger Wind	55 km/h	Schwache Bäume bewegen sich.
8.	Stürmischer Wind	65 km/h	Starke Bäume bewegen sich.
9.	Sturm	77 km/h	Dachziegel fallen.
10.	Starker Sturm	90 km/h	Bäume brechen.
11.	Schwerer Sturm	105 km/h	Dächer werden abgehoben.
12.	Orkan	120 km/h	Mauern stürzen um.

2.2.3. Strahlung

Die Strahlen der Sonne erzeugen das Tageslicht und erwärmen die Erdoberfläche. Die Sonnenenergie bewirkt aber auch die Stoffumwandlung (Assimilation) und die Verdunstung des Wassers.

Die Strahlung lässt sich nach der Wellenlänge gliedern. Folgende Strahlungsarten sind für das Leben von Bedeutung:

- UV-(= Ultraviolett-)Strahlung: tötet Bakterien, zerstört Chlorophyll, bräunt die Haut.
- Violett-blau-Strahlung: bewirkt das Hinwachsen der Pflanzen zum Licht.
- Grün-rot-Strahlung: bewirkt die Assimilationsvorgänge.
- Ultrarot-Strahlung: hat hauptsächlich Wärmewirkung.

Die Sonneneinstrahlung, das heißt der Einstrahlungswinkel und die Strahlungsdauer, hängen von der geografischen Breite, der Tages- und der Jahreszeit ab.

Die Erde strahlt auch wieder in den Weltraum zurück. Eine geschlossene Wolkendecke vermindert die Einstrahlung bei Tag und die Ausstrahlung bei Nacht. Je dichter diese Wolkendecke ist, desto geringer ist die Wahrscheinlichkeit des Auftretens eines Nachtfrostes.

Expertenwissen

Die steigende Intensität der Sonneneinstrahlung in Kombination mit wärmeren Durchschnittstemperaturen führt zu einer vermehrten Verdunstung und Hitzebelastung der Pflanzen. Anpassungsmaßnahmen in der ökologischen Landwirtschaft umfassen den gezielten Einsatz von Agroforstsystemen zur Schaffung von Beschattung und die Auswahl von hitzetoleranten Kulturpflanzen. Diese Maßnahmen tragen dazu bei, die negativen Effekte der erhöhten Strahlungsintensität abzumildern.

2.2.4. Temperatur

Durch die verschiedenen Strahlungsarten werden Boden, Luft und Gewässer erwärmt. Ein Hauptteil der Wärme bewirkt die Wasserverdunstung. Die Erdoberfläche erwärmt sich relativ schnell. Wasser, schwere Tonböden und von einer dichten Pflanzendecke bewachsene Böden erwärmen sich langsamer als leichte Sandböden oder kahle Flächen. Diese geben aber die gespeicherte Wärme auch schneller wieder ab.
Die Messung der Lufttemperatur erfolgt im Schatten (Wetterhütte) mit einem Thermometer. Neben dem Quecksilber- und Alkoholthermometer finden auch Minimum- und Maximum-Thermometer Verwendung.

2.2.5. Niederschlag

Wasser ist eine Grundvoraussetzung für alle Lebensvorgänge auf der Erde. Ohne Wasser könnten weder Pflanzen noch Tiere, noch Menschen leben. Das Wasser befindet sich in der Natur in einem ständigen Kreislauf. Es gelangt in Form verschiedener Niederschläge auf die Erde und durch Verdunstung wieder in die Atmosphäre. Der Wasserkreislauf wird durch die Sonnenenergie bewerkstelligt.
Die Niederschlagsmenge wird mit
dem Regenmesser = Ombrometer gemessen.
Die Angabe der Niederschlagsmenge erfolgt in mm (1 mm = 1 l/m^2).

Die wichtigsten Niederschlagsformen sind:

Regen,
Schnee,
Hagel,
Tau,
Reif,
Nebel und
Dunst.

Neben der Jahresniederschlagsmenge ist die Verteilung der Niederschläge über die einzelnen Monate von großer Bedeutung. Nicht nur die Niederschläge während der Vegetationszeit, sondern auch die Winterfeuchtigkeit, die durch eine geeignete Bodenbearbeitung erhalten werden soll, sind für die pflanzliche Produktion wichtig.
In den Trockengebieten Österreichs beträgt die Jahresniederschlagsmenge ca. 500 mm. In diesen Gebieten sind Ackerwirtschaften mit Hackfrucht-, Getreide- und Weinbau vorherrschend. In den Feuchtgebieten beträgt die Jahresniederschlagsmenge über 600 mm (bis zu 2 000 mm und mehr im Bregenzer Wald). In diesen Gebieten sind Grünlandwirtschaften vorherrschend.

Der globale Wasserkreislauf.

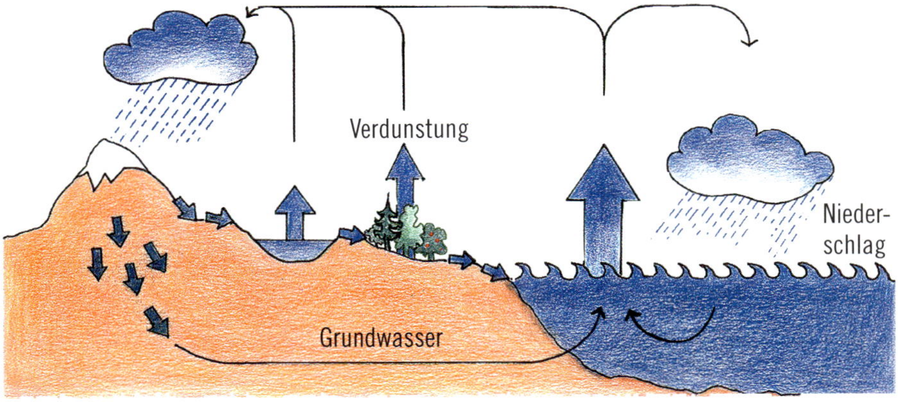

Flüsse, Seen usw.
(Oberflächenwasser)

2.2.6. Luftfeuchtigkeit

Die Luftfeuchtigkeit ist der Gehalt der Atmosphäre an gasförmigem, unsichtbarem Wasserdampf. Er gelangt durch die Verdunstung von Wasser aus Teichen, Flüssen, Seen, Meeren, Pflanzen und dem Erdboden sowie durch die Atmung in die Luft. Sichtbar wird der Wasserdampf erst als Nebel, Wolke oder Niederschlag.
Je höher die Temperatur ist, umso mehr Wasserdampf kann die Luft aufnehmen.
Den Wasserdampfgehalt der Luft in Gramm pro Kubikmeter nennt man absolute Luftfeuchtigkeit.

Temperatur in °C	Sättigungs-menge	Temperatur in °C in °C	Sättigungs-menge
–10	2,1	15	12,8
– 5	3,3	20	17,3
0	4,9	25	23,1
10	9,4	30	30,2

Wird die absolute Luftfeuchtigkeit im Vergleich zur Sättigungsmenge in Prozenten angegeben, so spricht man von der relativen Luftfeuchtigkeit.

absolute Feuchtigkeit = Wassermenge in g/m³ Luft

$$\text{relative Feuchtigkeit in \%} = \frac{\text{absolute Feuchtigkeit x 100}}{\text{Sättigungsmenge}}$$

Die relative Luftfeuchtigkeit wird mit dem Hygrometer gemessen und in Prozenten relativer Luftfeuchtigkeit angegeben.

2.2.7. Licht

Neben der Temperatur hat auch der Wachstumsfaktor Licht Einfluss auf die Pflanzenentwicklung. Das Licht ist für die Bildung des Chlorophylls (= grüner Pflanzenfarbstoff) und den Stoffumwandlungsvorgang (= Assimilation) unbedingt erforderlich.

Eine weitere Tatsache ist, dass das Licht durch den Hell-Dunkel-Rhythmus einen Reiz auf die Pflanzenentwicklung ausübt. Dieser Einfluss wird durch die verschiedenen und wechselnden Tages- und Nachtlängen bewirkt.

Siehe Pflanzenkunde!

Langtagpflanze:

Im Kurztag wird vegetative Pflanzenmasse aufgebaut, im Langtag die generative Phase (Blühen und Fruchten) angelegt. Beispiel: Salat

Kurztagpflanze:

Im Langtag wird vegetative Pflanzenmasse aufgebaut, im Kurztag die generative Phase angelegt. Beispiel: Chrysantheme

2.3. Klimaschäden und ihre Verhütung

Witterungseinflüsse, die sich auf die Pflanzen und den Boden ungünstig auswirken können, sind:

- Hagel,
- Hitze und Dürre,
- Frost und
- Wind und Starkregen („Wolkenbruch").

2.3.1. Hagel

Hagelschäden sind nur sehr schwer zu verhüten. Es gibt wohl „Hagelnetze" (= Nylonnetze), die den Aufprall der Hagelkörner verhindern oder abbremsen. Ihr Einsatz ist durch ein Überspannen kleiner Intensivkulturflächen aber eher begrenzt. Eine weitere

„Smart Farming" hat auch bei der Wetterbeobachtung Einzug gehalten. Moderne Wetterstationen verwenden 5G-Technologie und unterstützen durch exakte Daten ein intelligentes Bewirtschaftungskonzept.

Die Zerstörung durch Hagelunwetter hat stark zugenommen.

Möglichkeit der Hagelabwehr besteht darin, dass in „Hagelwolken“ mit Silberjodidraketen geschossen wird. Der sicherste Schutz ist meist noch immer der Abschluss einer Hagelversicherung.

2.3.2. Hitze und Dürre

Anhaltende Hitze und Dürre können zu den größten Ertragsminderungen führen. Wo genügend Wasser für eine Feldberegnung zur Verfügung steht, lassen sich diese Schäden in einem gewissen Umfang eindämmen. Trockenheitsschäden lassen sich manchmal aber auch durch eine entsprechende Bodenbearbeitung vermeiden oder zumindest vermindern. Durch Lockerung der Bodenoberfläche werden die feinen Hohlräume an der Bodenoberfläche zerstört und dadurch die Wasserverdunstung verringert.

Expertenwissen

Lang anhaltende Hitze- und Dürreperioden sind infolge des Klimawandels häufiger geworden und verursachen massive Ertragseinbußen. Aktuelle Anpassungsstrategien umfassen die Umstellung auf wassersparende Bewässerungstechniken wie die Tröpfchenbewässerung und den Einsatz von Mulchmaterial, um die Bodenfeuchtigkeit zu erhalten. In der ökologischen Landwirtschaft wird zudem vermehrt auf die Nutzung widerstandsfähiger Kulturarten und die Optimierung des Humusgehalts im Boden gesetzt, um die Wasserspeicherung zu verbessern.

2.3.3. Frost

Frostschäden entstehen durch Winter-, Spät- und Frühfröste.
Angesichts häufiger unvorhersehbarer Frostperioden, auch im Frühjahr, spielen passive Frostschutzmethoden wie das Abdecken der Pflanzen und die Verwendung biologischer Frostschutzmittel eine wichtige Rolle. Künstliche Nebeltechniken, die die Ausstrahlung reduzieren, und klimaangepasste Anbauplanung mit robusten, frostsicheren Sorten sind weitere klimafreundliche Strategien, die die Landwirtschaft gegen unvorhersehbare Frostereignisse wappnen.

2.3.3.1. Winterfrost

Da sich die Pflanzen dem Wechsel von Sommer und Winter weitestgehend angepasst haben, sind die Schäden, die der Winterfrost anrichtet, meist nicht groß. Zu stärkeren Schäden kommt es vielfach im Spätwinter, wenn der Boden am Tag auftaut und in der Nacht wieder gefriert (Abreißen der Wurzeln). Erfrierungen der

Stämme und Triebe finden sich besonders bei den in wärmeren Gebieten beheimateten Pflanzen, wie z. B. beim Weinstock, beim Pfirsich und bei der Walnuss.

2.3.3.2. Spät- und Frühfröste

Die häufigsten Schäden richtet der Frost nicht im Winter, sondern als Frühfrost im Herbst und als Spätfrost im Frühjahr an. Bei Frühkartoffeln, Tomaten und anderen frostempfindlichen Kulturen richtet der Spätfrost vielfach großen Schaden an.

2.3.3.3. Frostschutz

Vorbedingungen für einen erfolgreichen Frostschutz ist das rechtzeitige Erkennen der Gefahr und die Organisation einer gemeinsamen Frostabwehr. Die Frostwarnungen des Wetterdienstes müssen beachtet werden.

Als Frostschutzmaßnahmen kommen in Frage:

- „Frostberegung“ – bis zu −6 °C möglich –, vorwiegend im Erwerbsobstbau anzutreffen! Beim Gefrieren wird die „Gefrierwärme“ frei. Diese muss aber beim Schmelzen wieder zugeführt werden.
- Belüftung.
- Abdecken – nur im kleinen Bereich (z. B. Garten) möglich.
- Künstliche Nebelerzeugung bzw. Räuchern – verhindert die Ausstrahlung.

2.3.4. Wind und Starkregen

Ein leichter Wind begünstigt die Pflanzenentwicklung. Das schnellere Abtrocknen des Bodens und der Pflanzen vermindert die Gefahr von Pilzinfektionen. Zu starker Wind vertreibt das CO_2 aus den erdnahen Schichten und zerstört das günstige Kleinklima. Weiters führen hohe Windgeschwindigkeiten zur Abtragung von Staub und Erde.
Starkniederschläge („Gewitterregen“) können den Boden wegspülen. Wo mit Bodenabtragung (= Erosion) durch Wasser zu rechnen ist, kann man sich nur dadurch helfen, dass der Boden immer eine Pflanzendecke trägt.

Frostberegnung in einer Obstplantage.

Übungs- und Wiederholungsfragen

1. Unterscheiden Sie zwischen

   Ozeanischem Klimagebiet:

   ....

   ....

   Kontinentalem Klimagebiet:

   ....

   ....

2. Nennen Sie die Klimafaktoren!

   ....

   ....

   ....

3. Die Angabe des Niederschlages erfolgt in ....,

   das bedeutet ....

4. Die relative Luftfeuchtigkeit wird mit dem ....

   gemessen und in ....

   angegeben... ....

5. Nennen Sie Klimaschäden!

   ....

6. Erklären Sie Frostschutzmaßnahmen!

   ....

   ....

   ....

3. Pflanzenkunde

3.1. Aufbau der Pflanze

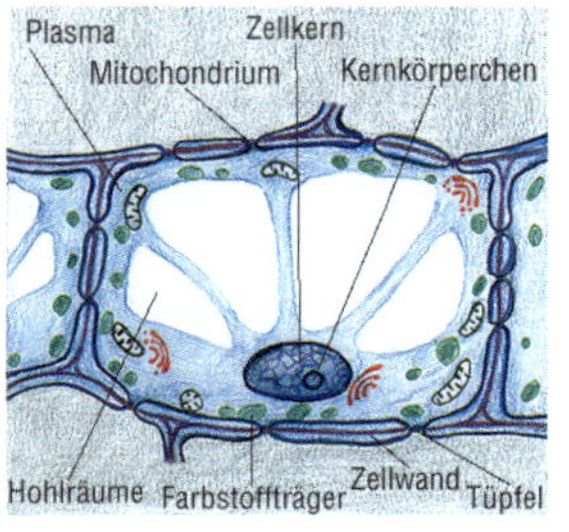

3.1.1. Die Zelle und ihr Aufbau

Die kleinsten Bausteine einer Pflanze nennt man Zellen. Jede Pflanze besteht aus vielen solcher Zellen.

3.1.1.1. Zellwand

Jede Pflanzenzelle ist von einer Zellwand umgeben, die aus Zellulose (Zellstoff) besteht. Die Zellulose bewirkt eine gewisse Festigkeit der Zellwand. Die Zellwand kann durch spätere Ein- und Anlagerungen verschiedener Stoffe verändert werden. Solche Ein- und Anlagerungen können sein:

- Korkstoffe,
- Holzstoffe,
- Mineralstoffe (z. B. Kieselsäure) sowie
- fett- oder wachsartige Stoffe.

Trotz dieser Veränderungen der Zellwand gibt es an manchen Stellen Verdickungseinsparungen, die die lebenden Zellen untereinander verbinden (= Tüpfel).

3.1.1.2. Protoplasma (= Plasma)

Das Protoplasma ist, im Unterschied zur Zellwand, ein lebender Bestandteil und ist der Träger des Lebens. Das Protoplasma ist eine kolloidale Flüssigkeit (vergleichbar dem Eiklar). Die Bestandteile des Plasmas sind hauptsächlich Wasser und Eiweißstoffe. Im Protoplasma spielen sich alle Lebensvorgänge ab.

Kolla = Leim (griechisch)

> **Expertenwissen**
> Heute versteht man das Protoplasma als dynamisches System, das nicht nur Wasser und Eiweiße enthält, sondern auch verschiedene Ionen, Enzyme und organische Verbindungen, die für den Stoffwechsel relevant sind. Neue Forschungen heben die Rolle der Signalmoleküle hervor, die eine Antwort auf Umweltstress, wie Trockenheit und Temperaturschwankungen, ermöglichen. Diese Prozesse sind besonders für die Anpassung an veränderte Klimabedingungen von Bedeutung.

3.1.1.3. Zellkern

Der Zellkern ist in jeder lebenden Zelle zu finden und enthält noch das Kernkörperchen. Die Gestalt des Zellkernes ist annähernd kugelig. Der Zellkern ist das Zentrum der Steuerungsvorgänge für alle Lebensvorgänge in der Pflanze. Außerdem enthält der Zellkern die Chromosomen und Gene (= Träger der Erbanlagen) und ist somit an der Vererbung maßgeblich beteiligt.

3.1.1.4. Farbstoffträger (= Plastiden)

Die Farbstoffträger liegen im Protoplasma und enthalten die verschiedenen, in der Pflanze vorkommenden Farbstoffe. In den Chloroplasten ist der grüne Farbstoff (= Chlorophyll) enthalten. Ebenso gibt es Farbstoffträger, die statt Chlorophyll gelbe und rote Farbstoffe enthalten. Diese sind für die Färbung von Blüten und Früchten verantwortlich.

3.1.1.5. Mitochondrium

Erklären Sie den Begriff „Enzym"!

Die Mitochondrien enthalten Enzyme, die für die Atmung der Pflanze verantwortlich sind. Unter Atmung der Pflanze versteht man den Abbau energiereicher Reservestoffe, um den Energiebedarf der Pflanze sicherzustellen.

Expertenwissen

Plastiden, insbesondere Chloroplasten, sind auch als Orte bekannt, an denen neben der Photosynthese zusätzliche Stoffwechselwege ablaufen, die zur Anpassung an Umweltbedingungen beitragen. In Zeiten erhöhten Lichtstresses schützen sie die Pflanze durch spezielle Mechanismen, wie der Bildung von antioxidativen Verbindungen, um Zellschäden vorzubeugen, was besonders in Zeiten intensiver Sonneneinstrahlung relevant ist.

Siehe Tierzucht (Vererbungslehre)!

3.1.1.6. Hohlräume (= Zellsaftraum = Vakuole)

In den Hohlräumen befindet sich der Zellsaft. Der Zellsaft ist eine wässrige Flüssigkeit, in dem organische und anorganische Stoffe enthalten sind. Zu den enthaltenen Stoffen gehören Kohlenhydrate, organische Säuren, Eiweißstoffe, Farbstoffe, Gerbstoffe, Alkaloide, Harze usw.

3.1.1.7. Zellteilung

Die Mitose ist der Prozess, bei dem sich eine Zelle in zwei identische Tochterzellen teilt. Dabei durchläuft die Zelle verschiedene Stadien, die im Folgenden einfach erklärt werden:

1 Interphase:

- Vor der eigentlichen Teilung bereitet sich die Zelle vor. Die DNA wird verdoppelt, damit jede Tochterzelle eine komplette Kopie erhält. Die Chromosomen sind noch nicht sichtbar, da sie als langgestreckte Fäden vorliegen.

2 Prophase:

- Die Chromosomen werden sichtbar, da sie sich verdichten. Jedes Chromosom besteht aus zwei identischen Hälften, den Chromatiden, die am Zentromer verbunden sind. Die Kernmembran beginnt sich aufzulösen, und Spindelfasern bilden sich.

3 Metaphase:

- Die Chromosomen ordnen sich in der Mitte der Zelle, der sogenannten äquatorialen Ebene, an. Die Spindelfasern heften sich an die Zentromere der Chromosomen.

4 Anaphase:

- Die Spindelfasern ziehen die Chromatiden auseinander, sodass jede Hälfte zu einem der beiden Pole der Zelle bewegt wird. Dadurch wird sichergestellt, dass jede Tochterzelle eine exakte Kopie der DNA erhält.

5 Telophase:

- An den Zellpolen bilden sich neue Kernmembranen um die getrennten Chromosomen. Die Chromosomen entspannen sich und werden wieder unsichtbar. Der Zellkern ist nun in beiden Hälften der Zelle wiederhergestellt.

6 Tochterzellen:

- Die Zelle schnürt sich in der Mitte ein (Zytokinese) und teilt sich in zwei identische Tochterzellen. Jede Tochterzelle hat einen vollständigen Satz Chromosomen und ist bereit, ihre Funktion zu übernehmen.

Die Bildung der Geschlechtszellen geschieht in der Reifeteilung. Dabei werden die in jeder Zellenhälfte vorhandenen Chromosomen getrennt, sodass reife Geschlechtszellen nur den halben (= einfachen) Chromosomensatz aufweisen. Erst nach der Befruchtung besitzt die befruchtete Eizelle wieder den doppelten Chromosomensatz.

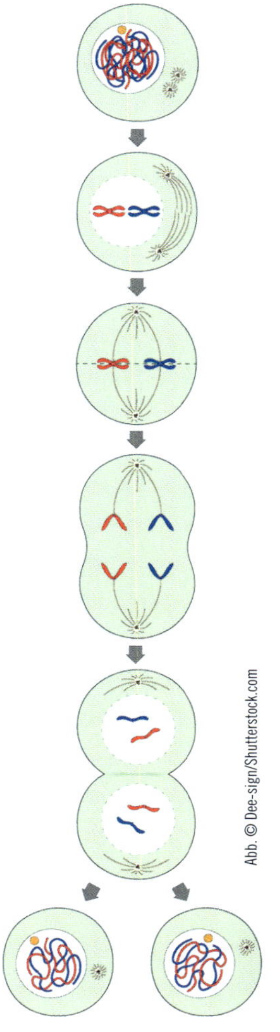

Abb. © Dee-sign/Shutterstock.com

Ablauf und Phasen der Zellteilung (=Mitose)

3.1.2. Die Gewebe

Die Gewebe sind feste Zellverbände mit gleichartig gebauten Zellen und gleichen Arbeitsaufgaben. Man unterscheidet zwei große Gewebearten:

- Das Bildungsgewebe: Dieses Gewebe besteht aus Zellen, die sich ständig teilen. Die Zellen verbleiben in diesem jugendlichen teilungsfähigen Zustand. Das Bildungsgewebe ist an den Wachstumskegel der Wurzel- und Triebspitzen und Knospenanlagen sowie im Kambium und bei den Geschlechtszellen zu finden.
- Das Dauergewebe: Dieses Gewebe besteht aus Zellen, die sich durch Streckung vergrößert haben, für ihre speziellen Aufgaben ausgebildet wurden und in einem Dauerzustand bleiben. Das Dauergewebe findet man als Hautgewebe, Grundgewebe und Leitungsgewebe.

3.1.2.1. Hautgewebe

Das Hautgewebe überzieht die gesamte Pflanzenoberfläche und erfüllt bestimmte Schutzfunktionen. Das Hautgewebe wird noch weiter unterteilt in Oberhaut, Korkgewebe und Borke.

Die Oberhaut ist auf Blättern, noch nicht verholzten (= krautigen) Stängelteilen und jungen Wurzeln zu finden.

Erklären Sie den Begriff „Transpiration"!

In die Oberhaut eingebettet sind:

Spaltöffnungen: Die Spaltöffnungen bestehen aus zwei bohnenförmigen Zellen, die geöffnet und geschlossen werden können. Sie regeln den Gasaustausch und die Wasserabgabe in Dampfform (= Transpiration).

Wasserspalten: geben das Wasser in Tropfenform ab.
Über die Oberhaut gibt es noch Überzüge, wie die Cuticula, die weitgehend die Wasserabgabe verhindert.

Wachsbildungen: Die Wachsschicht überzieht häufig die Cuticula und vermindert die Benetzbarkeit. Diese herabgesetzte Benetzbarkeit verhindert bei Früchten ein Aufplatzen bei länger anhaltenden Regenfällen.

Weitere Bildungen der Oberhaut sind die Nektarien, Pflanzenhaare usw.

Das **Korkgewebe** ist auf allen in die Dicke wachsenden Pflanzenorganen zu finden.

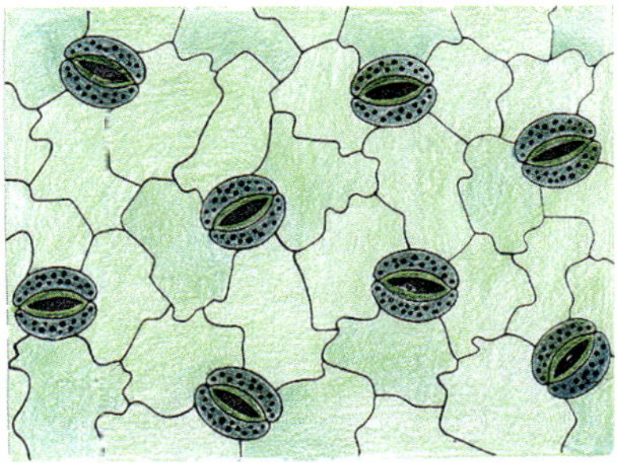

Spaltöffnungen eines Blattes im geschlossenen (oben links) und im geöffneten Zustand (oben rechts) im Querschnitt sowie in der Draufsicht auf der Blattunterseite (rechts).

Die **Borke** bildet sich meist bei älteren Stämmen. Es ist eine abgestorbene Schicht, die vertrocknet und rissig wird.

3.1.2.2. Grundgewebe

Das Grundgewebe besteht aus dünnwandigen, lebenden Zellen, die durch große Zellsafträume und viele Zwischenzellräume gekennzeichnet sind. Das Grundgewebe ist im Pflanzenkörper überall zwischen dem Haut- und Stranggewebe zu finden und kann verschiedenste Aufgaben erfüllen. Das Grundgewebe dient vorwiegend der Kohlenstoffassimilation. In ihm werden die Reservestoffe gespeichert, aber auch Ausscheidungsstoffe gebildet. Durch den besonderen Aufbau dient es auch zur Durchlüftung. Im Grundgewebe gibt es außerdem Zellen, deren Teilungsfähigkeit durch Umwelteinflüsse wieder aktiviert werden kann, wodurch es u. a. zur Bildung von Wundgewebe kommt.

3.1.2.3. Leitungsgewebe

Das Leitungsgewebe wird auch als Stranggewebe bezeichnet. Es besteht aus dem Holzteil und dem Bastteil. Beide Teile zusammen bilden jeweils ein Gefäßbündel. Die Hauptaufgaben des Leitungsgewebes sind Leitung und mechanische Festigung.

Der **Holzteil** besteht aus:
langen, röhrenförmigen Zellen, deren Querwände vollständig aufgelöst sind (= Gefäße). Diese dienen der Leitung.

Grundgewebe, das Speicherfunktionen erfüllt.

Holzfasern, die Festigungsfunktionen erfüllen. Der Holzteil dient dem aufsteigenden Saftstrom. Es wird Wasser mit gelösten Nährstoffen transportiert.

Der **Bastteil** besteht aus:
langen, röhrenförmigen Zellen, deren Querwände siebartig durchlöchert sind (= Siebröhren). Auch sie erfüllen Leitungsfunktionen.

Grundgewebe, das Speicherfunktionen erfüllt.

Bastfasern, die Festigungsfunktionen erfüllen.

Der Bastteil dient dem absteigenden Saftstrom. Es wird Wasser mit organischen Stoffen (= Assimilaten) transportiert.

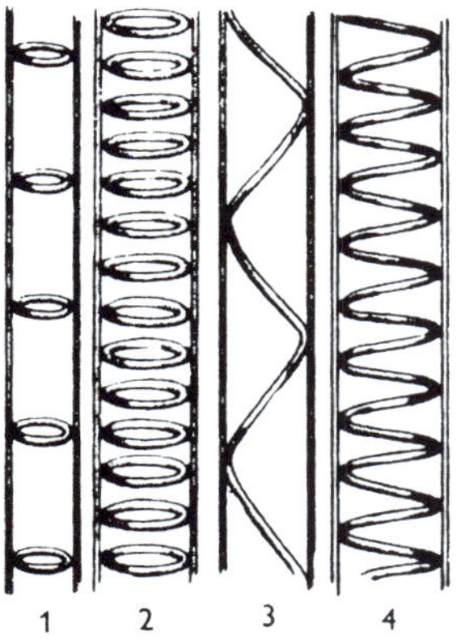

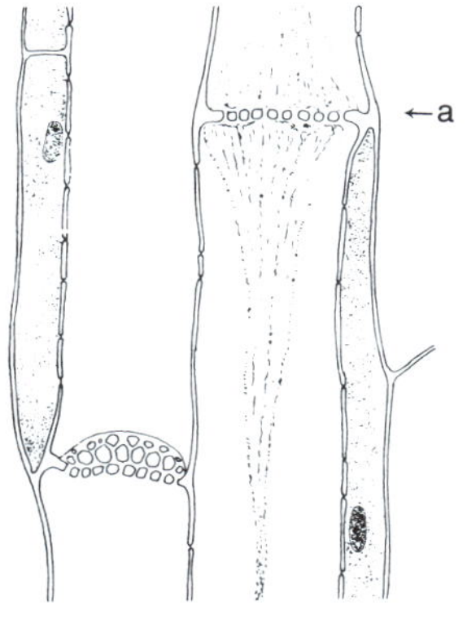

Links: Verschiedene Gefäßtypen (schematisch): 1 und 2 Ringgefäße, 3 und 4 Schraubengefäße – Rechts: Siebröhre (schematisch), a = siebartig durchlöcherte Querwand.

3.1.3. Die Organe

Die Pflanze besteht aus den Hauptorganen:

Siehe Gartenbau!

- Wurzel,
- Spross (= Stängel),
- Blätter,
- Blüte,
- Frucht und
- Samen.

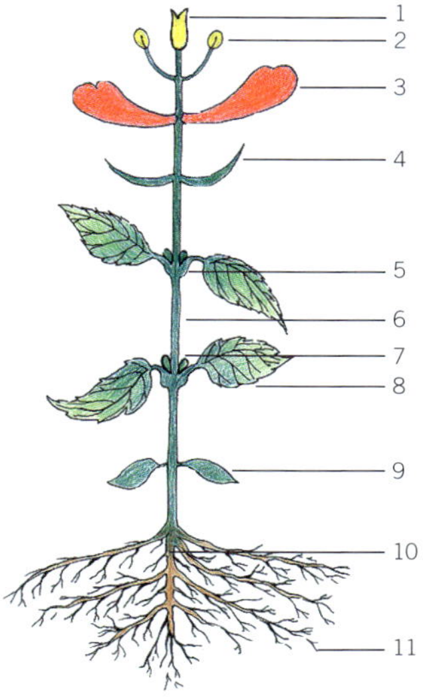

Die Organe der Pflanze
1 = Stempel
2 = Staubblatt
3 = Blumenkronblatt
4 = Kelchblatt
5 = Knoten
6 = Zwischenknotenstück
7 = Blattachsel mit Knospe
8 = Laubblatt
9 = Keimblatt
10 = Hauptwurzel
11 = Seitenwurzel mit Faserwurzeln

3.1.3.1. Die Wurzel

Aufgaben

- Wasser- und Nährstoffversorgung der Pflanze;
- Verankerung der Pflanze im Boden;
- Speicherung von Nährstoffen.

Aufbau

Im Querschnitt der Wurzel sind drei Gewebeschichten zu erkennen: Die Oberhaut ist dünn, farblos und ohne Cuticula. Die Ausstülpungen der Oberhaut werden als Wurzelhaare bezeichnet. Diese dienen der Nährstoff- und Wasseraufnahme und sind sehr kurzlebig.
Die Rinde ist mehrschichtig und übernimmt vor allem bei älteren Wurzeln Speicherfunktionen. Sie leitet Wasser und gelöste Nährstoffe weiter und ermöglicht deren Übertritt in den Zentralzylinder. Der Zentralzylinder enthält die Gefäßbündel und ist somit für den Stofftransport verantwortlich. Im Zentralzylinder ist auch bei zweikeimblättrigen Pflanzen und Nadelhölzern das Kambium, das bei älteren Wurzeln für das Dickenwachstum verantwortlich ist.
Die älteren Zellen der Wurzelhaare sondern schleimartige Stoffe ab, die das Vordringen der Wurzeln in den Boden erleichtern.

Beim Längsschnitt durch eine Wurzel sind verschiedene Zonen zu erkennen:

Erklären Sie den Begriff „Differenzierung"!

Differenzierungszone (Leitungszone, Wurzelhaarzone)

Diese Zone ist an den Wurzelhaaren zu erkennen. Hier werden die Zellen für ihre spätere Aufgabe endgültig ausgestaltet (= differenziert).

Streckungszone

Sie ist die Zone des Längenwachstums der Wurzel. Hier erfolgt die Streckung der im Vegetationskegel gebildeten Zellen.

Siehe „Gewebe"!

Teilungszone

Sie besteht aus Bildungsgewebe und stellt den Wachstumskegel der Wurzel dar.

Wurzelhaube

Sie umgibt und schützt das Bildungsgewebe.

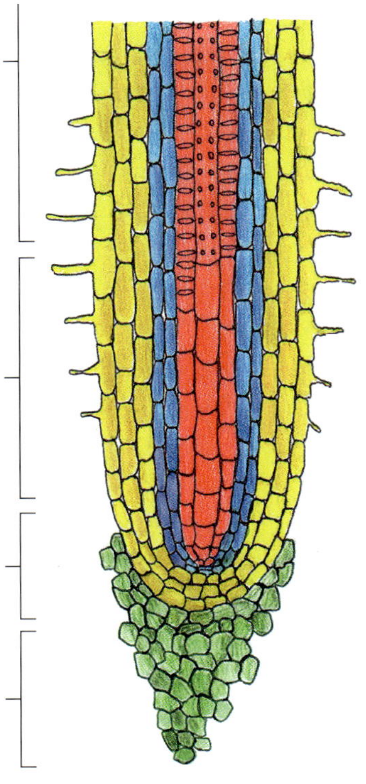

Wurzeltypen

Nach dem Tiefgang und der Ausbildung des Wurzelsystems unterscheidet man:

Flachwurzler (= Büschelwurzler)

besitzen keine deutlich ausgeprägte Hauptwurzel. Nach dem Absterben der Keimwurzel bilden sich aus dem Knoten der unteren Stängelteile gleichwertige Nebenwurzeln. Diese Nebenwurzeln bilden wieder Seitenwurzeln und aus den Seitenwurzeln die feinen Faserwurzeln.

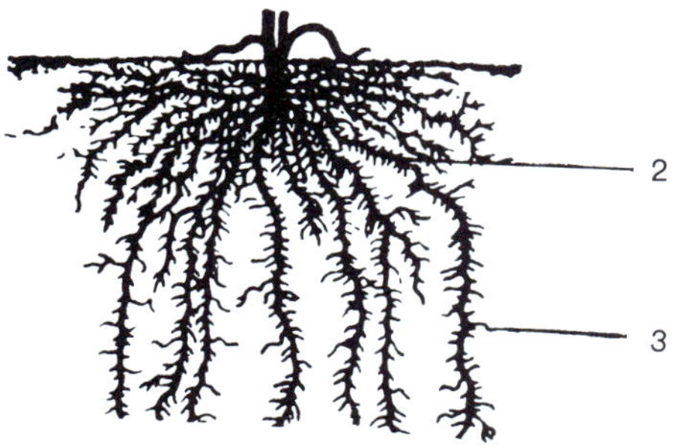

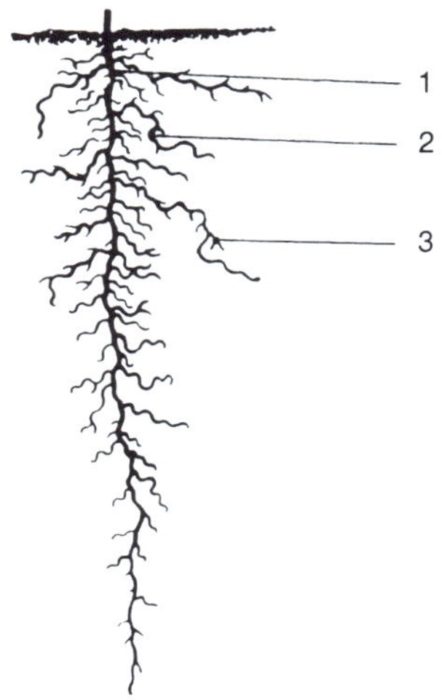

Links: Flachwurzler.
Rechts: Tiefwurzler.
1 = Hauptwurzel, 2 = Nebenwurzeln mit Seitenwurzeln, 3 = Faserwurzeln.

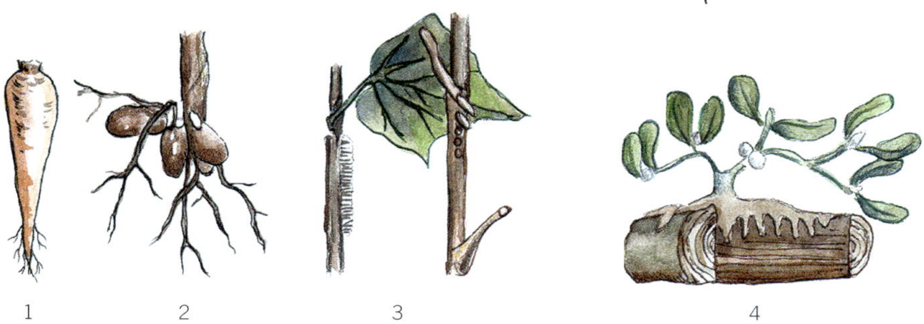

Wurzelumbildungen für besondere Lebensaufgaben: 1 = Rübe – fleischig verdickte Hauptwurzel (z. B. Zucker- oder Futterrübe) – 2 = Wurzelknolle – verdickte Seitenwurzel (z. B. Dahlie) – 3 = Haftwurzel (z. B. Efeu) – 4 = Saugwurzel (z. B. Mistel).

Diesen Wurzeltyp findet man vor allem bei den einkeimblättrigen Pflanzen, wie den Gräsern, aber auch bei Kartoffeln.

Tiefwurzler

besitzen eine deutlich ausgebildete Hauptwurzel. Die Keimwurzel bleibt erhalten und wird zu einer bleibenden Hauptwurzel umgebildet, die senkrecht nach unten wächst. Von dieser Hauptwurzel gehen die Seitenwurzeln und von diesen die Faserwurzeln aus.
Diesen Wurzeltyp findet man meistens bei den zweikeimblättrigen Pflanzen, wie Luzerne, Raps, Spinat, aber auch Eiche, Buche, Föhre usw.

3.1.3.2. Der Spross (= Stängel)

Aufgaben

- Tragegerüst für Blätter, Blüten, Früchte;
- Transportweg zwischen Wurzeln und Blättern für Wasser und gelöste Nährstoffe, aber auch Assimilate;
- Speicherorgan besonders bei mehrjährigen Pflanzen.

Aufbau

Im Querschnitt der Sprossachse sind auch drei Gewebeschichten zu erkennen:

- Die Oberhaut besitzt, im Gegensatz zur Wurzel, Farbstoffe, Spaltöffnungen und ist von einer Cuticula überzogen.
- Die Rinde ist dünner als bei der Wurzel, erfüllt aber auch Speicherfunktionen.
- Der Zentralzylinder enthält die Gefäßbündel, die vom Grundgewebe umgeben sind und dem Stofftransport dienen. Er ist besonders bei zweikeimblättrigen Pflanzen und Bäumen deutlich ausgebildet. Er enthält bei zweikeimblättrigen Pflanzen und Nadelhölzern das Kambium, wodurch der Spross in die Dicke wachsen kann.

Im Längsschnitt der Sprossachse sind bereits alle Anlagen vorgebildet.

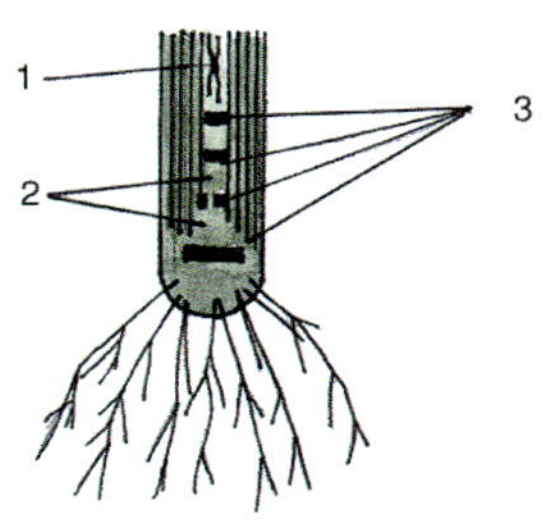

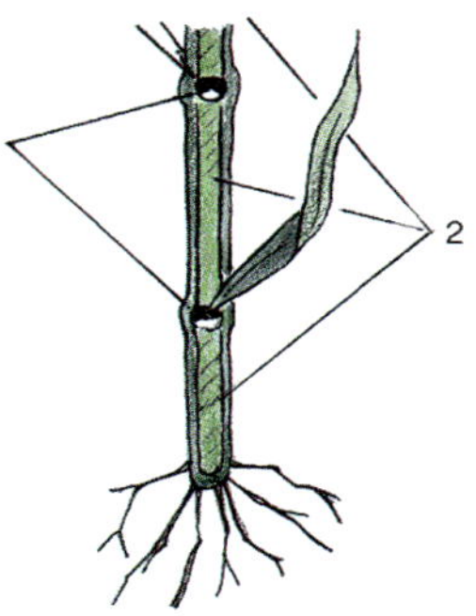

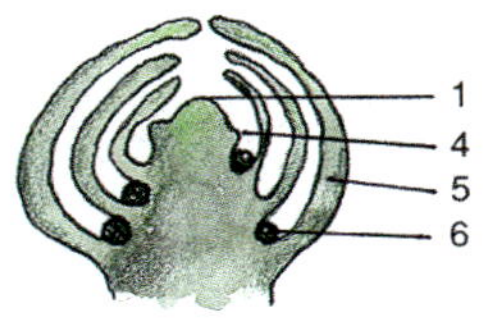

1 = *Vegetationskegel*
2 = *Zwischenknotenstücke*
3 = *Knoten*
4 = *Blattanlage*
5 = *Blätter*
6 = *Achselknospen*

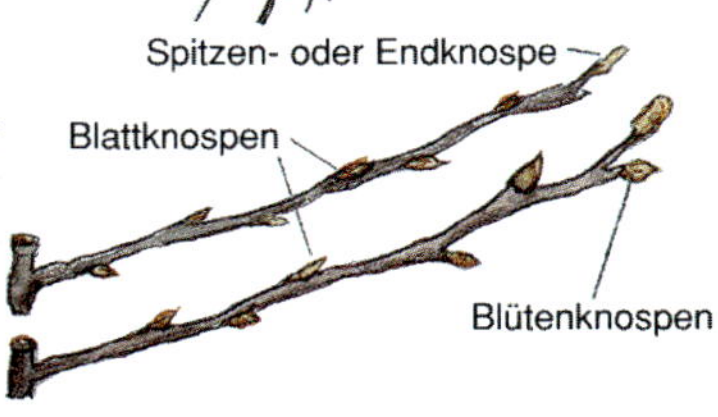

Oben links: Schossen des Getreides.
Oben rechts: Längsschnitt durch eine Sprossspitze.
Rechts: Fruchttriebe eines Obstbaumes mit Blatt-, End- und Blütenknospen.

Aus dem Vegetationskegel der Sprossspitzen erfolgt das Längenwachstum. Die zuerst eng stehenden Blattanlagen werden auseinander geschoben, wodurch sich blattfreie Stücke (Zwischenknotenstücke) und Blattansatzstellen (Knoten) ergeben. Beim Schossen des Getreides kann man das Längenwachstum der Sprossachse besonders gut beobachten.

Die Verzweigung der Sprossachse erfolgt durch das Austreiben der Achselknospen (= Augen). Diese sind Vegetationskegel, die während des Winters von Knospenschuppen umgeben sind. Nach ihrem Inhalt bezeichnet man sie als Blüten-, Holz-, Blatt- oder Übergangsknospen. Nach ihrer Stellung als End- oder Seitenknospen.

Das Dickenwachstum erfolgt bei mehrjährigen Pflanzen (z. B. Bäume) durch das Kambium, wobei jährlich ein Ring angelegt wird. Dieser jährliche Holzzuwachs wird daher auch als Jahresring bezeichnet.

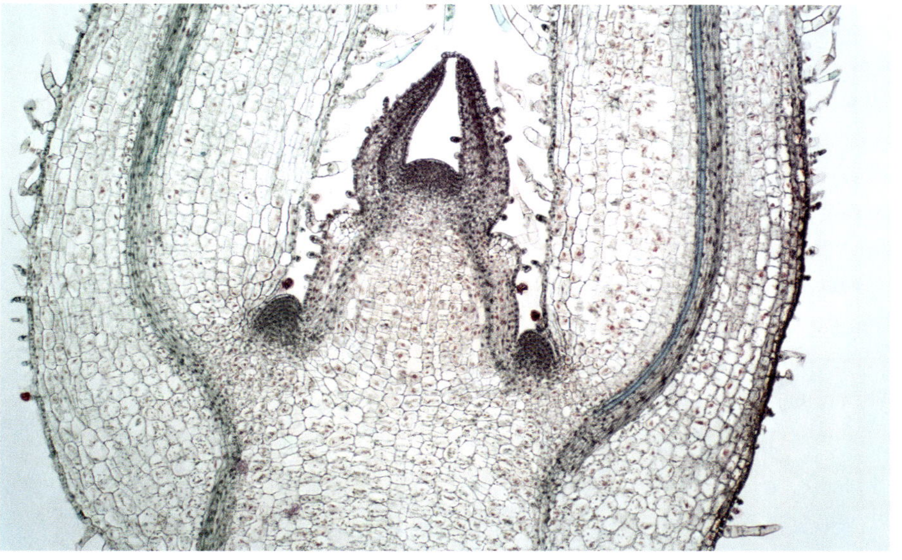

Vegetationskegel durch das Mikroskop betrachtet.

Sprossumbildungen

dienen speziellen Funktionen, wie Vermehrung, Speicherung usw.

1 = Zwiebel (Küchenzwiebel) – 2 = Sprossknolle (Kartoffelknolle – verdicktes Ende eines unterirdischen Ausläufers) – 3= Ausläufer oberirdisch (z. B. Erdbeere, Weißklee) – 4 = Ausläufer unterirdisch (z. B. Quecke, fälschlich oft als „Baierwurzel" bezeichnet) – 5 = Rosette: Blattrosette bleibend (z. B. Löwenzahn); erstes Jahr Blattrosette und zweites Jahr blättertragende Blütenstengel (z. B. Zuckerrübe)

6 = Sprossranken (Weinrebe – Seitensprossen werden zu Ranken) – 7 = Sprossdornen (Schlehdorn – ein Teil des Sprosses wird zu Dornen).

3.1.3.3. Das Blatt

Eine der Hauptaufgaben des Blattes ist die Kohlenstoffassimilation durch den Prozess der Photosynthese, bei dem Kohlenstoffdioxid (CO_2) in energiereiche Kohlenhydrate umgewandelt wird. Dieser Vorgang ist entscheidend für das Wachstum und die Ertragsbildung der Pflanze. Die Regulation des Wasserhaushalts der Pflanze erfolgt durch die Transpiration, die über die Spaltöffnungen (Stomata) gesteuert wird. Das Blatt nimmt zusätzlich Sauerstoff für die Zellatmung auf und kann in geringen Mengen auch Nährstoffe durch Blattdüngung absorbieren, was in der ökologischen Landwirtschaft zunehmend Anwendung findet, um die Bodenbelastung zu reduzieren (Müller et al., 2023). In bestimmten Fällen, wie bei Zwiebel- und Knoblauchgewächsen, übernehmen Blätter auch Speicherfunktionen.

Aufbau

Im Querschnitt eines Laubblattes lassen sich die folgenden Schichten unterscheiden:

- **Oberhaut (Epidermis):** Sie bedeckt die Blattober- und -unterseite und ist mit einer Cuticula überzogen, die als wasserabweisende Schutzschicht fungiert und die Verdunstung minimiert. Die Dicke und Struktur der Cuticula variieren in Abhängigkeit von Umweltbedingungen und sind eine Anpassungsstrategie der Pflanzen an trockene oder heiße Klimazonen, was in den letzten Jahren auch für heimische Kulturen wie Weizen und Gerste an Bedeutung gewonnen hat.
- **Spaltöffnungen (Stomata):** Hauptsächlich an der Blattunterseite angesiedelt, regulieren sie den Gasaustausch und die Transpiration. In Reaktion auf den Klimawandel und steigende Temperaturen weisen Pflanzen in Mitteleuropa zunehmend Anpassungen auf, wie vermehrte Stomata auf der Blattoberseite und Veränderungen in der Größe und Anordnung der Stomata, um Wasserverluste zu minimieren.
- **Palisadengewebe:** Dieses Gewebe enthält eine hohe Konzentration an Chloroplasten, die das Chlorophyll beherbergen und somit die Hauptarbeit der Photosynthese leisten.

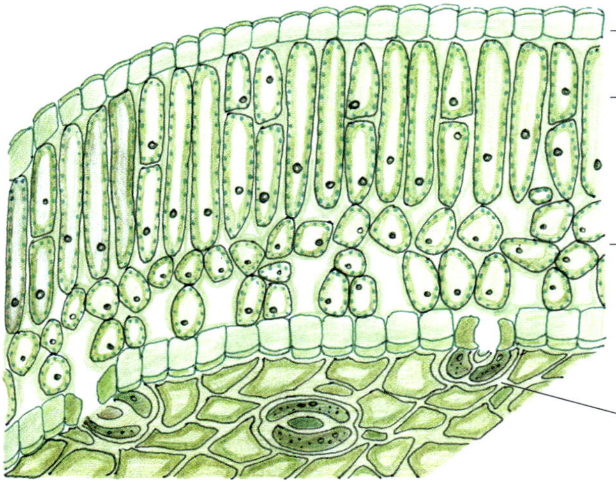

- **Schwammgewebe:** Dieses locker aufgebaute Gewebe dient der Durchlüftung und sorgt für einen effizienten Gasaustausch innerhalb des Blattes. Die Struktur des Schwammgewebes trägt auch zur Kühlung der Pflanze bei.
- **Leitbündel (Gefäßbündel):** Diese Struktur gewährleistet den Stofftransport innerhalb des Blattes. Über das Xylem wird Wasser und über das Phloem werden die in der Photosynthese gebildeten Assimilate, hauptsächlich Zucker, transportiert.

Expertenwissen

Anpassungen des Blattes an Klimawandel und ökologische Landwirtschaft

In der ökologischen Landwirtschaft wird die Bedeutung der Blattstruktur und -anpassungen zunehmend erforscht, um die Erträge unter veränderten klimatischen Bedingungen stabil zu halten. Kultivierte Sorten wie Trockenheits-resistenter Weizen und Gerste, die an eine höhere Wasserhaltekapazität des Blattes und verbesserte Schließmechanismen der Stomata angepasst sind, wurden erfolgreich getestet und eingesetzt (Austrian Journal of Agricultural Science, 2024). Der gezielte Anbau solcher Anpassungen fördert die Resilienz der Pflanzen gegenüber extremen Wetterereignissen und trägt zur Wassereffizienz in der Landwirtschaft bei.

Der Bau der Laubblätter

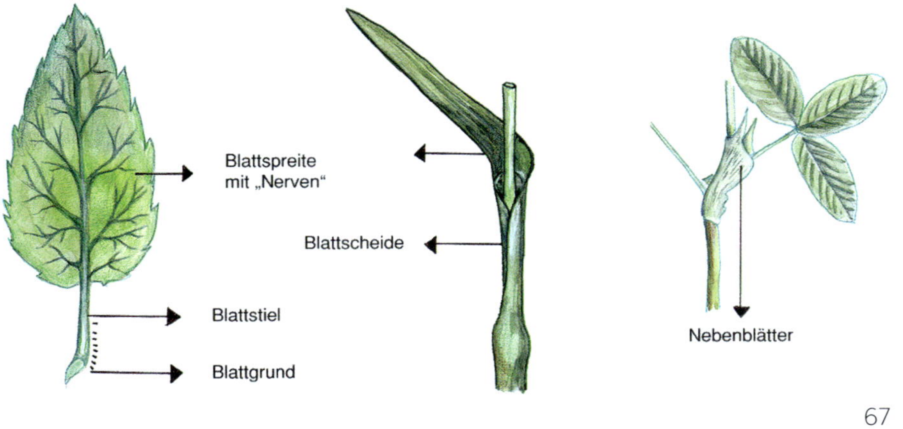

Nach Anzahl der Keimblätter unterscheidet man:

- einkeimblättrige Pflanzen: Getreide, Mais, Gräser usw.,
- zweikeimblättrige Pflanzen: Leguminosen, Kreuzblütler, Rüben, Kartoffeln, viele Unkräuter usw. und
- mehrkeimblättrige Pflanzen: Nadelhölzer.

Die Keimblätter sind die ersten Blätter der Pflanze, enthalten Reservestoffe und können auch der Assimilation dienen.
Die Laubblätter sind die voll ausgebildeten grünen Blätter. Die Ausformung der Blattspreite und des Blattrandes kann sehr vielfältig sein und soll nur durch einige Beispiele angedeutet werden.

Blattumbildungen

dienen zur Erfüllung bestimmter Aufgaben:

Blattranken (z. B. Kürbis, Erbse),

Blattdornen (z. B. Robinie, Sauerdorn).

Blattdornen der Berberitze

Blattranke der Erbse

3.1.3.4. Die Blüte

Aufgaben

Die Blüte dient der geschlechtlichen Fortpflanzung und ist somit für die Arterhaltung verantwortlich.

Benennen Sie die Teile einer vollkommenen Blüte!

Aufbau

Eine vollständige Blüte besteht aus dem Blütenboden und vier Blattkreisen. Es gibt jedoch auch unvollständige Blüten, bei denen bestimmte Blattkreise fehlen. Diese verschiedenen Blütenformen sind durch evolutionäre Anpassungen entstanden, die Bestäubungsstrategien optimieren, was in Zeiten des Klimawandels und sinkender Bestäuberzahlen von hoher Bedeutung ist.

Blütenbestandteile:

- **Kelchblätter (Calyx):** Sie bilden den äußeren Schutz für die Blüte und schützen empfindliche Blütenteile, besonders in jungen Stadien. Kelchblätter sind auch bei der Photosynthese beteiligt, vor allem in Systemen der ökologischen Landwirtschaft, wo ein naturnahes Pflanzenwachstum gefördert wird, das diese Strukturen optimal nutzt.

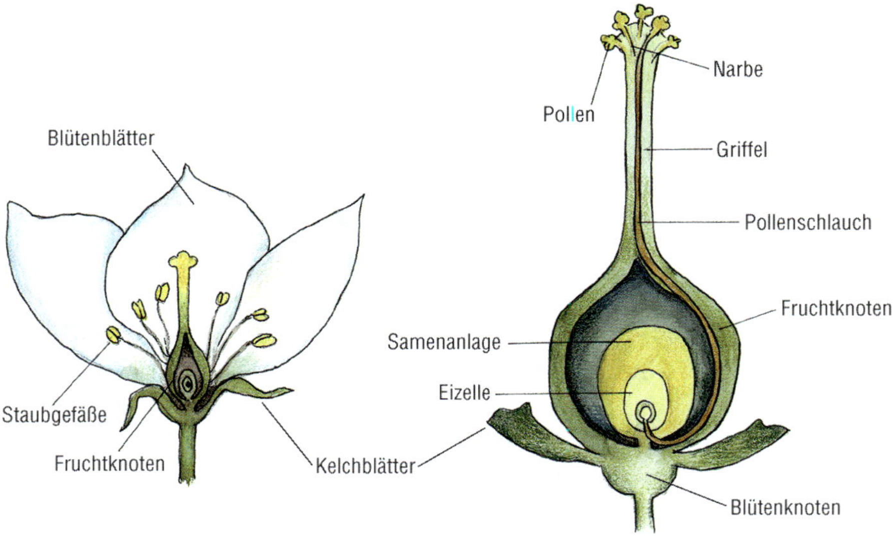

- **Blütenblätter (Corolla):** Meist auffällig gefärbt, dienen Blütenblätter der Anlockung von Bestäubern. Bei zunehmender Erwärmung und unvorhersehbaren Wetterbedingungen wird eine Anpassung der Pflanzenfarben und -formen beobachtet, um die Attraktivität für Bestäuber zu maximieren.

- **Staubblätter (Androeceum):** Die Staubblätter, bestehend aus Staubfaden und Staubbeutel, produzieren die Pollenkörner. Pollenstrukturen und -eigenschaften sind in Mitteleuropa zunehmend auf variable klimatische Bedingungen eingestellt, was bei der Zucht robuster Sorten Berücksichtigung findet.

- **Fruchtblätter (Gynoeceum):** Sie bestehen aus Narbe, Griffel und Fruchtknoten und enthalten die Eizelle. Die Fruchtblätter bilden das weibliche Fortpflanzungssystem und sind bei einigen Arten von selbstkompatiblen Pflanzen so angepasst, dass sie auch unter suboptimalen Umweltbedingungen erfolgreich bestäubt werden können.

Der Blütenboden ist häufig an der Fruchtbildung beteiligt, z. B. beim Kernobst.

Die Nektarien sondern zuckerhaltige Stoffe ab und dienen der Insektenanlockung.

Einteilung der Pflanzen nach der Anordnung der männlichen und weiblichen Blütenteile:

Blütenpflanzen

- Einhäusige Pflanzen
  - Einhäusige-zwittrige Pflanzen (auf einer Pflanze und in einer Blüte sind männliche und weibliche Geschlechtsorgane beisammen), z. B. Getreide, Obst, …
  - Einhäusige-getrenntgeschlechtliche Pflanzen (männliche und weibliche Blüten sind getrennt auf einer Pflanze angeordnet), z. B. Mais, …
- Zweihäusige Pflanzen
  - Zweihäusige Pflanzen (männliche und weibliche Blüten sind auf verschiedenen Pflanzen), z. B. Hopfen, …

Schreiben Sie noch weitere Beispiele hinzu!

Blütenstände

Dabei handelt es sich um die Anordnungsfolgen der einzelnen Blüten:

Blütenstände

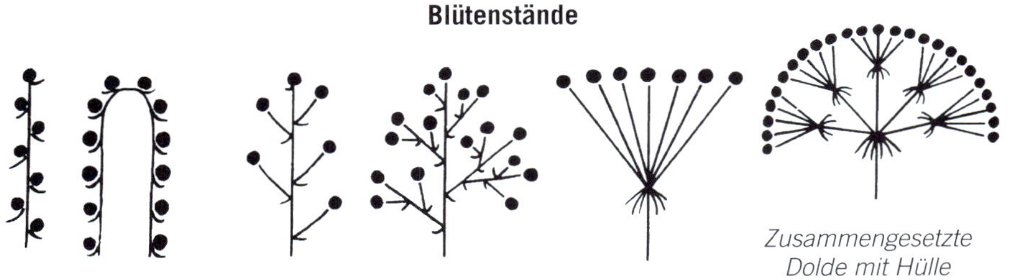

Ähre *Kolben* *Traube* *Rispe* *Dolde mit Hülle* *Zusammengesetzte Dolde mit Hülle und Hüllchen*

Köpfchen

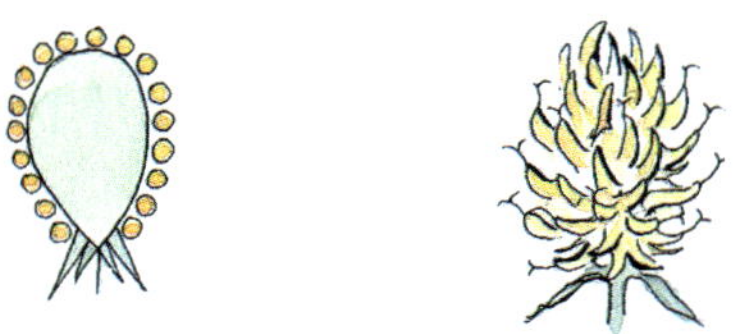

Körbchen

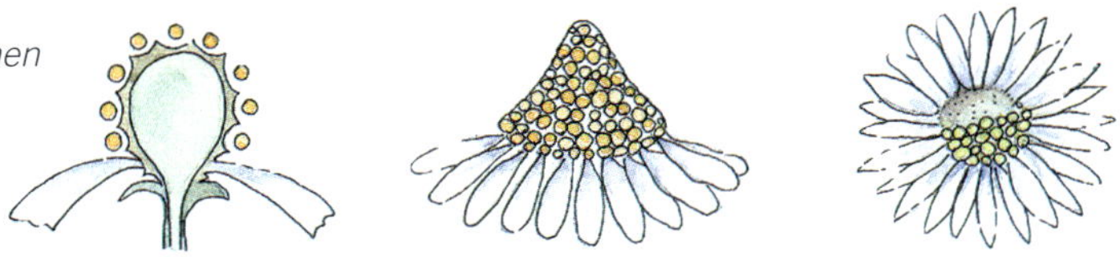

Schreiben Sie zu den Blütenständen eine Pflanzenart dazu!

Bestäubung

Die Übertragung der Pollenkörner auf die Narbe der Blüte (Bedecktsamige) oder auf die frei zugängigen Samenanlagen (Nacktsamige) kann durch Wind oder Tiere erfolgen. Die Bestäubung ist ein zentraler Prozess in der Pflanzenproduktion und wird in ökologischen Systemen oft durch den Anbau von Pflanzen gefördert, die Bestäuber anziehen. In Zeiten der Bestäuberkrise ist es von wachsender Bedeutung, Pflanzenarten zu fördern, die nicht nur effizient bestäubt werden, sondern auch alternative Bestäuber anziehen können.

Selbst- und Fremdbestäubung: Selbstbestäubung ist bei einigen Getreidesorten wie Weizen, Gerste und Hafer weit verbreitet, während Fremdbestäubung bei Arten wie Roggen und Mais vorkommt.
Für die ökologische Landwirtschaft bedeutet dies eine Anpassung der Sortenwahl, um bestäuberfreundliche Bedingungen und eine hohe Ertragssicherheit zu gewährleisten.

Befruchtung

Die Befruchtung erfolgt durch die Verschmelzung eines männlichen Geschlechtskerns (Pollenkorn) mit der weiblichen Eizelle. Die Übertragung der Pollen kann durch den Wind (Getreide, Mais) oder durch Insekten (Obstbäume, Leguminosen) erfolgen. Pflanzenarten und -sorten, die in der Lage sind, sich selbst zu befruchten, haben in ökologischen Anbausystemen Vorteile, da sie weniger abhängig von externen Bestäubern sind. Die zunehmende Entwicklung von selbstfruchtbaren Sorten ist eine Antwort auf die Herausforderungen, die durch den Klimawandel und Bestäubermangel (Insektensterben) entstehen.

Expertenwissen

In ökologischen Anbausystemen wird besonders auf die Förderung der Artenvielfalt und die Nutzung blühender Deckfrüchte geachtet, um Bestäuberpopulationen zu unterstützen und eine reiche Biodiversität im Anbauraum zu fördern. Die Anordnung und Vielfalt der Blüten tragen in solchen Systemen zur Stabilität der Ökosysteme bei.

Unter den Bedingungen des Klimawandels und der veränderten Witterungsbedingungen, die oft zu Hitze- und Trockenperioden führen, zeigen sich Anpassungen der Blütenstrukturen. Pflanzen, die sich an wärmere Temperaturen und Trockenheit angepasst haben, verfügen oft über eine kompakte Blütenstruktur, die den Wasserverlust minimiert und die Wahrscheinlichkeit der Bestäubung in kürzeren Zeitfenstern erhöht. Die Entwicklung trockenresistenter Blütentypen ist besonders in der biologischen Landwirtschaft von Vorteil, um widerstandsfähige Pflanzenbestände zu fördern.

3.1.3.5. Frucht und Samen

Aus der befruchteten Eizelle entwickelt sich die Frucht und in ihr der Samen. Die Frucht kann ein- oder mehrsamig sein.

Der Same dient der Erhaltung und Verbreitung der Art. Er ist durch die Befruchtung aus der Samenanlage entstanden. Der Same ist der von einer Hülle umgebene und mit Nahrungsvorrat versehene Keim.

Der Same besteht daher aus:

Nennen Sie die Teile eines Samens!

- Samenschale: Sie hat meist Schutzfunktionen zu erfüllen. Häufig dient sie auch der Samenverbreitung.
- Nährgewebe (= Mehlkörper): Es enthält viele Reservestoffe (Kohlenhydrate, Eiweiß, Fett). Fehlt das Nährgewebe (z. B. Leguminosen), so sind die Reservestoffe in den Keimblättern zu finden (z. B. Bohne).
- Keimling (= Embryo): Er ist die im Samen vorgebildete Pflanze und besteht aus Keimwurzel, Keimachse, Sprossknospe mit Blattanlagen und dem Keimblatt oder den Keimblättern.

Beispiele für verschiedene Fruchttypen:

Schreiben Sie zu den Fruchttypen eine Pflanzenart dazu!

Streufrüchte

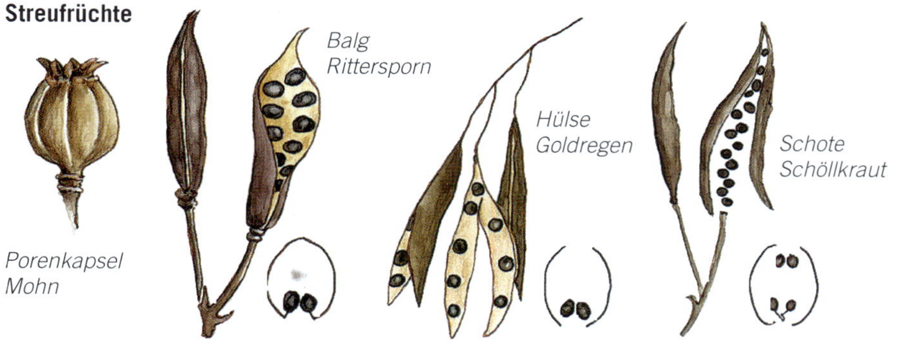

Schließfrüchte

Beeren

Steinfrüchte

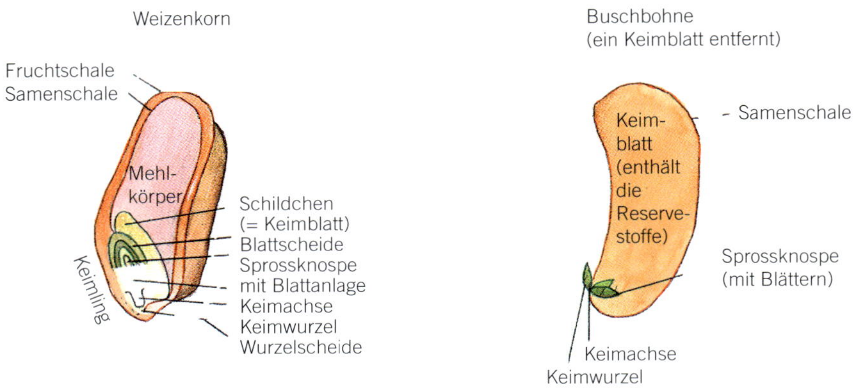

Bau von zwei verschiedenen Samenarten (schematisch).

3.2. Lebensvorgänge in der Pflanze

3.2.1. Keimung

Die Keimung ist der Übergang vom Ruhezustand zur Jugendentwicklung des Keimlings. Diese Phase, auch als „Auflaufen“ bezeichnet, ist von zentraler Bedeutung, insbesondere in Anbausystemen, die auf eine nachhaltige Nutzung von Ressourcen abzielen. Moderne ökologische Landwirtschaft setzt auf optimierte Keimbedingungen, um das Risiko eines Ernteausfalls aufgrund von Klimaextremen zu minimieren.

Voraussetzungen für die Keimung sind Wasser, Licht und Sauerstoff:

- Wasser: Durch die Wasseraufnahme erfolgt das Aufquellen des Samens, wobei auch die Aktivierung der Enzyme beginnt, die den Stoffwechsel anregen. Die Wasseraufnahme wird durch Bodeneigenschaften und -temperaturen beeinflusst, die mit wärmeren Wintern und späteren Frösten zunehmend unvorhersehbar sind.
- Luftsauerstoff: Er ist für die Atmung, Nährstoffumwandlung und den Nährstofftransport erforderlich.
- Keimtemperatur: Hinsichtlich der Temperatur und der Keimschnelligkeit unterscheidet man drei Bereiche:
  Keimminimum: Samen können zu keimen beginnen.
  Keimoptimum: Samen keimen am besten.
  Keimmaximum: Samen können noch keimen.

In der Praxis muss sich der Landwirt meist nach der Keimminimaltemperatur richten, wodurch sich die Anbautermine für die verschiedenen Kulturpflanzen ergeben.

Expertenwissen

Pflanzen benötigen spezifische Temperaturen, um die Keimung zu starten und optimal zu entwickeln. Unter den Bedingungen des Klimawandels ist es für Landwirte wichtig, die Keimbedingungen entsprechend anzupassen und Sorten zu wählen, die besser auf wärmere Bodentemperaturen reagieren. Zum Beispiel zeigt Mais eine gute Anpassung an Temperaturerhöhungen, während Weizen und Hafer früher gesät werden müssen, um die notwendige Keimtemperatur zu nutzen

Keimminimum und Keimoptimum der wichtigsten Samenarten.
(nach verschiedenen Autoren)

Samenart	*Keimmiminum*	*Keim-optimum*
Rotklee, Luzerne, Wicke, Erbse, Roggen	1– 2 °C	15–30 °C
Raps, Ackerbohne	2– 3 °C	
Weizen, Gerste, Hafer	3– 4 °C	
Beta-Rüben	4– 5 °C	18–25 °C
Mais, Kartoffel	8–19 °C	25–37 °C
Hirse, Gurke, Ölkürbis, Tabak, Gartenbohne	10–15 °C	
Sojabohne	8–10 °C	20–30 °C

- Licht: viele kleine Samen (z. B. Gräser) und Kräutersamen benötigen zur Keimung Licht (= Lichtkeimer). Die meisten Samen benötigen für die Keimung jedoch kein Licht (= Dunkelkeimer).

Keimvorgang

Die Keimung beginnt mit dem Quellen des Samens. Nach dem Platzen der Samenhaut beginnt das Wachstum des Keimlings, wobei es zuerst zum Wurzelaustritt kommt. Nach der Verankerung im Boden und Sicherstellung der Ernährung aus dem Boden streckt sich die Sprossachse. Mit der Assimilation der Blätter und der Ernährung aus dem Boden ist der Keimvorgang beendet. Es beginnt nun das Jungpflanzenstadium.
Die Keimfähigkeit geht im Laufe der Zeit verloren und muss bei längerer Lagerung von Samen berücksichtigt werden.

Keimung einer zweikeimblättrigen Pflanze.

Keimung einer einkeimblättrigen Pflanze.

3.2.2. Wachstum

Das Wachstum der Pflanze erfolgt durch ständige Zellteilung und Zellvergrößerung. Es vollzieht sich im Teilungsgewebe der Spross- und Wurzelspitzen (= primäres Längenwachstum). Ebenso können Pflanzen mit Hilfe der Kambiumschichte nachträglich in die Dicke wachsen (= sekundäres Dickenwachstum von Stamm und Wurzeln). Die Verzweigung erfolgt durch Austreiben der Achselknospen.

> **Expertenwissen**
> Klimatische Bedingungen beeinflussen die Wachstumsrate erheblich. Pflanzen, die in Regionen mit hohen Temperaturen und Wasserstress wachsen, zeigen oft eine erhöhte Wurzelbildung und kürzere Sprossachsen, um Ressourcen effizienter zu nutzen.

3.2.3. Vermehrung

Unter Vermehrung versteht man alle natürlichen und künstlichen Maßnahmen mit dem Ziel, aus einer Pflanze zwei oder mehrere zu machen.

Man unterscheidet zwei Arten der Vermehrung

Geschlechtliche Vermehrung (= generativ)

Sie erfolgt bei den Blütenpflanzen durch die Aussaat von Samen oder Früchten, die durch die Vereinigung des männlichen Pollens mit der weiblichen Eizelle entstanden sind.

Siehe Gartenbau!

Ungeschlechtliche Vermehrung (= vegetativ)

Die einfachste Art ist die Teilung einzelliger Pflanzen (Bakterien, Pilze). Es gibt Pflanzen, die sich sowohl durch Samen als auch gleichzeitig ungeschlechtlich vermehren (z. B. Quecke).

Wichtige Arten der ungeschlechtlichen Vermehrung

Vermehrung durch Zerteilung bewurzelter Sprosse (Ausläufer): Erdbeere.

Vermehrung durch: Sprossknollen (Kartoffel),
Blattstecklinge (Begonien),
Triebstecklinge (Pelargonien),
Brutzwiebeln (Gladiolen),
Absenker (Forsythie) und
Veredelung (Obstbäume, Reben).

> **Expertenwissen**
> Im ökologischen Landbau wird häufig die vegetative Vermehrung gefördert, um genetische Vielfalt zu sichern und angepasste Sorten effizient weiterzuverbreiten. Generative Vermehrung kann von Bestäuberinsekten abhängig sein, die besonders in Anbausystemen gefördert werden, die Biodiversität und Bestäuberfreundlichkeit als Ziel haben.

Diese Form der Vermehrung ist für den Obst-, Wein- und Gartenbau von besonderer Bedeutung und gewährleistet eine schnelle Weitergabe der unveränderten Erbmasse.

3.2.4. Zusammensetzung der Pflanze

Siehe Düngungslehre!

Der Hauptbestandteil der grünen Pflanze ist Wasser (75 bis 90 %). Der Rest besteht aus der Trockenmasse. Der weitaus größte Teil der Trockenmasse besteht aus verbrennbarer organischer Substanz. In dieser Substanz sind immer Kohlenstoff, Wasserstoff, Sauerstoff und Stickstoff enthalten. Der restliche Teil der Trockenmasse wird als unverbrennbare, anorganische Substanz oder Asche bezeichnet. Sie enthält alle übrigen, am Aufbau des Pflanzenkörpers beteiligten Mineralstoffe.

3.2.5. Nährstoffversorgung der Pflanze

Die Pflanze benötigt zu ihrer Entwicklung 16 unentbehrliche Nährelemente. Die 13 mineralischen Nährelemente nimmt sie als gelöste Salze mit Hilfe der Wurzeln aus dem Boden auf. Die nichtmineralischen Nährelemente werden als Moleküle aus der Luft (CO_2) und aus dem Boden (H_2O) aufgenommen.

Expertenwissen

Die Nährstoffaufnahme ist ein komplexer Prozess, bei dem Pflanzen im ökologischen Anbau auf natürliche Quellen wie Humus angewiesen sind, um Nährstoffe langfristig und stabil bereitzustellen. Die Integration von stickstofffixierenden Pflanzen in die Fruchtfolge kann die Abhängigkeit von synthetischen Düngemitteln reduzieren und die Bodenfruchtbarkeit in ökologischen Systemen verbessern.

Nährstoffaufnahme über die Blätter

Die Blätter nehmen gasförmig das Kohlendioxid (CO_2) und den Sauerstoff auf. Die Blätter können aber auch geringe Mengen Nährstoffe, die in Wasser gelöst sind, aufnehmen (Blattdüngung).

Nährstoffaufnahme über die Wurzel

Die Wurzeln nehmen über die Wurzelhaare die im Wasser gelösten Mineralstoffe und Sauerstoff auf.
Für die Aufnahme und Weiterleitung der im Wasser gelösten Nährstoffe sind folgende Faktoren notwendig:

- Osmose: Osmose ist der Konzentrationsausgleich von zwei verschieden konzentrierten Flüssigkeiten durch eine halbdurchlässige Membran. Da die Konzentration der Bodenlösung geringer als die des Zellinhaltes ist, gelangt die Lösung durch die Zellwand und wandert von Zelle zu Zelle.
- Wurzeldruck: Durch die Osmose werden die Zellen prall gefüllt, wodurch ein Druck (= Wurzeldruck) entsteht. Dieser Wurzeldruck presst die Nährstofflösung weiter. Bei Verletzungen kommt es häufig zum Austritt der Nährstofflösung („Bluten von Wunden“ beim Rebschnitt).
- Transpirationssog: Ist jener Sog, der bei der Wasserverdunstung durch die Blätter entsteht.
- Adhäsion: Ist die Wirkung der Anziehungskräfte zwischen Teilchen verschiedener Stoffe, wodurch der Wasseraufstieg in den Holzzellen gewährleistet ist.

Expertenwissen

Die Wurzeln sind bei klimatischen Schwankungen stärker beansprucht, da Trockenperioden die Verfügbarkeit von Nährstoffen im Boden einschränken können. Nachhaltige Bewirtschaftungsmethoden wie die Förderung der Humusbildung tragen dazu bei, die Wasserhaltekapazität des Bodens und damit auch die Nährstoffverfügbarkeit langfristig zu verbessern.

3.2.6. Assimilation (= Photosynthese = Stoffaufbau)

Bei der Assimilation werden in der grünen Pflanze (besonders in den Blättern) mit Hilfe der Sonnenenergie – also nur während des Tages – anorganische (körperfremde) Stoffe in organische (körpereigene) umgewandelt, wobei Sauerstoff abgegeben wird. Vereinfacht lässt sich die Assimilation in Form einer chemischen Gleichung darstellen:

$$6\ CO_2 + 6\ H_2O + 2825\ KJ = C_6H_{12}O_6 + 6\ O_2$$

Nur die Pflanzen haben die Fähigkeit, aus einfachen chemischen Verbindungen wertvolle organische Nährstoffe zu bilden. Mensch und Tier sind daher auf die Pflanzen angewiesen.

Bei der Assimilation werden Kohlenhydrate (Zucker, Zellulose usw.) und im Anschluss daran Eiweiß, Fette und Öle gebildet.

Expertenwissen

Die Photosynthese wird heute nicht nur als grundlegender Stoffwechselprozess verstanden, sondern auch als ein wichtiger Mechanismus zur Anpassung an Umweltstress. Pflanzen können die Aktivität von Enzymen wie der RubisCO modifizieren, um auch bei erhöhten CO_2-Konzentrationen effektiv Kohlenstoff zu assimilieren. Dies spielt eine große Rolle im Klimawandel, da erhöhte CO_2-Level und Temperaturschwankungen zunehmend auf die Photosynthese einwirken. Forschungen zeigen, dass Pflanzen in kühleren Regionen Mitteleuropas durch genetische Anpassungen effizienter an diese Bedingungen angepasst werden können.

3.2.7. Atmung (= Dissimilation, Respiration = Stoffabbau)

Siehe Mitochondrium!

Die Atmung der Pflanze ist der Abbau energiereicher Reservestoffe, um den Energiebedarf der Pflanze zu decken. Dabei nimmt die Pflanze Sauerstoff auf und gibt Kohlendioxid sowie Wasser ab. Dieser Prozess setzt die in den Reservestoffen gespeicherte Energie frei, die für verschiedene Lebensvorgänge wie Wachstum, Nährstoffaufnahme und Reparaturprozesse verwendet wird.

Ein Teil der freiwerdenden Energie wird in Form von Wärme abgegeben, was zur Stabilisierung der Zelltemperatur beiträgt. Die Atmung erfolgt Tag und Nacht und betrifft alle Pflanzenteile, einschließlich Wurzeln, Stängeln und Blättern. Die Effizienz der Atmung ist von den Umweltbedingungen, wie Temperatur und Sauerstoffverfügbarkeit, abhängig.

Schematische Darstellung der Assimilation.

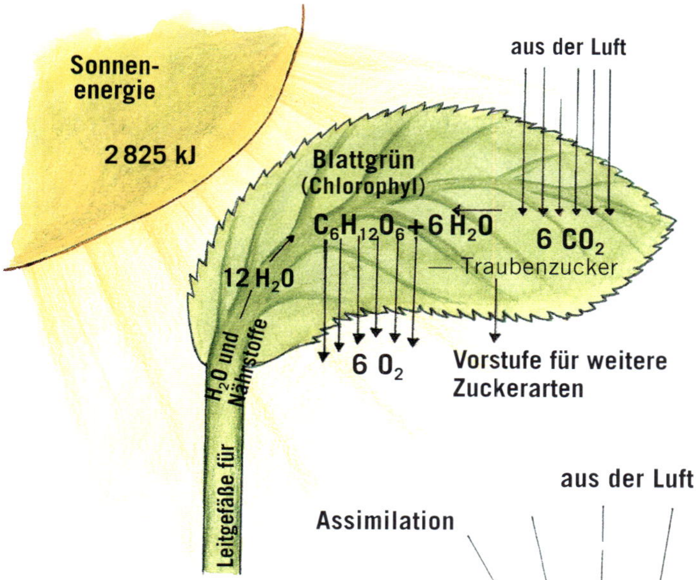

Schematische Darstellung der Atmung einer Pflanze.

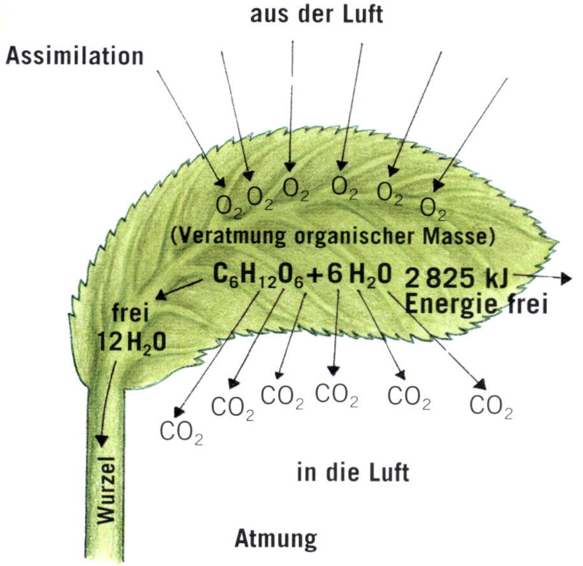

Expertenwissen

Die Dissimilation ist nicht nur ein Prozess des Energiegewinns, sondern beeinflusst maßgeblich die Stressbewältigung. Aktuelle Erkenntnisse zeigen, dass die Atmung in Mitochondrien durch die Aktivierung bestimmter Stressgene effizienter gestaltet werden kann, um den Energiebedarf der Pflanze während Dürreperioden oder bei anderen Umweltbelastungen zu decken.

3.2.8. Transpiration

Unter Transpiration versteht man die Wasserabgabe in Dampfform. Diese wird durch Öffnen und Schließen der Spaltöffnungen geregelt.

Siehe Hautgewebe!

3.3. Wichtige Blütenpflanzen

Die gesamte Pflanzenwelt wird als Flora bezeichnet, die Gesamtheit der Pflanzengesellschaften als Vegetation. Die ca. 400 000 verschiedenen Pflanzenarten kann man nach ihrer Abstammung (= natürliches System) in ein System einordnen.

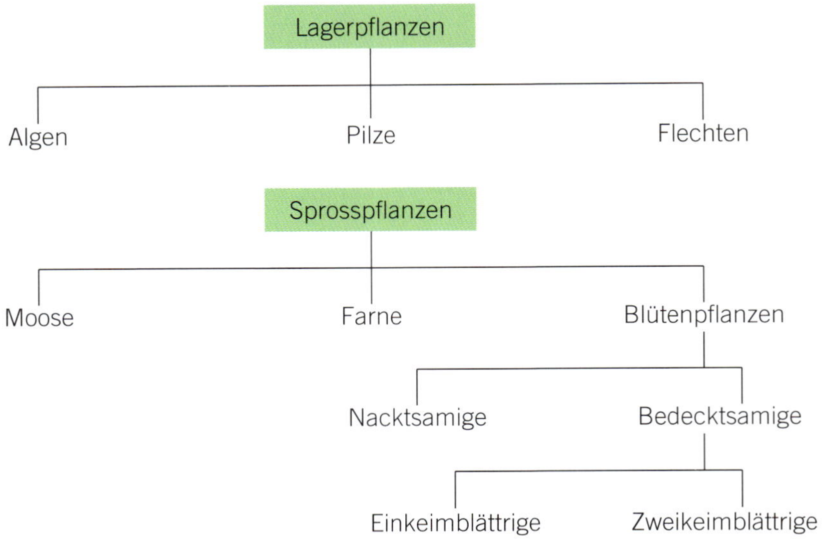

3.3.1. Lagerpflanzen

Der Körper dieser Pflanzen ist noch nicht in Wurzel, Stamm und Blatt gegliedert.

Algen: haben einen sehr einfachen Aufbau, ernähren sich selbstständig und kommen im Wasser und an feuchten Stellen vor.

Pilze:
- Spaltpilze (= Bakterien): Sie treten bei Mensch und Tier als Krankheitserreger, aber auch als schädliche und nützliche Gärungsorganismen und als Bodenbakterien auf.
- Echte Pilze: Auch hier gibt es Krankheitserreger sowie schädliche und nützliche Organismen. Hiezu gehören aber auch die Hutpilze („Schwämme“).

Flechten: Sie sind eine Lebensgemeinschaft von Algen und Pilze.

3.3.2. Sprosspflanzen

Bei diesen ist bereits eine Gliederung in Wurzel, Stamm und Blatt erkennbar. Hiezu gehören:

- Moose
- Farne
- Blütenpflanzen

Wichtige Blütenpflanzen

Nacktsamige Pflanzen

Die Samenanlagen liegen offen, das heißt, sie sind von keinem Fruchtknoten eingeschlossen. Besondere Bedeutung hat die Klasse der Nadelhölzer – Tanne, Kiefer, Lärche, Fichte, Zeder, Zypresse, Eibe, Wacholder usw.

Bedecktsamige Pflanzen

Die Samenanlagen sind von einem Fruchtknoten eingeschlossen. Nach der Anzahl der Keimblätter wird noch unterteilt in:

- Einkeimblättrige Pflanzen

  haben nur ein Keimblatt, Blätter sind meist parallelnervig mit einfacher Form. Der Spross ist meist unverzweigt. Sie besitzen keine Hauptwurzel, sondern Büschelwurzeln. Kein besonders ausgeprägtes Dickenwachstum.

Wichtige Pflanzenfamilie aus dieser Gruppe:

Echte Gräser (Poaceae):

Getreidearten (Weizen, Roggen, Gerste, Hafer), Mais, Reis, Hirse, Zuckerrohr, Bambus, Futtergräser, Ungräser.

Sauergräser (Cyperaceae):
Seggen, Wollgras.

Binsengewächse (Juncaceae):
Binse, Hainsimse.

Amaryllisgewächse (Amaryllidaceae) – ehemals Liliengewächse (Liliaceae):
Zwiebel, Knoblauch, Schnittlauch, Porree, Schalotte.

Spargelgewächse (Asparagaceae):
Spargel, Maiglöckchen, Hyazinthe, Lilien, Tulpen.

Zeitlosengewächse (Colchicaceae): Herbstzeitlose.

- Zweikeimblättrige Pflanzen

  haben zwei Keimblätter, Blätter vielgestaltig und netznervig. Bleibende Hauptwurzel mit Seitenwurzeln. Der Spross ist häufig verzweigt und kann sekundär in die Dicke wachsen.

Wichtige Pflanzenfamilien aus dieser Gruppe:

Fuchsschwanzgewächse (Amaranthaceae):
Beta-Rüben (Runkel- und Zuckerrübe, Rote Rübe, Mangold), Spinat, Gänsefuß- und Meldearten.

Mohngewächse (Papaveraceae):
Saatmohn, Klatschmohn, Erdrauch, Schöllkraut.

Kreuzblütler (Brassicaceae):
Raps, Kraut, Kohl, Kohlrabi, Karfiol, Radieschen, Kren, Halmrübe, Ölrettich, Weißer Senf, Ackersenf, Hederich, Hirtentäschel.

Rosengewächse (Rosaceae):
Rose, Kernobst (Apfel, Birne), Erdbeere, Brombeere, Himbeere, Elsbeerbaum, Weißdorn, Wiesenknopf, Frauenmantel.

Doldenblütler (Apiaceae):
Möhre, Sellerie, Petersilie, Dill, Anis, Kümmel, Pastinak, Bärenklau, Geißfuß.

Hülsenfrüchtler (Fabaceae) – ehemals Schmetterlingsblütler:
Erbsen, Bohnen, Linsen, Lupinen, Wicken, Kleearten, Luzerne.

Lippenblütler (Lamiaceae):
Rosmarin, Lavendel, Majoran, Pfefferminze, Thymian, Salbei, Taubnessel.

Nachtschattengewächse (Solanaceae):
Kartoffel, Tomate, Paprika, Tabak, Tollkirsche, Bilsenkraut, Stechapfel, Schwarzer Nachtschatten.

Kürbisgewächse (Cucurbitaceae):
Kürbis, Gurke, Melone.

Korbblütler (Asteraceae):
Sonnenblume, Salat, Zichorie, Kamille, Gänseblümchen, Löwenzahn, Ackerdistel, Huflattich, Wucherblume.

3.4. Pflanzenzüchtung

Aufgaben und Ziele der Pflanzenzüchtung

Zuchtmethoden

3.4.1. Aufgaben und Ziele der Pflanzenzüchtung

Ziel der Pflanzenzüchtung ist es, bereits bestehende Sorten durch bessere Neuzüchtungen zu ersetzen und die erzielten Fortschritte in möglichst kurzer Zeit an die praktische Landwirtschaft in Form hochwertigen Saatgutes weiterzugeben.

Anforderungen des Pflanzenbaues an Sortenneuzüchtungen

Ertragsleistung	Qualität	Ertragssicherheit	Arbeitserleichterung
• Gesamtpflanze • Pflanzenteil • Vermehrungsorgan	• Inhaltsstoffe • Verarbeitungseignung • Konsumentenwünsche • Lagerfähigkeit	• Anpassungsvermögen • Klimaresistenz • Krankheits- und Schädlingsresistenz	• Pflegemaßnahmen • Erntefähigkeit • Vollmechanisierbarkeit

Erfolgreiches Züchten bedeutet, dass der Züchter das richtige Ausgangsmaterial und Erfolg versprechende Pflanzentypen zur Weiterbearbeitung auswählen muss, das heißt, jeder Züchtung liegt die Auslese (= Selektion) zugrunde. Ebenso muss das Wissen um die Gesetzmäßigkeiten der Vererbung vorhanden sein!

Unter **Vererbung** versteht man, dass jedes Lebewesen (Mensch, Tier, Pflanze) seine Merkmale und Eigenschaften von einer zur anderen Generation weitergibt.

Erhaltungszüchtung: Gute Sorten werden auf ihrem Leistungsniveau gefestigt.

Neuzüchtungen: Neue Sorten, die besser als bereits bestehende sind, werden geschaffen.

Expertenwissen

Die Züchtung konzentriert sich heute vermehrt auf klimaflexible Sorten, die sich besser an extreme Witterungsbedingungen anpassen. Ein Schwerpunkt liegt auf der Entwicklung von Sorten mit erhöhter Toleranz gegenüber Dürre, Kälte und Schädlingen, die aufgrund des Klimawandels häufiger auftreten. Die Züchtungsziele beinhalten ebenfalls die Förderung der Nährstoffeffizienz und der Bodenfruchtbarkeit zur Reduzierung der Notwendigkeit externer Dünge- und Pflanzenschutzmittel.

3.4.2. Zuchtmethoden

- Auslesezüchtung
- Kreuzungszüchtung = Kombinationszüchtung
- Hybridzüchtung = Heterosiszüchtung
- Mutationszüchtung
- Gentechnik

3.4.2.1. Auslesezüchtung

Die Auslesezüchtung ist sicherlich die älteste und einfachste Form der Züchtung, da sie unbewusst bereits von unseren Vorfahren durchgeführt wurde. Durch die Auslese von Pflanzen mit den gewünschten Leistungsmerkmalen wurden aus den Wildformen unsere Kulturpflanzen und damit viele Pflanzensorten entwickelt. Auch in der Auslesezüchtung gibt es mehrere Verfahren, von denen hier nur auf das heute am meisten verwendete Verfahren der Einzelauslese mit Nachkommenschaftsprüfung (= „Deutsches Ausleseverfahren“) etwas eingegangen wird.

3.4.2.2. Kombinationszüchtung (= Kreuzungszüchtung)

Will man bestimmte wertvolle Eigenschaften zweier oder mehrerer Pflanzen miteinander kombinieren, so kreuzt man verschiedene Pflanzensorten. Die Auswahl der Ausgangspflanzen (= Eltern) setzt die genaue Kenntnis aller Eigenschaften der ausgewählten Sorten voraus.

Bei der Kombinationszüchtung ist die so genannte „Ramschzüchtungsperiode“ zwischengeschaltet, wobei hier nach der Kreuzung von Selbstbestäubern die gesamte Nachkommenschaft bis zur fünften oder sechsten Generation angebaut wird. In dieser Periode nimmt die Zahl der konstanten Formen ständig in gesetzmäßiger Weise zu. Nun erst wird mit der Auslesezüchtung begonnen.

Beispiel für Sorten, die aus der Kombinationszüchtung entstanden sind:

- **Winterweizen:** *Akteur* = Kreuzung *Faktum × Midas*, bekannt für hohe Erträge und gute Backqualität.

- **Sommergerste:** *RGT Planet* = Kreuzung *Quench × Propino*, beliebt wegen Brauqualität und Resistenz gegen Netzfleckenkrankheit.

- **Hafer:** *Maximus* = Kreuzung *Bettina × Orino*, überzeugt durch hohe Kornerträge und Resistenz gegen Fusarium.

3.4.2.3. Hybridzüchtung = Heterosiszüchtung

Die Hybridzüchtung nützt die als Heterosis bezeichnete Leistung aus, die sich darin äußert, dass Bastarde (= Hybride) eine gesteigerte Wüchsigkeit und Leistung aufweisen. Aus diesem Grund muss sie in zwei Schritten durchgeführt werden:

- Schaffung von Inzuchtlinien
- Kreuzung von Inzuchtlinien

Fremdbefruchter (wie z. B. Mais, aber auch Rüben) werden zur Selbstbefruchtung gezwungen, wodurch die Pflanzen Inzuchtschäden, die mit Fortdauer der Selbstbefruchtung immer mehr zunehmen, aufweisen. Ist ein bestimmtes Inzuchtminimum (= Inzuchtdegression) erreicht, werden im zweiten Schritt die Inzuchtlinien miteinander gekreuzt, wodurch Bastarde entstehen, die den oben erwähnten Heterosiseffekt aufweisen.

Die Erreichung des Inzuchtminimums dauert im Durchschnitt etwa 6 Jahre. Anschließend erfolgt die Prüfung auf Kombinationseignung, die ca. 2 Jahre dauert.

Einfachhybrid: entsteht durch Kreuzung zweier Inzuchtlinien und wird auch als „single cross" = S bezeichnet.

Doppelhybrid: entsteht durch Kreuzung zweier Einfachhyride und wird auch als „double cross" = D bezeichnet.

Dreiwegehybrid: entsteht durch Kreuzung eines Einfachhybriden mit einer Inzuchtlinie und wird auch als „three way cross" = T bezeichnet.

Die Bastardwüchsigkeit geht im Nachbau sehr schnell verloren, sodass bei Hybridsorten das Saatgut jährlich unbedingt gewechselt werden muss.

3.4.2.4. Mutationszüchtung

Selbst bei jahrelang züchterisch bearbeiteten Sorten können plötzlich Pflanzen auftreten, die Merkmale und Eigenschaften zeigen, die bei den Ausgangspflanzen (Eltern) nicht vorhanden waren. Diese sprunghaften Veränderungen (Mutationen) kommen in der Natur eher selten vor und können nicht vorhergesehen werden.

3.4.2.5. Gentechnische Veränderungen an Pflanzen

Gentechnik, häufig auch als „Genmanipulation" bezeichnet, umfasst die gezielte Veränderung des Erbmaterials von Pflanzen, um bestimmte Merkmale wie Resistenz gegen Krankheiten oder Umweltstress zu verbessern. Dabei werden Gene eingefügt, entfernt oder verändert, um die Leistungsfähigkeit der Pflanze zu steigern, Fehlfunktionen zu beheben und die Anpassungsfähigkeit an Umweltbedingungen zu erhöhen.

Aktuelle Ziele und Entwicklungen in der Gentechnik:

- **Resistenz gegenüber Klimastress:** Ein Schwerpunkt der aktuellen Forschung liegt auf der Entwicklung gentechnisch veränderter Pflanzen, die besser an extreme Klimaereignisse wie Dürre und hohe Temperaturen angepasst sind. So werden Trockenstress-resistente Mais- und Weizensorten in der EU evaluiert und teils bereits in anderen Weltregionen eingesetzt.
- **Resistenz gegen Schädlinge und Krankheiten:** Durch den Einsatz gentechnischer Methoden konnte die Resistenz gegen Schädlinge wie den Maiszünsler (z. B. Bt-Mais) und gegen Pilzkrankheiten wie Fusarium in Weizen verbessert werden. Dadurch reduziert sich die Abhängigkeit von chemischen Pflanzenschutzmitteln.

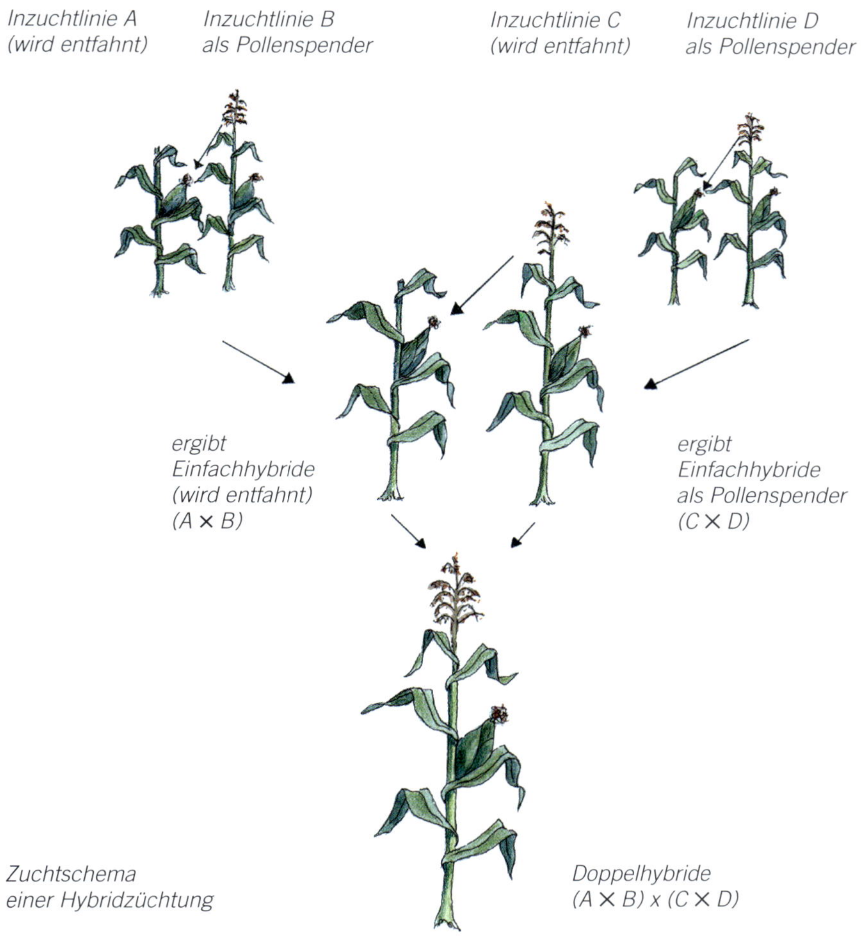

Zuchtschema einer Hybridzüchtung

- **Herbizidresistenz und umweltfreundliche Unkrautbekämpfung:** Gentechnisch veränderte Pflanzen, die unempfindlich gegen bestimmte Herbizide sind, ermöglichen eine gezieltere Unkrautbekämpfung. In der EU ist die Zulassung solcher Pflanzen jedoch streng reglementiert, und Österreich hat bislang noch keine Freisetzungsanträge für solche Pflanzen genehmigt.
- **Qualitätsverbesserungen der Inhaltsstoffe:** Fortschritte in der Gentechnik ermöglichen die Anpassung des Nährstoffprofils in Kulturpflanzen. Beispielsweise wurden gentechnisch veränderte Kartoffelsorten entwickelt, die für industrielle Verarbeitungszwecke angepasst sind, jedoch in Österreich bislang nicht angebaut werden dürfen.

Methoden und Techniken der Gentechnik in der Pflanzenzucht:

- **CRISPR/Cas-Technologie:** Ein bedeutender Fortschritt in der Gentechnik stellt die CRISPR/Cas-Methode dar. Durch sie können gezielt genetische Veränderungen durchgeführt werden, ohne fremdes genetisches Material einzufügen, was in der EU als „Mutagenese“ klassifiziert wird. Diese Technik wird aktuell intensiv erforscht und steht im Fokus rechtlicher Diskussionen zur Regulierung neuer gentechnischer Verfahren.

- **Keimbahn-Gentransfer und gesetzliche Einschränkungen:** In Österreich und der EU ist der direkte Eingriff in die Keimbahn bei Pflanzen für den kommerziellen Einsatz nicht gestattet, da die vererbbaren Auswirkungen solcher Eingriffe auf die Umwelt und die Biodiversität bislang nicht vollständig abzuschätzen sind. Der Keimbahn-Gentransfer bleibt daher überwiegend auf Forschungszwecke beschränkt.

Regulierungen und gesellschaftliche Akzeptanz in Österreich und der EU:

Die EU verfolgt einen vorsichtigen Ansatz bei der Zulassung und Nutzung gentechnisch veränderter Organismen (GVO) in der Landwirtschaft. Es gibt strikte Vorschriften zur Kennzeichnung und Nachverfolgbarkeit von GVO in Lebens- und Futtermitteln. In Österreich herrscht eine kritische Haltung gegenüber Gentechnik in der Landwirtschaft, weshalb gentechnisch veränderte Pflanzen derzeit in der Produktion weitgehend abgelehnt werden. Zudem ist Österreich Teil der EU-GVO-Freizone, was den Anbau gentechnisch veränderter Pflanzen auf österreichischem Boden untersagt.

Ökologische Landwirtschaft und Gentechnik:

Im ökologischen Landbau ist der Einsatz gentechnisch veränderter Pflanzen verboten. In Österreich nimmt der ökologische Anbau einen großen Stellenwert ein und erfährt breiten gesellschaftlichen Rückhalt. Dies spiegelt sich auch in der strengen Ablehnung gentechnischer Eingriffe in den ökologischen Kreislauf wider. Verbraucher*innen bevorzugen Produkte aus gentechnikfreier Landwirtschaft, was auch durch umfassende Kennzeichnungsregelungen für gentechnisch veränderte Produkte gewährleistet wird.

Kritische Aspekte und gesellschaftliche Diskussion:

Die Akzeptanz von Gentechnik in der Landwirtschaft bleibt in Österreich umstritten. Zu den häufig geäußerten Bedenken zählen:
- **Gesundheitliche Auswirkungen:** Es wird befürchtet, dass die langfristigen Effekte des Verzehrs von GVO-Lebensmitteln auf die menschliche Gesundheit nicht ausreichend erforscht sind.
- **Umweltrisiken:** Kritiker warnen vor potenziellen Risiken für die Biodiversität und die ökologische Stabilität, insbesondere durch die Möglichkeit der Auskreuzung gentechnisch veränderter Pflanzen in Wildpopulationen.
- **Einfluss großer Agrarkonzerne:** Die wirtschaftliche Abhängigkeit von großen Saatgutunternehmen und Chemiekonzernen wird als Risiko für die Unabhängigkeit und Vielfalt der landwirtschaftlichen Produktion gesehen.

Empfohlene Maßnahmen für die Zukunft:

- Weiterentwicklung und Harmonisierung der EU-Regelungen zu neuen gentechnischen Methoden
- Förderung der Transparenz und Aufklärung in der Bevölkerung über die Vor- und Nachteile gentechnischer Verfahren
- Einbeziehung der Öffentlichkeit in Entscheidungsprozesse durch Beteiligungsformate wie Volksentscheide

3.5. Saatgut

Unter Saatgut versteht man Samen, Früchte und vegetative Pflanzenteile (z. B. Kartoffelknolle), die zur Vermehrung und Arterhaltung der Kulturpflanzen dienen. Angesichts der zunehmenden klimatischen Herausforderungen sind die Qualität und die Eigenschaften des Saatguts entscheidende Faktoren, um Ernteausfälle zu minimieren und die Resilienz von Kulturpflanzen gegen extreme Wetterbedingungen zu stärken. Besonders in der ökologischen Landwirtschaft wird auf zertifiziertes, gentechnikfreies und regional angepasstes Saatgut gesetzt.

3.5.1. Saatgutwechsel

Der regelmäßige Saatgutwechsel spielt eine wichtige Rolle, um Ertragsabnahmen zu verhindern und die genetische Vielfalt in der Landwirtschaft zu fördern. Saatgutwechsel kann zudem die Widerstandsfähigkeit gegen neu auftretende Krankheiten und Schädlinge fördern, die durch die Klimaerwärmung und veränderte Umweltbedingungen begünstigt werden. So zeigt sich, dass insbesondere der Wechsel von Hybridsaatgut wie Mais und Fremdbestäuber wie Roggen entscheidend zur Ertragsstabilität beiträgt.

Abbauerscheinungen sind:

- Veränderung und Verringerung des Sortenwertes bei wiederholtem Anbau durch:
  Fremdbefruchtung (z. B. Roggen, ...),
  Aufspaltung (z. B. Weizen, Hafer, Gerste, ...),
  Mutationen (meist negative Veränderung der Erbmasse).
- Verschlechterung des Gesundheitszustandes:
  Die Verschlechterung des Gesundheitszustandes ergibt sich bei Pflanzen, die aus vegetativen Pflanzenteilen vermehrt werden, durch Zunahme spezifischer Krankheiten (z. B. Viruserkrankungen bei Kartoffel).

Bei Pflanzen, die durch Samen oder Früchte vermehrt werden, ist das Zurückgehen der Erträge oft genetisch bedingt. Um dem Ertragsrückgang durch Abbau vorzubeugen, wird nachfolgender Saatgutwechsel empfohlen:

- **Weizen, Hafer, Gerste:** alle 2–3 Jahre
- **Roggen:** jährlich (als Fremdbefruchter erhöht sich das Risiko genetischer Durchmischung)
- **Kartoffel:** frühe und mittelfrühe Sorten jährlich, späte Sorten alle 2–3 Jahre
- **Hybridsaatgut (z. B. Mais):** unbedingt jährlich (sehr starke Aufspaltung)

Bei Kulturen, wo durch einen Nachbau die Ertragsminderung relativ gering ist, sollte jährlich so viel anerkanntes Saatgut zugekauft werden, dass aus der Ernte ein Großteil des nächsten Anbaues getätigt werden kann.

3.5.2. Saatguteigenschaften

Die Qualität des Saatguts wird durch innere und äußere Eigenschaften definiert. Diese bestimmen nicht nur den Anbauerfolg, sondern auch die Anpassungsfähigkeit der Kulturpflanzen an Standortbedingungen und Klimaveränderungen.

3.5.2.1. Innere Eigenschaften

- Sortenwert: Umfasst Ertragspotenzial, Nährstoffqualität und Krankheitsresistenz. In ökologischen und nachhaltigen Anbauverfahren werden Sorten bevorzugt, die resistent gegen typische Pflanzenschädlinge sind und weniger anfällig für Wasserstress durch klimatische Veränderungen.
- Herkunftswert: ist das Ergebnis langjähriger natürlicher Auslese. Durch die Verwendung von Zuchtsorten hat der Herkunftswert weitgehend an Bedeutung verloren.
- Sortenechtheit: ist wichtig, da die einzelnen Sorten bestimmte Eigenschaften aufweisen.

- Gesundheit: Nur gesundes Saatgut bringt kräftige, schnell keimende Pflanzen. Gefährlich sind Viruskrankheiten bei Kartoffeln und Pilzkrankheiten des Getreides (z. B. Brandkrankheiten).

Siehe Getreidebau!

- Keimfähigkeit und Triebkraft: Ein zentrales Kriterium für die Saatgutqualität ist die Keimfähigkeit, die in Prozentwerten ausgedrückt wird. Für nachhaltigen Anbau ist eine hohe Keimfähigkeit wichtig, um gleichmäßige Bestände zu fördern. Eine Keimprobe sollte stets durchgeführt werden, um die Qualität zu gewährleisten.

Legen Sie selbst eine Keimprobe an!

Steht kein Originalsaatgut zur Verfügung, so ist unbedingt eine Keimprobe anzulegen. 100 Samen werden in eine Keimschale (oder flachen Teller) gelegt und ständig feucht gehalten. Nach zehn Tagen werden die gekeimten Samen gezählt. Als gekeimt gilt ein Same dann, wenn Keimwurzel und Sprossachse deutlich sichtbar sind. Neben einer hohen Keimfähigkeit sind auch eine gute Keimschnelligkeit und gute Triebkraft des Saatgutes wichtig.

3.5.2.2. Äußere Eigenschaften

- Reinheit: Die Reinheit von Saatgut, insbesondere in Bezug auf das Freisein von Unkrautsamen und Schadstoffen, ist ein entscheidendes Qualitätskriterium. Gerade in der ökologischen Landwirtschaft, wo auf den Einsatz von chemischen Herbiziden verzichtet wird, ist eine hohe Saatgutreinheit von großer Bedeutung.

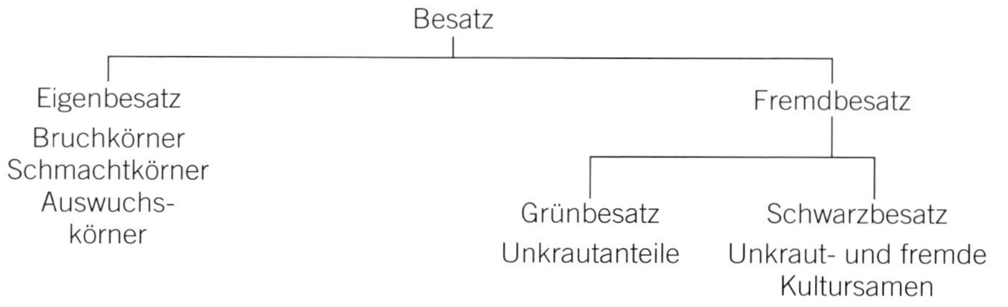

Siehe Getreidebau!

- Sortierung: Man erreicht eine bestimmte Kerngröße und Einheitlichkeit des Saatgutes. Für die Feststellung der Saatmenge sind auch die Korngröße und das Korngewicht (Tausendkorngewicht = TKG) von Bedeutung. Einheitliches Saatgut gewährleistet auch einen einheitlichen Bestand.
- Kalibrierung: ist die Sortierung in drei Dimensionen (Schulterbreite, Korndicke und Kornlänge). Die Kalibrierung erreichte durch die Verwendung von Zellenradsystemen beim Exaktanbau (z. B. Mais) besondere Bedeutung.
- Hektolitergewicht: Dieser Parameter ist wichtig für die Lagerung und den Transport von Saatgut. Das Hektolitergewicht wird in kg pro 100 l gemessen und spiegelt die Qualität des Getreides wider. Gute Werte für das Hektolitergewicht sind:
  - **Weizen:** über 80 kg
  - **Roggen:** über 70 kg
  - **Gerste:** über 65 kg
  - **Hafer:** über 50 kg
  - **Mais:** über 75 kg
- Wassergehalt: Ein hoher Wassergehalt führt zu erhöhtem Abbau von Inhaltsstoffen und Ansiedelung von Schimmelpilzen.
  Getreidekörner können nur dann gelagert werden, wenn der Wassergehalt bei 12 bis 15 % liegt.
- Farbe, Glanz, Geruch, Griffigkeit: Diese Eigenschaften geben dem Praktiker Aufschluss über eventuelle Saatgutmängel.

3.5.3. Saatgutbeschaffung

In der ökologischen Landwirtschaft ist zertifiziertes, genetisch unverändertes Saatgut von hoher Bedeutung. Saatgut mit offizieller Anerkennung und Zertifizierung muss die Anforderungen an Qualität und Herkunft erfüllen. In der EU müssen alle Saatgutverpackungen klar gekennzeichnet sein und strengen Normen entsprechen. Die Wahl von Saatgut, das an regionale Klimabedingungen angepasst ist, kann die Erträge erhöhen und den Einsatz zusätzlicher Betriebsmittel minimieren.

Eigenes Saatgut und zertifizierter Saatgutzukauf:

Eigener Nachbau ist weiterhin möglich, sollte jedoch aus anerkanntem Originalsaatgut stammen und strengen Keimfähigkeitsprüfungen unterzogen werden, um Qualitätsverluste zu vermeiden.
In der Regel wird „zertifiziertes Saatgut“ zugekauft. Dieses Saatgut wurde vom Saatgutvermehrer auf Grund eines Vermehrungsvertrages erzeugt. Es muss einem amtlichen Anerkennungsverfahren unterzogen worden sein und gewisse Normen und Grenzwerte erfüllt haben. Anerkanntes Originalsaatgut muss mittels Sackanhänger gekennzeichnet sein. Der Sackanhänger ist für Reklamationen bei Saatgutmängeln unbedingt aufzubewahren.

Siehe Tabelle!

> **Expertenwissen**
> Saatgut wird zunehmend klimafit gemacht, um den Anforderungen von Klimaextremen besser gerecht zu werden. Für ökologische Anbauweisen werden Sorten entwickelt, die eine hohe Anbausicherheit auch ohne chemische Pflanzenschutzmittel gewährleisten. Dazu gehört Saatgut mit natürlicher Resistenz gegen Schädlinge und Krankheiten, das zudem in Mischkulturen und Fruchtfolgesystemen einsetzbar ist.

3.6. Fruchtfolge

3.6.1. Geschichtlicher Rückblick

Die ersten Ackerbauern nutzten eine Fläche so lange, als die Erträge noch zufriedenstellend waren und wechselten dann auf Flächen, die noch nicht genutzt wurden (Brandrodung). Mit zunehmender Besiedelungsdichte ging man auf eine regelmäßige Folge von Brache – Winterroggen – Hafer über, um die vorhandene Fläche besser zu nutzen. Im 17. und 18. Jahrhundert wurde die Brache ersetzt, zuerst durch Rotklee, später durch Futterrüben, Kartoffeln, Zuckerrüben sowie durch Öl- und Faserpflanzen. Im 20. und 21. Jahrhundert führte der verstärkte Fokus auf Nachhaltigkeit und ökologische Landwirtschaft zu neuen Formen der Fruchtfolgegestaltung, die die Bodenfruchtbarkeit, Biodiversität und Klimawandelanpassung unterstützen. Moderne Fruchtfolgesysteme integrieren zunehmend Leguminosen und Zwischenfrüchte, um den Boden mit Stickstoff anzureichern und Kohlenstoff im Boden zu binden. Österreichische Vorschriften und das ÖPUL-Programm fördern diese nachhaltigen Ansätze durch finanzielle Anreize und Auflagen zur Fruchtfolgegestaltung (ÖPUL, 2024).

3.6.2. Wichtige Begriffe

Fruchtfolge: Ein geplanter, regelmäßiger Wechsel verschiedener Kulturarten auf demselben Ackerstandort, der Bodenfruchtbarkeit, Pflanzengesundheit und Nachhaltigkeit fördert.

„Normen und Grenzwerte für die Saatgutanerkennung“ (Stand November 2024)

Kulturart	1. Reinheit (%)	2. Keimfähigkeit (%)	3. Besatz	4. Wassergehalt (%)	5. Mustergröße (g)	6. Gesundheitszustand
Weizen	99/98	85/85	Keine Hederich, Kornrade	14	1000	Fusarium- und Brandfreiheit
Roggen	98/98	85/85	Keine Taumellolch	14	1000	Keine Erbse-Pilzinfektionen
Gerste	99/98	85/85	Keine Flughafer	14	1000	Virenfreiheit erforderlich
Hafer	99/98	85/85	0,5 % andere Getreidearten	14	1000	Botrytis-Zustand max. 5 %
Hybridmais	98/98	85/85	Keine Unkräuter	12	1000	Keine Kontamination mit Fusarium
Erbse	98/98	80/80	max. 0,3 % Unkrautarten	14	1000	Frei von Brennfleckenkrankheit
Ackerbohne	98/98	85/85	Keine Flughafer	14	1000	Fusarium < 5 %
Sonnenblume	98/98	85/85	Keine Ampferarten	9	1000	Botrytis-Zustand max. 5 %
Raps	98/98	85/85	max. 0,3 % andere Kultursamen	9	1000	Phoma-frei
Sojabohne	98/98	80/80	Keine Fremdsamen	12	1000	Botrytis-frei

Quellen:
– Bundesgesetz über die Saatgutverordnung (SaatG, Österreich), zuletzt aktualisiert 2024.
– European Union Seed Standards Directive (EU Regulation 2024/256).
– Austrian Agricultural Health Guidelines, Bundesministerium für Landwirtschaft, Regionen und Tourismus, 2024.

Monokultur: Das wiederholte Anbauen derselben Pflanzenart, wie Mais oder Weizen, führt oft zu Bodenermüdung und verstärktem Auftreten von Krankheiten und Schädlingen. Die Praxis der Monokultur wird zunehmend kritisiert und durch nachhaltige Anbaumethoden wie diverse Fruchtfolgen ersetzt, die Resilienz und Biodiversität stärken.

Anbauverhältnis: Dies ist der Flächenanteil der einzelnen Kulturen an der gesamten Ackerfläche (in %). Beeinflusst wird es vor allem von den Standortvoraussetzungen, den Arbeitskräften, der Marktsituation u. a. Einflüssen.

Agroökologische Fruchtfolge: Ein moderner Ansatz, der auf Fruchtfolgen setzt, die Biodiversität fördern, den Einsatz von Pestiziden minimieren und stabile Erträge trotz sich verändernder klimatischer Bedingungen gewährleisten. Dieses System ist ein zentraler Bestandteil der EU-Ziele zur nachhaltigen Landwirtschaft.

Regenerative Fruchtfolge: Diese Fruchtfolgen tragen gezielt zur Verbesserung der Bodenstruktur und Kohlenstoffspeicherung bei und umfassen häufig Leguminosen und tiefwurzelnde Pflanzen. Die regenerative Landwirtschaft erhält in der EU und speziell in Österreich zunehmende Bedeutung, da sie die Bodenresilienz gegenüber dem Klimawandel stärkt.

Fruchtfolgeschlag: Darunter versteht man jene Fläche, die innerhalb eines Jahres dieselbe Frucht trägt, z. B. Getreide, Hackfrüchte, Alternativkulturen, Feldfutter u. a.

Fruchtfolgesysteme: Diese ergeben sich aus der geregelten Abfolge verschiedener Kulturarten. Ein Fruchtfolgesystem kann zur leichteren Beurteilung auch noch in Fruchtfolgeglieder unterteilt werden – siehe dazu Punkt 5.3.

3.6.3. Einfluss des Standortes auf die Auswahl der Kulturpflanzen

Der Boden: Durch seine unterschiedlichen Eigenschaften und die Ansprüche der einzelnen Kulturpflanzen muss jeder Landwirt die für seinen Betrieb geeignetste Fruchtfolge finden. Zu überlegen ist, ob der Boden geeignet ist für Zuckerrübe, Kartoffel, Gerste, …

Finden Sie dazu weitere Beispiele: ....

Das Klima: Von besonderem Einfluss sind in diesem Zusammenhang

- Niederschlagsmenge und Verteilung,
- Temperaturverlauf und Vegetationszeit sowie
- Luftfeuchtigkeit.

Bei der Fruchtfolgegestaltung ist daher auf die unterschiedlichen Ansprüche der einzelnen Kulturarten einzugehen.

Marktsituation: Hier werden sehr unterschiedliche Gesichtspunkte eine Rolle spielen, z. B.:

- Stadtnähe mit Direktabsatzmöglichkeiten für:

....

- Lieferungen an eine Lebensmittelindustrie, z. B.:

....

- Ab-Hof-Verkauf oder Bauernmarkt ....
- Gesetzlich vorgeschriebener Anbau von Alternativen bzw. Grünbrache.

  Beispielsweise ....

Die Auswahl der Kulturpflanzen in der Fruchtfolge ist zunehmend von den klimatischen Veränderungen in Mitteleuropa beeinflusst. Trockenheitsresistente Kulturen wie Kichererbsen und Sojabohnen sowie Kulturarten, die mit veränderten Niederschlagsmustern besser zurechtkommen, werden vermehrt in Österreich angebaut. Die EU und österreichische Programme wie ÖPUL unterstützen den Anbau solcher Kulturen, um die Anpassung an den Klimawandel zu fördern.

3.6.4. Pflanzenbauliche Voraussetzungen für die Fruchtfolgegestaltung

Selbstverträglichkeit: Bei mehrmaligem Anbau von Pflanzen, die mit sich selbst nicht verträglich sind, kommt es zu einem deutlichen Ertragsabfall. In zeitgemäßen Fruchtfolgesystemen wird darauf geachtet, dass die Kulturen abwechselnd angebaut werden, um eine Erschöpfung der Bodennährstoffe zu vermeiden, die mikrobielle Aktivität zu fördern und die Biodiversität zu erhöhen. **Sojabohnen** wurden als fruchtfolgetaugliche Kulturpflanze aufgenommen, jedoch ist auch hier eine Anbaupause empfehlenswert, um Bodenmüdigkeit und Krankheitsdruck zu minimieren.

In zeitgemäßen Fruchtfolgesystemen wird darauf geachtet, dass die Kulturen abwechselnd angebaut werden, um eine Erschöpfung der Bodennährstoffe zu vermeiden und die mikrobielle Aktivität zu fördern. Bei nicht selbstverträglichen Kulturen wie Weizen und Raps ist eine Anbaupause von zwei bis vier Jahren ratsam, um Bodenmüdigkeit und die Verbreitung bodenbürtiger Krankheiten zu verhindern. Auch bei selbstverträglichen Kulturen wie Mais wird empfohlen, die Monokultur zugunsten von Fruchtfolgen mit wechselnden Kulturarten zu verringern, da dies die Biodiversität und Bodenstruktur langfristig stärkt.

Mit sich selbst minder- und unverträgliche Kulturpflanzen

Kulturpflanzen	*Krankheiten und Schädlinge als mögliche Ursachen eines zu häufigen Anbaues*	*Notwendige Anbaupausen in Jahren*
Weizen, Gerste	Fußkrankheiten	2–3
Kartoffel	Nematoden	2–3
Alexandriner- u. Perserklee		3–4
Kreuzblütler (z. B. Raps)	Kohlhernie, Rapskrebs	3–4
Pferdebohnen	Pilzkrankheiten	3–4
Hafer	Getreidezystenälchen	4–5
Inkarnatklee	Kleekrebs	4–5
Rüben	Rübenzystenälchen	4–5
Erbsen	Welkekrankheit	4–5
Rotklee – Luzerne	Kleeälchen, Kleekrebs	5–6
Sonnenblumen		5–6
Lein		8–10

Bei selbstverträglichen Kulturen, wie Mais, Roggen, Sojabohnen, können Krankheiten, Schädlinge und Unkräuter trotzdem eine geregelte Fruchtfolge notwendig machen!

Die Verträglichkeit der Kulturpflanzen untereinander zeigt das Schema auf der nächsten Seite. Bei getreideintensiven Fruchtfolgen ist auf die Aufeinanderfolge der einzelnen Getreidearten besonders zu achten!

Fruchtfolgekrankheiten und Schädlinge – beispielsweise in:

- Getreide: Halmbruchkrankheit sowie Spelzenbräune des Weizens;
- Kartoffel: Schorf, Krebs, Wurzeltöterkrankheit und Nematoden;
- Rübe: Wurzelbärtigkeit, Nematoden und Drahtwurm;
- Alternativkulturen: Sklerotinia, Wurzel- und Stängelfäule.

Gebietsbezogene Krankheiten und Schädlinge – besonders wenn einige wenige Kulturen stark betont werden:

- Getreide: Mehltau, Rost- und Brandkrankheiten;
- Kartoffel: Viruserkrankungen, Kraut- und Knollenfäule;
- Rübe: Viruserkrankungen und Blattfleckenkrankheit;
- Mais: Maiszünsler;
- Alternativkulturen: Botrytis, Blattrandkäfer und Rüsselkäfer.

Fruchtfolge und Verunkrautung – die Kulturpflanzen haben eine unterschiedliche Konkurrenzkraft gegenüber Unkräutern:

- Konkurrenzstark sind: Raps, Roggen, Kartoffel und Feldfutter.
- Konkurrenzschwach sind: Zuckerrübe, Mais, Erbse, Soja, Sonnenblumen und Mohn.

Außerdem gibt es noch herbstkeimende Unkräuter, die besonders in Winterungen, und frühjahrskeimende Unkräuter, die vor allem in Sommerungen vorkommen. Besondere Bedeutung kommt auch der mechanischen Unkrautbekämpfung in den Reihenkulturen, wie Mais, Kartoffel, Zuckerrübe, Soja- und Pferdebohne, zu.

Fruchtfolge und Düngung – folgende Tatsachen muss ein Landwirt bei der Erstellung seiner Fruchtfolge berücksichtigen:

- Die Düngung kann Ertragseinbußen durch Fruchtfolgefehler nicht ausgleichen!
- Die Nitratauswaschung ins Grundwasser kann nur durch eine abwechslungsreiche Fruchtfolge, nach Möglichkeit mit Zwischenfruchtanbau,
- Die Verbesserung der Humusbilanz ist ebenfalls nur durch eine abwechslungsreiche Fruchtfolge mit einem hohen Anteil an humusmehrenden Pflanzen zu erreichen.

  Humusmehrer sind: ....

  Humuszehrer sind: ....

- Der Garezustand des Bodens kann nur dann erhalten bzw. verbessert werden, wenn der Boden möglichst lange eine Pflanzendecke aufweist (Schattengare), häufig tiefwurzelnde Pflanzen gebaut werden und ausreichende Wurzel- und Ernterückstände vorhanden sind!
- Körnerleguminosen den Aufwand an mineralischem Stickstoff reduzieren – siehe Kapitel Düngung.

Fruchtfolgebeispiele

Fruchtwechselwirtschaften: Diese sind durch die Folge Blattfrucht – Halmfrucht gekennzeichnet, sodass der Getreideanteil 50 % beträgt.

Beispiel:	*Raps*	eigenes Beispiel: ....
	Wintergerste	....
	Zuckerrübe	....
	Sommergerste	....

Fruchtfolgewerte der Ackerkulturen

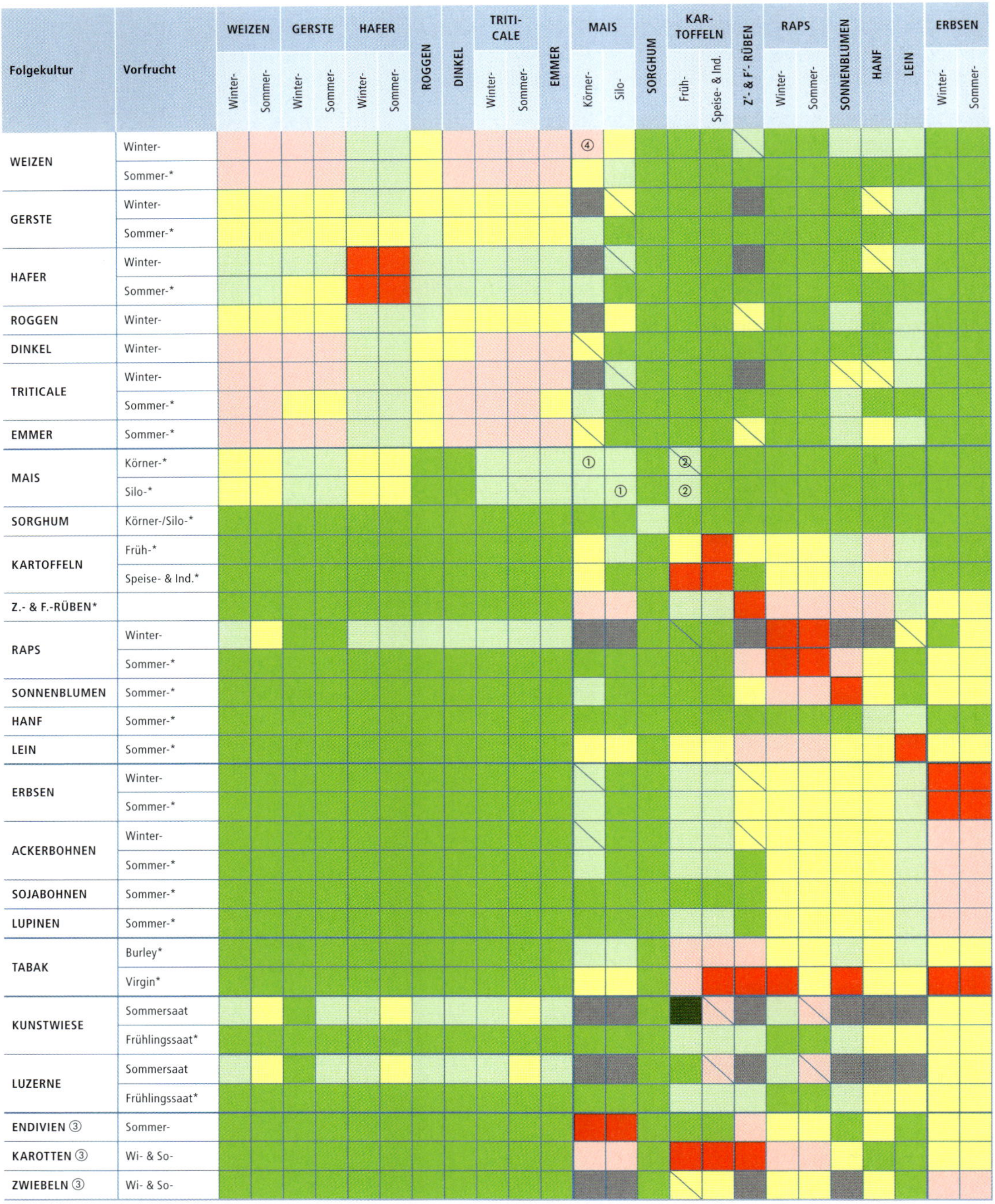

Fruchtfolgewert der Ackerkulturen

- Sehr Gut
- Gut
- Mittel
- Schlecht
- Ungeeignet

*Vor Sommerkulturen wird eine Zwischenkultur empfohlen (siehe Datenblätter AGRIDEA FT15.13-14)

- Rechtzeitige Ansaat in der Regel nicht möglich
- Ansaat nur bei frühzeitiger Ernte der Vorfrucht möglich

ACKER-BOHNEN		SOJABOHNEN	LUPINEN	TABAK		KUNSTWIESE	LUZERNE	③ ENDIVIEN	③ KAROTTEN	③ ZWIEBELN	KRANKHEITEN, SCHÄDLINGE UND UNKRÄUTER bei Nichteinhalten der Anbaupausen		BEMERKUNGEN
Winter-	Sommer-			Burley	Virgin						KRANKHEITEN	SCHÄDLINGE UND UNKRÄUTER	
											Schwarzbeinigkeit Fusariose ④ Halmbruchkrankheit ⑤	Nematod *Heterodera avenae* ⑥	④ Hohes Risiko von Mycotoxin nach Mais, insbesondere bei reduzierter Bodenbearbeitung ⑤ Empfindlichkeit der Getreidearten auf Halmbruchkrankheit: Weizen = Emmer = Triticale = Dinkel > Gerste > Roggen > Hafer ⑥ Empfindlichkeit gegenüber *H.avenae* bei Wintergetreidearten geringer als bei Sommergetreidearten ⑥ Empfindlichkeit der Sommergetreidearten: Hafer > Weizen > Gerste ⑥ Risiko höher bei leichten als bei schweren Böden
											Halmbruchkrankheit ⑤ *Helminthosporium* *Rhynchosporium*		
												Nematod *Heterodera avenae* ⑥	
												Nematod *Pratylenchus sp.*	
											Halmbruchkrankheit ⑤	Nematod *Heterodera avenae* ⑥	
											Kopfbrand ⑦ Getreide-Wurzeltöter (*Rhizoctonia*) *Helminthosporium* Fusariose	Nematod *Pratylenchus sp.* Maiswurzelbohrer *Diabrotica virgifera* ⑦ Maiszünsler *Ostrinia nubilalis*	⑦ Wenn vorhanden: Vorfruchtwert des Maises => ungeeignet (Mais nach Mais in Quarantänezonen verboten, wenn Diabrotica vorhanden)
											Kartoffel-Wurzeltöter Verschiedene Schorfarten Bakteriosen	Kartoffelkäfer *Leptinotarsa decemlineata* Nematod *Globodera pallida* Nematod *Globodera rostochiensis* Drahtwurm *Agriotes spp.* ⑧	⑧ Nach Kunstwiese
											Wurzelbrand, *Rhizoctonia* ⑨, Wurzelbärtigkeit, *Cercosporia*	Nematod *Ditylenchus dipsaci* Nematod *Heterodera schachtii*	⑨ Rhizoctonia ≠ Kartoffel-Wurzeltöter; von Mais übertragen
											Kohlhernie, Rapskrebs (*Sclerotinia*) *Phoma*	Nematod *Heterodera cruciferae* Nematod *Heterodera schachtii* Ästige Sommerwurz *Phelipanche ramosa* (parasitäres Unkraut)	
											Echter Mehltau, *Phomopsis* *Sclerotinia, Phoma*	Nematod *Ditylenchus dipsaci*	
											Pythium *Botrytis*		
											Fusariose		
											Brennfleckenkrankheit Stängel- und Wurzelwelke	Blattrandkäfer *Sitona lineatus* Erbsenwickler *Cydia nigricana*	
											Stängel- und Wurzelwelke	Blattrandkäfer *Sitona lineatus*	
											Sclerotinia		
											Brennfleckenkrankheit		
											Wurzelfäule *Sclerotinia*	Nematod *Ditylenchus dipsaci* Ästige Sommerwurz *Phelipanche ramosa* (parasitäres Unkraut)	Bei der Virgin-Sorte sind hohe N_{min}-Werte im Boden zu vermeiden
											Kleekrebs		Kunstwiese = Mischung von Futtergräsern und Leguminosen (ohne oder nur wenig Luzerne)
											Verticilliose	Nematod *Ditylenchus dipsaci* Blattrandkäfer *Sitona lineatus*	Reine Luzernebestände oder Mischungen mit hohem Luzerneanteil
											Rhizoctonia *Sclerotinia*		
											Wurzelbrand *Sclerotinia*	Nematod *Heterodera carotae*	
											Wurzelfäule *Sclerotinia*	Nematod *Ditylenchus dipsaci*	

① Mit Bodenschutzmassnahmen

② Als zweite Kultur, je nach Länge der Vegetationsperiode

③ Siehe auch Weisungen der Schweizerischen Gemüseunion

④–⑨ Siehe Bemerkungen

Felderwirtschaften: Hier folgt auf eine Blattfrucht 2- bis 5-mal Getreide, wobei der hohe Getreideanteil bereits besprochene Nachteile mit sich bringt.

Beispiel: *Verbesserte Dreifelderwirtschaft*

Zuckerrübe	eigenes Beispiel:	....
Winterweizen		....
Sommergerste		....

Beispiel: *Vierfelderwirtschaft*

Ackerbohne	eigenes Beispiel:	....
Winterweizen		....
Sommergerste		....
Hafer		....

Beispiel: *Fünffelderwirtschaft*

Kartoffel	eigenes Beispiel:	....
Winterweizen		....
Sommerweizen		....
Wintergerste		....
Roggen		....

Kombinierte Fruchtfolgesysteme – mit unterschiedlichen Folgen von Felder- und Fruchtwechselwirtschaften:

Beispiel: *Siebenschlägige Fruchtfolge*

Körnermais	eigenes Beispiel:	....
Winterweizen		....
Sommergerste		....
Zuckerrübe		....
Sommergerste		....
Körnererbse		....
Winterweizen		....

Sonstige Fruchtfolgen – z. B. Wechselwirtschaften mit Klee, Überfruchtfolgen (Bl-Bl-H), Gemüse- und Maisfruchtfolgen können der Marktsituation angepasst werden, wenn die grundlegenden Erkenntnisse der Fruchtfolgegestaltung beachtet werden.

Fruchtfolge im ökologischen Landbau: Da hier auf die Anwendung leichtlöslicher Düngemittel und chemischer Pflanzenschutzmittel gänzlich verzichtet wird, kommt der Fruchtfolge und dem Zwischenfruchtbau zentrale Bedeutung im Rahmen dieser Wirtschaftsweise zu. Je nach Art und Intensität der Tierhaltung sind unterschiedliche Fruchtfolgen zu erstellen.

Beispiel Rinderhaltung	*Beispiel viehloser Betrieb*
Kleegras	Brache
Kleegras	Kartoffel
Winterweizen/Kleeuntersaat	Roggen
Hafer/anschl. Stoppelfrucht	Sommergerste
Körnerleguminosen	Erbse
Winterweizen/Kleeuntersaat	Dinkel
Winterroggen/Kleegrasuntersaat	Roggen

Laut ÖPUL 2023 besteht eine Grünlanderhaltungspflicht bei den Maßnahmen „Umweltgerechte und biodiversitätsfördernde Bewirtschaftung“ (UBB) und „Biologische Wirtschaftsweise“ (BIO) Betriebe, die an der Maßnahme UBB oder BIO teilnehmen. Sie sind zum Erhalt des Grünlandausmaßes am Betrieb verpflichtet.

Begrünungsvarianten

Das Begrünungsausmaß sollte je nach Zielsetzung und Standort zwischen 30 % und 50 % der Ackerfläche betragen, wobei bei vorbeugendem Gewässerschutz mindestens 50 % vorgeschrieben sind (gemäß Wasserrahmenrichtlinie der EU). Die Wahl geeigneter Pflanzenmischungen und deren standortspezifische Anpassung sind essenziell, um Bodenfruchtbarkeit, Erosionsschutz und Biodiversität zu sichern.

Zusätzliche Empfehlungen (Stand 2025):

1 *Neue Begrünungspflanzen:*

- **Abfrostend:** Alexandrinerklee, Perserklee, Gelbsenf, Ölrettich, Ramtillkraut.
- **Winterhart:** Winterwicke, Winterroggen, Rauhafer, Grünroggen, Wintererbsen.

2 *Regionale Anpassung:*

- Berücksichtigung standortspezifischer Bedingungen, z. B. trockenheitstolerante Arten wie Sandhafer für aride Gebiete.

3 *Nachhaltige Bewirtschaftung:*

- Begrünungen sollten in konservierende Bodenbearbeitungssysteme integriert werden (Mulch- oder Direktsaat). Dies reduziert Erosion und verbessert die Wasserinfiltration.

4 *Rechtliche Vorgaben (Stand 2025):*

- Begrünungen im Rahmen der EU-Agrarreform und der Gemeinsamen Agrarpolitik (GAP) sind förderfähig, wenn die Mindeststandards der Begrünungsauflagen eingehalten werden.

5 *Wissenschaftliche Grundlagen:*

- Laut Studien (AGES-Bericht 2024, *Agronomy Journal*, 2023) erhöhen Begrünungen die Bodenstruktur, Kohlenstoffbindung und Wasserspeicherkapazität signifikant.

Begrünungsvarianten (aktualisiert, Österreich, 2025)

Variante	Anlage bis	Belassen bis	Besondere Bedingungen
A1	31. Juli	15. Oktober	Aktive Begrünung zwischen 2 Hauptkulturen, danach verpflichtender Anbau von Wintergetreide.
A	20. August	15. November	Kein Einsatz von Herbiziden bis zur Folgekultur. Empfohlene Arten: Sommerwicke, Buchweizen, *Phacelia*.
B	20. September	1. März	Begrünung mit frostharten Kulturen wie Winterroggen, Wintererbsen oder Winterwicke.
C	15. Oktober	1. März	Zulässige winterharte Kulturen: Grünroggen, Perko, englisches Raygras, Winterrüben.
C1	15. Oktober	1. März	Wie C, jedoch ohne Herbizideinsatz.
D	31. August	1. März	Begrünung mit mindestens 2 abfrostenden Mischungspartnern. Mulch- oder Direktsaat der Folgekultur verpflichtend.
D1	31. August	1. März	Begrünung mit mindestens 2 winterharten Mischungspartnern. Kein Herbizideinsatz bis zur Folgekultur.
H	15. Oktober	Keine Umbruchfrist	Nutzung als Dauerbegrünung: Winterraps, Luzerne, Futtergräser, Klee, Kleegras.

3.6.5. Neue gesetzliche und ökologische Anforderungen

Zeitgemäße Fruchtfolgen in Österreich unterliegen strengen gesetzlichen Anforderungen im Rahmen des Österreichischen Programms zur Förderung einer umweltgerechten Landwirtschaft (ÖPUL). Die Förderung umfasst Anreize für den Anbau von Leguminosen und Zwischenfrüchten, um die Bodengesundheit zu verbessern und die Stickstoffbindung zu fördern. Die EU-Verordnung zur nachhaltigen Landwirtschaft (European Union, 2023) fordert, dass mindestens 25 % der Anbauflächen durch Fruchtfolgen oder Zwischenfrüchte strukturell diversifiziert werden, um die Kohlenstoffemissionen zu reduzieren und die Wasserhaltefähigkeit der Böden zu fördern (Austrian Ministry of Agriculture, 2024).

Übungs- und Wiederholungsfragen

1. Was bezeichnet man als kleinsten Baustein einer Pflanze?

   ....

2. Nennen Sie die Teile einer Pflanzenzelle!

   ....

   ....

3. Erklären Sie die Aufgaben der Spaltöffnungen!

   ....

   ....

4. Ein Gefäßbündel besteht aus ....

   und ....

5. Nennen Sie die Organe einer Pflanze! ....

   ....

   ....

6. Die Wurzel hat folgende Aufgaben zu erfüllen: ....

   ....

7. Unterscheiden Sie zwischen den zwei Wurzeltypen!

   a) Flachwurzler: ....

   b) Tiefwurzler: ....

8. Nennen Sie Wurzelumbildungen! ....

   ....

9. Nennen Sie die Aufgaben der Sprossachse! ....

   ....

10. Wodurch erfolgt beim Spross das Dickenwachstum? ....

    ....

11. Nennen Sie Sprossumbildungen! ....

....

12. Welche Aufgaben hat das Palisadengewebe zu erfüllen? ....

....

13. Erstellen Sie eine Einteilung der Pflanzen nach der Anordnung der männlichen und weiblichen Blütenteile!

....

....

....

14. Was versteht man unter „Bestäubung"? ....

....

15. Nennen Sie Beispiele für Streufrüchte! ....

....

....

16. Voraussetzungen für die Keimung sind: ....

....

17. Die Hauptbestandteile der Pflanze sind ....

und ....

18. Erklären Sie den Begriff „Osmose"! ....

....

....

19. Nennen Sie wichtige Arten der ungeschlechtlichen Vermehrung!

....

....

....

20. Welche Stoffe werden bei der Assimilation gebildet? ....

....

21. Was versteht man unter Transpiration? ....

....

....

22. Nennen Sie die Kennzeichen der einkeimblättrigen Pflanzen! ....

....

....

23. Nennen Sie die „Inneren Saatguteigenschaften"! ....

....

24. Erklären Sie den Unterschied zwischen den Begriffen „Fruchtfolge" und „Monokultur"!

....

25. Nennen Sie Kulturen, die grundsätzlich „selbstverträglich" sind! ....

....

26. Auf welche Anbaupausen sollte man bei folgenden Kulturen achten?

Gerste	.... Jahre	Zuckerrübe	.... Jahre
Kartoffel	.... Jahre	Sonnenblume	.... Jahre

27. Beschreiben Sie den Unterschied zwischen Fruchtwechselwirtschaften und Felderwirtschaften!

....

....

....

....

....

4. Düngelehre

4.1. Bedeutung der Düngung

Düngung spielt eine zentrale Rolle in der landwirtschaftlichen Praxis, um die Ernährungssicherheit zu gewährleisten und die Produktqualität zu optimieren. Neben ökonomischen Zielen nimmt die Reduzierung der Umweltbelastung durch Düngemittel einen immer wichtigeren Stellenwert ein, unterstützt durch die neuen EU-Richtlinien zur Reduktion von Stickstoffüberschüssen und zur Minimierung der Nitratauswaschung, die im Rahmen des „Green Deal“ und der „Farm-to-Fork“-Strategie festgelegt wurden. Diese Strategien fordern eine strikte Einhaltung der Düngezeitpunkte und -mengen, um Umweltbelastungen zu reduzieren und die Bodenfruchtbarkeit langfristig zu erhalten.

4.2. Die Pflanzennährstoffe

Die Einteilung der Pflanzennährstoffe

Massennährstoffe	*Kernnährstoffe*	*Notwendige Nährstoffe*	*Spurenelemente*	*Nützliche Nährstoffe*
Wasserstoff (H)	Stickstoff (N)	Eisen (Fe)	Bor (B)	Silizium (Si)
Sauerstoff (O)	Phosphor (P)		Mangan (Mn)	Natrium (Na)
Kohlenstoff (C)	Kalium (K)		Kupfer (Cu)	Chlor (Cl)
	Kalzium (Ca)		Kobalt (Co)	Jod (J)
	Magnesium (Mg)		Zink (Zn)	
	Schwefel (S)		Molybdän (Mo)	

Expertenwissen

Die Einteilung der Pflanzennährstoffe bleibt relevant, jedoch wird verstärkt auf nachhaltige Stickstoffquellen und biologisch verfügbare Phosphorquellen gesetzt, um die Abhängigkeit von fossilen Rohstoffen zu reduzieren. In Österreich sind nachhaltige Düngemittel wie stabilisierter Ammoniumstickstoff und organische Phosphorquellen aufgrund ihrer reduzierten Auswaschungsverluste von besonderer Bedeutung, unterstützt durch die Österreichische Düngemittelverordnung von 2023. Zudem hat sich der Einsatz von biologisch abbaubaren Bodenhilfsstoffen und Bodenaktivatoren etabliert, die die Effizienz der Nährstoffaufnahme verbessern und die Humusbildung fördern.

4.2.1. Aufgaben und Bedeutung der Pflanzennährstoffe

Die Massennährstoffe bilden etwa 90 % der Pflanzensubstanz. Eine besondere Bedeutung kommt dem Wasserstoff und dem Sauerstoff, die sich zu Wasser verbinden, zu.

Aber auch der Kohlenstoff, welcher in Form von CO_2 (Kohlendioxid) in der Luft enthalten ist, ist zusammen mit dem Wasser ein wichtiger Faktor beim Aufbau der Kohlenhydrate (Zucker und Stärke).

Die Kernnährstoffe werden dem Boden in beträchtlichen Mengen entzogen, da sie von den Pflanzen in großen Mengen benötigt werden. Die meisten Kernnährstoffe müssen darum dem Boden über die Düngung zugeführt werden.

Es ist außerdem zu berücksichtigen, dass jeder Mangel, aber auch jeder Überschuss an einem oder auch an mehreren Kernnährstoffen einen ungünstigen Einfluss auf das Wachstum der Pflanzen und somit auch auf den Ertrag hat.

Nennen Sie die fünf wichtigsten Kernnährstoffe, und geben Sie ihre Bedeutung für das Wachstum der Pflanzen an!

Stickstoff: Motor des Pflanzenwachstums

Er bewirkt die dunkelgrüne Färbung der Blätter – ein üppiges Pflanzenwachstum – und die Bildung von Eiweiß. Eine einseitige, verspätete oder zu hohe N-Düngung erhöht die Lagergefahr sowie Krankheitsanfälligkeit und führt zu einer Reifeverzögerung.

Phosphor: Energieüberträger

Er ist an allen Zellteilungsvorgängen und somit an den Wachstums- und Fortpflanzungsvorgängen der Pflanzen beteiligt. Er fördert die Jugendentwicklung – das Wurzelwachstum –, die Eiweißbildung und führt zu einer Reifebeschleunigung.

Kalium: Wachstumsregulator

Es reguliert die Wirkung des Stickstoffs – erhöht die Widerstandskraft gegen Krankheiten und Kälte –, erhöht die Halmfestigkeit und ist an der Zucker- und Stärkebildung beteiligt.

Kalk: Bodennährstoff

Er ist die Voraussetzung für die Bildung einer guten Krümelstruktur – er fördert das Bodenleben –, neutralisiert die Bodensäuren und ermöglicht eine gute Wurzelausbildung.

Magnesium: Bestandteil des Blattgrüns

Laut der AGES *Düngeleitlinie 2025* ist die Überwachung des Schwefelstatus ein wichtiger Bestandteil moderner Düngeplanung.

Als Bestandteil des Chlorophylls ist das Magnesium von großer Bedeutung für den Aufbau der Kohlenhydrate. Es wirkt ebenfalls der Bodenversauerung entgegen.

Schwefel (S): Essenzieller Kernnährstoff

Schwefel ist an der Bildung von Aminosäuren und Proteinen beteiligt. Durch die Reduktion von Schwefelemissionen seit den 1990er Jahren ist die Verfügbarkeit im Boden zurückgegangen, weshalb eine gezielte Düngung, insbesondere für schwefelbedürftige Kulturen wie Raps und Getreide, erforderlich ist.

Die notwendigen Nährstoffe

Eisen

Das Eisen ist an der Blattgrünbildung beteiligt. Ein Mangel führt zum Gelbwerden der Blätter (Chlorose). Da im Boden meist ausreichend Eisen vorhanden ist, kann man auf eine Zufuhr verzichten.

Die Spurenelemente

Neben den zehn Hauptnährstoffen gibt es noch eine Reihe von Elementen, die ebenfalls für das gesunde Wachstum der Pflanzen, wenn auch nur in geringen Mengen, notwendig sind.

Bor

Mangel führt bei Rüben zur „Herz- und Trockenfäule", verursacht im Weinbau das „Verrieseln" und im Obstbau das Absterben der Triebspitzen. Im Maisbau ist Bormangel an den unregelmäßigen Kornzeilen am Kolben erkennbar.

Mangan

Mangan ist für den Stoffwechsel der Pflanzen von Bedeutung (Bildung von Chlorophyll und Enzymen).
Manganmangel führt bei Hafer zur Dörrfleckenkrankheit.

Kupfer

Ein Mangel führt bei Getreide zur Urbarmachungskrankheit (Ähren und Blattspitzen verfärben sich weiß). Kupfer ist auch in der Tierernährung von Bedeutung.

Zink

Zinkmangel zeigt sich im Obst-, Wein- und Maisbau durch Kleinblättrigkeit und gestauchten Wuchs.

Molybdän

ist für verschiedene Stoffwechselvorgänge von Bedeutung. Molybdän ist meist in ausreichenden Mengen vorhanden.

Nennen Sie jene Spurenelemente, die in der Praxis in zu geringen Mengen vorkommen können!

Kobalt

Die Knöllchenbakterien benötigen Kobalt zur Bindung des Luftstickstoffs und als Bestandteil des Vitamins B12 ist Kobalt auch für die Ernährung von Bedeutung.

Nützliche Nährstoffe:

- Silizium (Si): Stärkt die Zellwände und erhöht die Resistenz gegen Stress.
- Natrium (Na): Unterstützt die Osmoregulation.
- Chlor (Cl): Wichtig für den Wasserhaushalt der Pflanze.
- Jod (J): Geringe Bedeutung, aber nützlich für Mensch und Tier.

Lösen Sie die im Anschluss an das Kapitel „Düngungslehre" folgenden Fragen 1 bis 3!

4.3. Der Nährstoffkreislauf

Die Pflanze entnimmt für ihren Aufbau dem Boden Nährstoffe, um daraus Kohlenhydrate, Eiweiß, Fett und andere Verbindungen zu bilden. Die Tiere zerlegen bei ihrer Verdauung diese Nährstoffe und bauen damit ihren Körper auf. Ein Teil dieser Nährstoffe wird über den Kot und Harn der Tiere wieder ausgeschieden.
Diese Nährstoffe gelangen nun in Form von Stallmist, Jauche oder Gülle wieder in den Boden. Der Nährstoffkreislauf wäre somit geschlossen, würden alle im Betrieb erzeugten Produkte auch in diesem verwertet werden.
Die moderne Landwirtschaft ist jedoch dadurch gekennzeichnet, dass der größte Teil der Erzeugnisse dem Verkauf zugeführt wird und dem Betrieb daher wertvolle Nährstoffe entzogen werden.
Weiters müssen auch Verluste, die durch Auswaschung entstehen, berücksichtigt werden.

Die soeben genannten Nährstoffabgänge sind daher auch der Grund dafür, dass der Zukauf von Nährstoffen in Form von Handelsdüngern unbedingt erforderlich ist, um die Ernährung der Pflanzen zu sichern.
Die Höhe der Nährstoffabgänge ist jedoch nicht in allen Betrieben gleich. Wie die obige Darstellung zeigt, ist der Rückfluss an Nährstoffen in einem viehhaltenden Betrieb wesentlich größer (bis 80 %) als in einem viehlosen.

Erklären Sie, warum viehhaltende Betriebe weniger Düngemittel zukaufen müssen als viehlose!

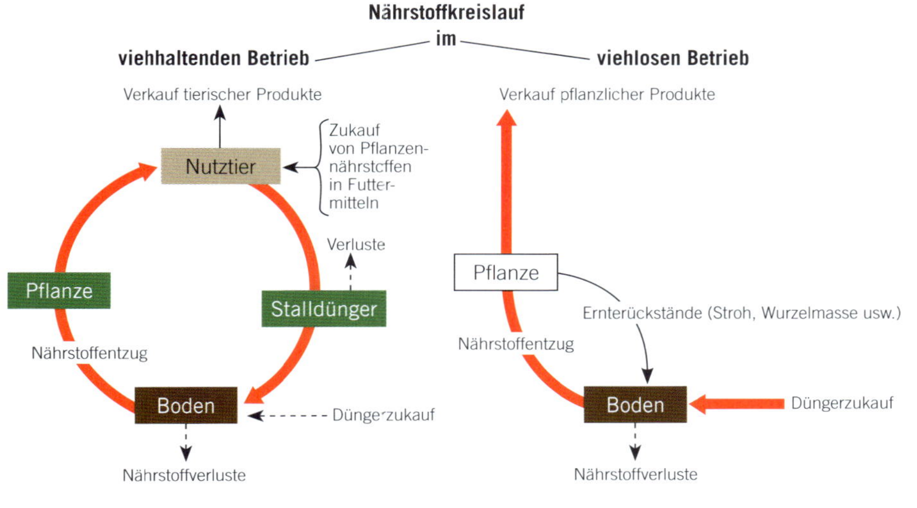

Es ist durch viele Versuche und praktische Erfahrungen erwiesen, dass nur wenige Böden in der Lage sind, ohne Nährstoffzufuhr hohe Erträge zu liefern!

Es stehen hiezu sowohl wirtschaftseigene Düngemittel als auch Handelsdünger zur Verfügung.

4.4. Die Wirtschaftsdünger

Wirtschaftsdünger sind überwiegend organische Stoffe, die dem Boden zur Verbesserung des Humusgehaltes und zur Zufuhr wesentlicher Pflanzennährstoffe dienen. Neben den traditionellen Wirtschaftsdüngern gewinnt die organische Düngung im Kontext der ökologischen Landwirtschaft und im Hinblick auf den Humusaufbau in klimawandelangepassten Böden zunehmend an Bedeutung. Dies trägt zur Stabilität des Bodengefüges und zur verbesserten Wasserspeicherkapazität bei, wichtige Anpassungsstrategien in Mitteleuropa.

Wirtschaftsdünger:

Im engeren Sinne

- Stallmist, Jauche, Flüssigmist (Gülle), Kompost

Im weiteren Sinne

- Strohdüngung, Gründüngung, Ernterückstände, Klärschlamm (unter Einhaltung strenger Vorschriften), torfbasierte Dünger (in reduzierter Form, um Moorabbau zu vermeiden)

BEWERTUNG UND BERÜCKSICHTIGUNG DER NÄHRSTOFFE AUS WIRTSCHAFTSDÜNGERN UND ERNTERÜCKSTÄNDEN entnehmen Sie dem Tabellenanhang.

Aktuelle Richtlinien und Grenzwerte zur Anwendung von Wirtschaftsdüngern, besonders Klärschlamm, sind in den EU-Richtlinien 2024/102 und der österreichischen Düngeverordnung 2024 festgelegt.

4.4.1. Der Stallmist

Stallmist ist eine wertvolle Quelle für organische Substanz und dient der Langzeitversorgung des Bodens mit Nährstoffen. Um die Nachhaltigkeit der Düngung zu erhöhen und negative Umweltauswirkungen zu reduzieren, wird eine präzise Handhabung und Lagerung empfohlen. Die Zusammensetzung von Stallmist variiert je nach Tierart, Fütterung und Lagerbedingungen.

Jährlicher Stallmistanfall pro Großvieheinheit (GVE): Geringe Einstreu ca. 8 t, mittlere Einstreu 10–12 t, Tiefstallung bis 15–18 t.

Grundsätze der Stallmistbereitung

Der im Stall anfallende Frischmist wird zunächst auf einer Düngerstätte gelagert, um eine vollständige Rotte zu durchlaufen. Dieser Prozess, an dem Mikroorganismen beteiligt sind, führt zur Zersetzung der organischen Substanz und zur Freisetzung wichtiger Pflanzennährstoffe. Eine fachgerechte Lagerung minimiert Nährstoffverluste und Umweltbelastungen.

Die richtige Lagerung des Stallmistes

Optimierte Lagerung: Eine fachgerechte Lagerung ist entscheidend, um den Nährstoffverlust durch Auswaschung und Luftkontakt zu verringern. Die EU-Vorgaben von 2024 fordern eine undurchlässige Unterlage und Sickerwassersammlung, z. B. durch eine Grube unter der Düngerstätte.

Geben Sie die häufigsten Fehler an, die bei der Stallmistbereitung gemacht werden!

Als Lagerfläche für den Stallmist werden bei jährlich zweimaliger Ausbringung ca. 3 m² pro GVE benötigt.

- Der Stallmist sollte auf einer **undurchlässigen Unterlage** mit Sickerwassersammlung gelagert werden (gemäß EU-Vorgaben 2024).
- Stapelweise Lagerung in schattiger, windgeschützter Umgebung reduziert Nährstoffverluste.
- Regelmäßige Kontrolle der Feuchtigkeit zur Förderung der mikrobiellen Aktivität.

Mietenlagerung auf freien Flächen

- Mietenlagerung von Mist auf unbefestigten Flächen ist auf maximal **6 Monate** begrenzt.
- Die Lagerung muss in mindestens **20 m Abstand** zu Oberflächengewässern erfolgen.
- Eine Abdeckung mit wasserdichter Folie ist vorgeschrieben, um Nährstoffverluste und Auswaschung zu verhindern.
- Lagerung auf sandigen und stark durchlässigen Böden nur mit zusätzlicher Schutzmaßnahme zulässig.

Moderne Ansätze zur Stallmistbehandlung

- **Kompostierung:** Regelmäßiges Wenden und Belüften verbessert die Rottequalität.
- **Additive:** Der Einsatz von Zusatzstoffen (z. B. Bentonit oder Kalk) bindet Ammoniak und reduziert Emissionen.
- **Technologische Lösungen:** Sensorbasierte Überwachung der Temperatur und Feuchtigkeit optimiert den Rotteprozess.

Die Wirkung der Nährstoffe aus Stallmist, aber auch aus Gülle, beträgt im Anwendungsjahr nur etwa ein Drittel bis zur Hälfte der enthaltenen wirksamen Nährstoffmenge, der Rest steht erst in den nächsten zwei Jahren zur Verfügung.

Stallmist soll bevorzugt zu jenen Früchten gegeben werden, die ihn am besten verwerten können. Dazu zählen Rüben, Kartoffeln, Ölfrüchte, Kohlgemüse und Mais. Weniger gut wird Stallmist von Getreide, Klee und Hülsenfrüchten verwertet.

Dauergrünland benötigt hingegen kaum Stallmist, weshalb die Zufuhr auf 10 bis 15 t/ha reduziert werden sollte. Es ist weiters auf eine gute Verteilung zu achten, um eine Verschmutzung des Futters zu vermeiden.

Da unter Einfluss von Luft und Wärme hohe Stickstoffverluste auftreten, ist darauf zu achten, dass das Wetter bei der Ausbringung möglichst kühl ist und der Stallmist raschest in den Boden eingearbeitet wird.

Als mittlere Stallmistgabe pro Hektar werden angenommen: bei Getreide und Grünland 15 bis 20 Tonnen, bei Hackfrüchten und Mais 25 bis 30 Tonnen.

Expertenwissen

- **Anpassung an Klima und Witterung:** Um Stickstoffverluste zu minimieren, sollte Stallmist idealerweise bei kühlem Wetter ausgebracht und direkt in den Boden eingearbeitet werden. Dies ist insbesondere in warmen, trockenen Perioden entscheidend, um die Stickstoffbindung im Boden zu erhöhen.

Der verantwortungsbewusste Einsatz von Stallmist ist Teil der Klimaanpassungsstrategie für landwirtschaftliche Betriebe. Durch verbesserte Lagertechniken und präzise Ausbringung kann die Stickstoffemission um bis zu 30 % gesenkt werden, was mit der neuen EU-Düngeverordnung 2024 in Einklang steht.

4.4.2. Die Jauche

Jauche, ein Gemisch aus Tierharn und Sickerwasser, ist wertvoll für die Nährstoffversorgung der Böden. Angesichts der steigenden Anforderungen an die Nachhaltigkeit und Grundwasserqualität muss Jauche in einer wasserdichten Jauchegrube gelagert werden, um die Verunreinigung des Grundwassers zu verhindern und Nährstoffverluste zu minimieren (Europäische Kommission, 2024). Laut der aktuellen EU-Düngemittelverordnung darf die Lagerung keine Grundwasserschäden verursachen. Lagerraumbedarf: Mindestens **3 m³ je GVE** bei dreimaliger Ausbringung pro Jahr, um sicherzustellen, dass auch in regenreichen Perioden keine Überläufe auftreten.

Gut gewonnene Jauche ist ein wertvoller, rasch wirkender Stickstoff-Kali-Dünger.

Es ist zu beachten, dass die Jauche arm an Phosphor und Kalk, jedoch reich an leichtlöslichem Stickstoff und Kali ist.

Erklären Sie, wie man Jauche möglichst verlustarm ausbringen kann!

Bei der Ausbringung der Jauche ist darauf zu achten, dass die Stickstoffverluste bei feucht-kühler Witterung am geringsten sind. Warmes, trockenes und windiges Wetter sowie die Ausbringung auf gefrorenem Boden bringen dagegen beträchtliche Verluste an Stickstoff.

Die Jauche ist ein ausgezeichneter Dünger für das Grünland, darf aber dort nicht einseitig angewendet werden, da sonst die stickstoff- und kaliliebenden Kräuter, wie Löwenzahn, Ampfer, Wiesenkerbel und Bärenklau, überhand nehmen und die wertvollen Futterpflanzen verdrängen.

Die durchschnittlichen Jauchenmengen betragen pro Hektar für alle Kulturen 15 bis 20 m³ (unverdünnt).

4.4.3. Der Flüssigmist (Gülle)

Flüssigmist, auch Gülle genannt, ist ein Gemisch aus Kot und Harn und, je nach Aufstallungsform, geringen Mengen an Einstreu und Wasser.
Die Gülle ist ein Wirtschaftsdünger der Gebiete mit geringem Einstreuvorkommen (Grünlandgebiete) sowie von Betrieben mit intensiver Schweine-, Rinder- oder Hühnerhaltung.

Der Jahresanfall beträgt im Durchschnitt bei:

Rindergülle, unverdünnt	15,00 m^3/GVE
Schweinegülle, unverdünnt	0,80 m^3/Tier/Mastperiode
Hühnergülle, unverdünnt	0,07 m^3/Tier

Gülleseparierung (NEU):

Die Separierung von Gülle ist eine moderne Technik, um den Wirtschaftsdünger effizienter zu nutzen und die Umweltbelastung zu reduzieren. Dabei wird die Gülle in feste und flüssige Bestandteile getrennt.

Vorteile der Gülleseparierung:
- Der feste Anteil eignet sich hervorragend als organischer Dünger oder Kompostgrundlage.
- Der flüssige Anteil kann gezielt zur Stickstoffdüngung eingesetzt werden.
- Reduzierung von Geruchsemissionen und Ammoniakverlusten.
- Verbesserte Lager- und Transportmöglichkeiten.

Anwendungen und Technik:
- **Mechanische Separatoren:** Zentrifugen oder Pressen trennen die Feststoffe.
- **Biologische Verfahren:** Ergänzung durch Mikroorganismen zur weiteren Aufbereitung der Gülle.

Empfehlungen zur Gülleausbringung:
- Gülle sollte gleichmäßig verteilt und rasch eingearbeitet werden, um Stickstoffverluste zu vermeiden.
- Verdünnung (z.B. 1:1 mit Wasser) verbessert die Verteilung und reduziert die Gefahr von Krustenbildung.

Die Einführung der Gülleseparierung ermöglicht eine ressourceneffiziente Nutzung und trägt erheblich zur Einhaltung der EU-Umweltstandards bei.

Erläutern Sie die Vorteile des Wasserzusatzes zur Gülle!

Die Höhe der Güllegabe ist von der Kulturart abhängig und soll folgende Werte nicht überschreiten (allgemeine Richtwerte; für eine präzise und bedarfsgerechte Düngung ist es jedoch wichtig, aktuelle Empfehlungen und individuelle Standortbedingungen zu berücksichtigen):

Kulturart	*m^3 Gülle unverdünnt pro ha*	*Kulturart*	*m^3 Gülle unverdünnt pro ha*
Weizen, Hafer	30	Körnermais	60
Roggen, Futtergerste	20	Silomais	100
Zuckerrübe, Kartoffel	40	Raps	20
Futterrübe	80	Grünland pro Nutzung	30

Auf dem Ackerland ist für eine möglichst rasche Einarbeitung des Flüssigmistes zu sorgen, um die Stickstoffverluste in Grenzen zu halten.

4.4.4. Die Strohdüngung

In viehlosen oder viehschwachen Betrieben kann die Strohdüngung als Stallmist- oder Flüssigmistersatz betrachtet werden. Das Stroh liefert das Ausgangsmaterial für die Humusbildung, wenn folgende Voraussetzungen gegeben sind:

Erläutern Sie die Notwendigkeit eines Stickstoffausgleichs zur Strohdüngung!

- ausreichende Bodenfeuchtigkeit,
- genügend Wärme,
- gut gelockerter Boden,
- kurz gehäckseltes und gleichmäßig verteiltes Stroh,
- Stickstoffausgleichsdüngung mit etwa 30 bis 50 kg Reinstickstoff aus Wirtschafts- oder Mineraldüngern,
- intensive Vermischung des Strohhäcksels mit der obersten Bodenschichte.

Stroh liefert essentielle organische Substanz, die das Bodenleben unterstützt und die Bodenstruktur verbessert. Eine präzise Anpassung der Stickstoffdüngung ist wichtig, da Stroh selbst nur geringe Mengen Stickstoff enthält, was eine zusätzliche Zufuhr erforderlich macht.

Das Verbrennen von Stroh ist in der EU nur unter strengen Auflagen erlaubt und darf ausschließlich als letzte Maßnahme zur Bodenaufbereitung genutzt werden. Dabei müssen folgende Bedingungen erfüllt sein:

- **Genehmigungspflicht:** Das Verbrennen ist nur nach vorheriger behördlicher Genehmigung möglich.
- **Einhaltung von Emissionsgrenzen:** Es müssen alle Richtlinien zur Emissionsminderung und Luftqualität eingehalten werden (EU-Verordnung 2023/2085).
- **Vermeidung von Bodenschäden:** Das Verbrennen darf nicht zu einer Beeinträchtigung der Bodenstruktur führen. Alternativen wie Mulchen und Einarbeitung sind vorrangig zu prüfen.

4.4.5. Die Gründüngung

Erklären Sie, warum man bei der Verwendung von Leguminosen auf eine N-Ausgleichsdüngung verzichten kann!

Die Gründüngung, also der Anbau von Zwischenfrüchten, deren Grünmasse in den Boden eingearbeitet wird, gewinnt in der ökologischen Landwirtschaft und als Klimaschutzmaßnahme zunehmend an Bedeutung. Diese Praxis trägt zur Humusbildung bei und ist besonders in viehschwachen Getreidebaubetrieben relevant, da sie den Boden mit Nährstoffen anreichert und den Einsatz von Mineraldüngern reduziert.

Als Gründüngungspflanzen werden verwendet:

Stickstoffsammelnde Pflanzen: Kleearten, Erbsen, Wicken, Ackerbohne.

In Kombination mit einer Strohdüngung kann hier auf eine Stickstoffausgleichsdüngung verzichtet werden.

Nichtstickstoffsammelnde Pflanzen: Raps, Senf, Perko, Sonnenblume, Ölrettich, Grünmais, Phaceli, Ramtillkraut, Kresse.

Einteilung der Gründüngungspflanzen

- **Abfrostend:** Pflanzen, die im Winter absterben und keine Frosttoleranz haben, z. B. Gelbsenf, Ramtillkraut, Alexandrinerklee.
- **Überwinternd:** Frostharte Pflanzen, die bis ins Frühjahr wachsen, z. B. Winterwicke, Grünschnittroggen, Rauhafer, Wintererbsen.

Arten der Gründüngung

Gründüngung als Hauptfrucht – diese Art ist nur im Weinbau üblich.

Gründüngung als Untersaat – die Saat erfolgt im Frühjahr in Winter- oder Sommergetreidebeständen. Es eignen sich hiezu die Kleearten.

Gründüngung als Stoppelsaat – die Gründüngungspflanzen werden möglichst bald im Anschluss an den Stoppelsturz angebaut.

Voraussetzung für das Gelingen der Gründüngung:

- genügend Niederschläge im Sommer,
- eine ausreichende Vegetationsdauer,
- eine zusätzliche Stickstoffdüngung (50 bis 60 kg Reinstickstoff pro Hektar), außer zu Leguminosen!

Die Wirkung einer Gründüngung:

- Verminderung der Nachteile einer einseitigen Getreidefruchtfolge,
- Zufuhr organischer Stoffe zur Humusbildung und Ernährung der Bodenlebewesen,
- Verbesserung der Krümelstruktur durch Beschattung und intensives Wurzelwachstum,
- Verbesserung der Bearbeitbarkeit,
- Nährstoffe aus tiefer liegenden Schichten werden wieder nutzbar gemacht.

Gründüngung trägt somit zur langfristigen Bodengesundheit bei und ist eine essentielle Maßnahme im ökologischen Landbau, insbesondere unter den Herausforderungen des Klimawandels, um den Boden vor Erosion zu schützen und die Nährstoffversorgung nachhaltig zu sichern.

4.4.6. Ernterückstände

Die Versorgung des Ackerbodens mit organischer Substanz erfolgt in erheblichem Maß auch durch verschiedene Ernterückstände. Dazu zählen:

- oberirdische Rückstände, wie Blätter und Stoppeln, sowie
- Wurzelrückstände.

Werden z. B. Rübenblätter eingearbeitet, so entspricht dies etwa einer gut gelungenen Gründecke mit einer Stickstoffnachlieferung von 40 bis 60 kg Reinstickstoff.

Die Nutzung von Ernterückständen zur Bodenverbesserung wird in Mitteleuropa immer wichtiger, da sie zur Stabilisierung der Humusbilanz beitragen und gleichzeitig als Schutz vor Bodenerosion durch klimabedingte Extremwetterereignisse dienen.

4.4.7. Landwirtschaftliche Kompostierung

Unter „Kompostierung“ versteht man die Zerlegung organischer Stoffe durch eine große Anzahl diverser Bakterien und Pilze.

Beschreiben Sie die Anlage eines Komposthaufens in Ihrem Schulgarten!

Zum Kompostieren sind geeignet: alle Arten von Mist, Stroh, Futterreste, Laub, Rasenschnitt, Küchenabfälle (Biotonne) und organische Abfälle aus der Lebensmittelindustrie (Obst und Gemüse).

Nicht geeignet sind: Gülle, Klärschlamm, Fleisch und Knochen, Glas, Metalle, Kunststoffe, Haushaltschemikalien, Lacke, Medikamente und Batterien.

Ablauf des Rottevorganges

1. Sammlung der organischen Stoffe und „Heißverrottung" nach EU-Verordnung an einer genehmigten Sammelstätte.

2. Haupt- und Nachverrottung in einer fachmännisch angelegten Kompostmiete: Dazu ist eine Untersuchung des Kompostmaterials auf seinen TS-Gehalt erforderlich, um das richtige Mischungsverhältnis, z. B. mit Stroh, ermitteln zu können. Danach wird die Miete in Dreiecksform aufgesetzt (2 bis 2,5 m breit, 1,5 bis 2 m hoch). Diese wird dann 2- bis 3-mal mit einem speziellen Umsetzgerät gewendet, um die Mikroorganismen mit Sauerstoff zu versorgen (Temperaturkontrolle notwendig). Ein Abdecken der Miete mit einem geeigneten Vlies ist in Gebieten mit höheren Niederschlägen erforderlich (Vermeidung einer Sickerwasserbildung)! Unter günstigen Rottebedingungen ist der Kompost in 9 bis 12 Wochen fertig und kann, nach einer eventuell notwendigen Siebung, mit dem Kompoststreuer ausgebracht werden. Die Kompostreife kann mit einem einfachen „Kressetest" bestimmt werden.

Anwendung von Kompost

Durchschnittliche Aufwandmengen liegen bei 10 bis 20 m^3 je Hektar. Auf eine gleichmäßige Verteilung und flaches Einarbeiten dieses wertvollen Düngers ist zu achten.
Auf Ackerland ist ein seichtes Einarbeiten vorteilhaft. Da die Nährstoffe im Kompost organisch gebunden sind, ist mit einer raschen Wirkung, wie bei Handelsdüngern, nicht zu rechnen!

Zur Beachtung: Kompostiert ein Landwirt organische Stoffe, die nicht aus seinem Betrieb stammen, so hat er seine Sachkenntnis durch eine anerkannte Kursbestätigung nachzuweisen.

4.4.8. Klärschlamm und Müllkompost

Klärschlamm fällt bei der Reinigung von Abwässern von Kläranlagen an, Müllkompost entsteht bei der Kompostierung von Hausmüll.
Klärschlamm enthält wertvolle Pflanzennährstoffe, aber auch potenziell belastende Schwermetalle, deren Gehalt regelmäßig überprüft werden muss, um die gesetzlichen Obergrenzen von z. B. 0,1 mg/kg für Cadmium und 0,4 mg/kg für Blei einzuhalten (EU Regulation 2019/1009).

Durchschnittlicher Nährstoffgehalt eines Klärschlammes mit 5 % TS

Organ. Substanz:	**50 %**	Gesamt-P_2O_5:	**3 %**
Gesamt-N:	**4 %**	Gesamt-K_2O:	**0,5 %**

Es dürfen im Abstand von zwei Jahren auf Ackerland nicht mehr als 30 dt TS Klärschlamm ausgebracht werden, um die Bodenbelastung durch Schwermetalle zu minimieren.

- Sie haben auch durch ein Gutachten nachzuweisen, dass das Grundstück für die Ausbringung geeignet ist.
- Verboten ist die Ausbringung von Klärschlamm und Müllkompost: zu Gemüse, Beerenobst, Heilkräutern, im Wald sowie auf Wasserschutzflächen und in Naturschutzgebieten (U-Norm 2023/2111).
- Auf Grünland erst nach der jeweiligen Nutzung ausbringen.
- Klärschlamm muss frei von gefährlichen Krankheitserregern sein.

Die genannten Einschränkungen und weitere gesetzliche Bestimmungen lassen deutlich die Problematik des Klärschlammeinsatzes erkennen. Der Landwirt muss daher sehr sorgfältig überlegen, ob er die Ausbringung der genannten Stoffe in seinem Betrieb gestatten soll, denn die Gefahr einer Anreicherung der gefährlichen Schwermetalle im Boden ist nicht auszuschließen.

4.4.9. Dünger auf Torfbasis

Dünger auf Torfbasis stehen aufgrund der CO_2-Bilanz und der Zerstörung von Moorlandschaften zunehmend in der Kritik. Nach der EU-Richtlinie 2023/812 wird der Einsatz von Torfprodukten stark begrenzt, und alternative Düngemittel wie Kompost werden bevorzugt. Torfprodukte sollten deshalb im landwirtschaftlichen Einsatz sparsam und nach Möglichkeit nur – falls notwendig – im Gartenbau verwendet werden.

Das Angebot des Handels an Humusdüngern ist sehr umfangreich. Wir können sie folgendermaßen einteilen:

- reiner Torf (Torfmull, Weißmoostorf) – ohne Nährstoffe;
- Torfkultursubstrate und Humuserden zur Pflanzenanzucht – mit Nährstoffen angereichert; sowie
- Biomull – stammt aus städtischen Abfällen und ist mit Nährstoffen angereichert.

Expertenwissen

Um die negativen Umweltauswirkungen des Torfeinsatzes zu reduzieren, empfiehlt die EU die Nutzung alternativer Humusdünger wie Kompost und Holzfaserprodukte. Diese können ebenso zur Verbesserung der Bodenfruchtbarkeit beitragen und sind umweltfreundlicher.

4.4.10. Fermentationsrückstände

Im Bereich der Biogasproduktion aus nachwachsenden Rohstoffen ist es ein vorrangiges Ziel, Stoffflüsse möglichst geschlossen zu halten. Das heißt, dass Nährstoffe, die von Flächen zur Bioenergieproduktion in eine Anlage gebracht werden, möglichst im gleichen Umfang wieder auf dieselben Flächen zurückgeführt werden sollen. Auf diese Weise ist sicher zu stellen, dass es einerseits zu keinem „Aushungern", andererseits aber auch zu keinem ökologisch bedenklichen „Überladen" der Produktionsflächen kommt. Gemäß der EU-Richtlinie 2024/306 müssen Fermentationsrückstände wie Biogasgülle und Gärrückstand auf Grundlage einer exakten Nährstoffbilanzierung verwendet werden. Hierbei ist besonders auf die Stickstoff-Obergrenze von 170 kg pro Hektar und Jahr zu achten, um das Risiko der Nitratauswaschung zu minimieren.

Definitionen:

Biogasgülle: Vergorenes flüssiges Substrat aus dem Biogasprozess, welches landwirtschaftlich verwertet werden kann und Ausgangsmaterialien aus land- und forstwirtschaftlicher Urproduktion enthält.

Gärrückstand: Vergorenes flüssiges Substrat aus dem Biogasprozess, welches landwirtschaftlich verwertet werden kann und als Ausgangsmaterialien Rückstände der Be- und Verarbeitung landwirtschaftlicher Produkte und/oder andere biogene Reststoffe enthält.

Nennen Sie torfhältige Dünger, die im Schulgarten Verwendung finden!

Die ökologisch verträgliche Nutzung von Fermentationsrückständen basiert auf einem umfassenden Bilanzierungssystem, das den Nährstoffkreislauf für Bioenergie-Produktionsflächen und die Abnehmerbetriebe sicherstellt. Hiermit sollen eine Überdüngung sowie eine unzureichende Nährstoffversorgung vermieden werden, um sowohl das Bodenleben als auch die Nachhaltigkeit der landwirtschaftlichen Flächen zu fördern.

Lösen Sie die im Anschluss an das Kapitel „Düngungslehre“ folgenden Fragen 4 bis 14!

4.5. Die Mineraldünger

Mineraldünger werden zwar weiterhin in der konventionellen Landwirtschaft eingesetzt, jedoch stehen sie aufgrund ihrer Umweltwirkungen – wie Nitratbelastungen im Grundwasser und Emissionen bei der Produktion – zunehmend in der Kritik. Laut EU-Verordnung 2024/455 gelten Obergrenzen für den Stickstoff- und Phosphoreinsatz, um Umweltschäden wie Eutrophierung zu verhindern. Dies entspricht auch der wachsenden Nachfrage der Bevölkerung nach umwelt- und gesundheitsverträglichen Alternativen.

Da die im Boden vorhandenen Nährstoffe, und in der Regel auch die Nährstoffe aus den Wirtschaftsdüngern, nicht ausreichen, um hohe Erträge bei guter Qualität zu erzielen, ist der Einsatz dieser Mineraldünger heute unerlässlich.

Da die Mineraldünger jedoch kein Ersatz für die Wirtschaftsdünger sein können, lautet der Leitsatz für die Düngung:

Nicht „Wirtschaftsdünger oder Mineraldünger“, sondern „Wirtschaftsdünger und Mineraldünger“.

Da man Mineraldünger aus natürlichen Rohstoffen, die dem Boden oder der Luft entnommen werden, herstellt, ist es sinnvoller, nicht von „Kunstdüngern“ zu sprechen, sondern die Begriffe „Mineral- oder Handelsdünger“ zu verwenden!

Die Einteilung der Mineraldünger kann wie folgt getroffen werden:

Einzeldünger – Zweinährstoffdünger – Mehrnährstoffdünger.

Expertenwissen

Der Einsatz von Mineraldüngern ist heute strenger reglementiert, und der Fokus liegt auf der Präzisionsdüngung. Der Gebrauch von Ammoniumdüngern wird reduziert zugunsten stabilisierter Düngemittel, die eine kontrollierte Nährstoffabgabe über die Vegetationsperiode gewährleisten und die Nitratauswaschung minimieren. Nach der EU-Nitrat-Richtlinie (2024/47/EU) wird bei Phosphatdüngern empfohlen, diese als Mehrnährstoffdünger mit zugesetztem Schwefel zu verwenden, um die Nährstoffeffizienz zu maximieren und die Biodiversität zu fördern.

4.5.1. Die Einzeldünger

Diese Dünger enthalten jeweils nur einen Nährstoff. Wir unterscheiden daher: Stickstoff-, Phosphat-, Kali-, Kalk- und Magnesiumdünger.

4.5.1.1. Die Stickstoffdünger

Der Stickstoff wird in den Düngern in unterschiedlicher Form angeboten. Wir teilen daher die Stickstoffdünger ein in:

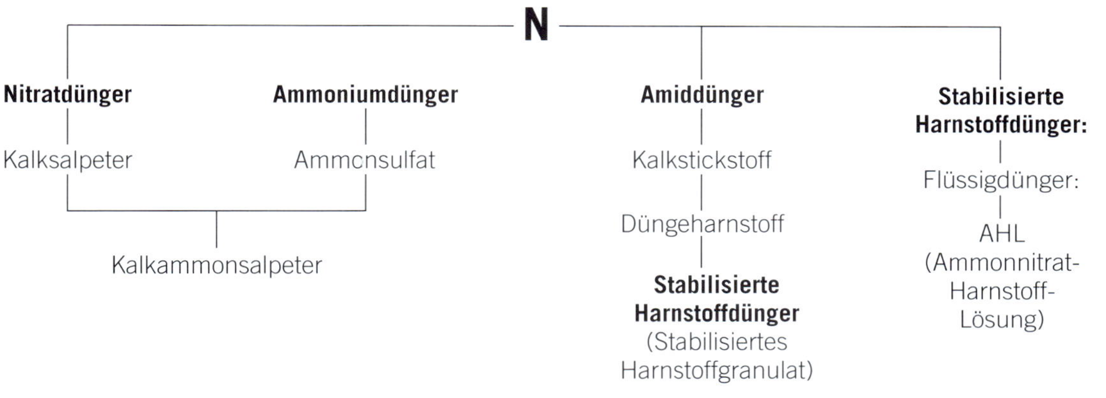

Expertenwissen

Stickstoffdünger sind gemäß EU-Verordnung 2024/455 nur im Rahmen gezielter Düngepläne und in angepassten Mengen zulässig. In der ökologischen Landwirtschaft ist der Einsatz mineralischer Stickstoffdünger ausgeschlossen, und stattdessen werden organische Düngemittel bevorzugt, um eine nachhaltige Bodenfruchtbarkeit zu fördern.

Kalksalpeter: Enthält 15 % Stickstoff (N) und ist granuliert. Er enthält zusätzlich 26 % CaO und ist rasch wirksam; Verwendung vorwiegend noch in Gartenbaubetrieben.

Nennen Sie einen Handelsdünger, der Stickstoff enthält und in Ihrem Betrieb Verwendung findet!

Ammonsulfat: Enthält 21 % N und 24 % S. Er ist kristallin und ein langsam wirkender Dünger. Er soll nur auf neutralen Böden und vor dem Anbau gedüngt werden.

Kalkammonsalpeter (Nitramoncal): Enthält je nach Herkunft 27–28 % N, je zur Hälfte in der rasch wirkenden Nitratform und in der langsamer wirkenden Ammoniumform. Zusätzlich ist ca. 12,5 % CaO enthalten. Er wird sowohl zum Anbau als auch zur Kopfdüngung eingesetzt.

ENTEC 26: Enthält 26 % N und 13 % S.

Nitramon S: Enthält 26 % N und 13 % S. Er wird zu schwefelbedürftigen Kulturen wie z. B. Raps, insbesondere auf leichten, humusarmen Böden eingesetzt.

Kalkstickstoff: Enthält 20 % N und ca. 60 % CaO. Er ist ein langsam wirkender Dünger, der zusätzlich eine bodenentseuchende und unkrautbekämpfende Wirkung aufweist. Eingesetzt wird er vorwiegend in Gartenbaubetrieben und zur Kompostbereitung.

Düngeharnstoff: Er enthält 46 % N in Amidform und kommt „geprillt" in den Handel. Es ist ein hochkonzentrierter, wasserlöslicher Dünger, der oft in Kombination mit Pflanzenschutzmaßnahmen als Blattdünger verwendet wird.

Stabilisierte Harnstoffdünger: Stabilisiertes Harnstoffgranulat: Enthält 46 % N, angereichert mit Urease- und Nitrifikationsinhibitoren. Diese Zusätze verzögern die Umwandlung von Harnstoff zu Ammonium und Nitrat, wodurch Stickstoffverluste durch Auswaschung und Ammoniakverflüchtigung reduziert werden. Einsatz besonders vorteilhaft bei Kulturen wie Mais und Getreide auf leichten Böden.

AHL (Ammonnitrat-Harnstoff-Lösung): Enthält 27 % N in 100 kg bzw. 34 % in 100 Liter. Er wird zur flüssigen Kopfdüngung in verschiedenen Kulturen eingesetzt.

Um unnötige Auswaschungsverluste zu vermeiden, ist ein gezielter Stickstoffdüngereinsatz erforderlich. Besonders im Getreidebau ist die Teilung der Düngegaben vorteilhaft!

Ausbringungsverbote für Stickstoffdünger

- Generelles Verbot der Ausbringung von N-haltigen Düngern (inkl. Gülle, Jauche, Mineraldünger) zwischen **15. Oktober und 15. Februar.**
- In erosionsgefährdeten Hanglagen über **10 % Neigung** ist eine Düngung nur mit bodennahen Verfahren erlaubt.
- Auf wassergesättigten, überschwemmten, gefrorenen oder schneebedeckten Böden ist die Ausbringung strikt untersagt.

4.5.1.2. Die Phosphatdünger

Die Einteilung der Phosphatdünger erfolgt nach ihrem Löslichkeitsgrad und Kalkgehalt. Ihre Eignung als Düngemittel hängt daher von den Boden- und Niederschlagsverhältnissen ab.

Expertenwissen

Phosphor wird in vielen mitteleuropäischen Böden stark gebunden und ist dadurch schwer verfügbar. Die EU fördert das Recycling von Phosphor aus organischen Reststoffen wie Klärschlamm und Gülle, um den Verbrauch natürlicher Phosphatvorkommen zu senken (EU Regulation 2024/455). Diese Strategie trägt zur Sicherung der Phosphorversorgung bei und reduziert die Abhängigkeit von mineralischen Phosphatdüngern.

P

kalkfrei (wasserlöslich)	kalhaltig (säurelöslich)
Superphosphat	Thomasphosphat
Triplephosphat	Hyperphosphat
	Hyperkorn

Superphosphat: Enthält 18 % P_2O_5 und 12 % S. Er wirkt sehr rasch aber auch nachhaltig. Superphosphat ist für kalkhältige Böden in niederschlagsärmeren Gebieten zu empfehlen. Er kann im Herbst, im Frühjahr, aber auch als Kopfdünger gegeben werden.

Nennen Sie einen phosphorhältigen Mineraldünger, der in Ihrem Betrieb verwendet wird!

Triplephosphat: Er ist mit 45 % P_2O_5 ein hochkonzentrierter Dünger der hinsichtlich Eigenschaften und Anwendung dem Superphosphat entspricht.

Hyperkorn, DC-Naturphosphat: Enthalten 26 % P_2O_5 und 40 % CaO.

Hyperphosphat – enthält 29 % P_2O_5 und ebenfalls 40 % CaO.
Alle drei Düngemittel wirken alkalisch, nachhaltig und werden bevorzugt auf eher sauren Böden eingesetzt.

Dolophos: Enthält 15 % P_2O_5 sowie 40 % CaO. Eine Mischung aus weicherdigem Rohphosphat und Dolomitkalk; nachhaltige Wirkung.

Da das Phosphat, im Gegensatz zum Stickstoff, kaum ausgewaschen wird, kann dieser Nährstoff auch auf Vorrat gedüngt werden. Die Auswahl des richtigen Phosphatdüngers hat nach dem Kalkgehalt im Zusammenhang mit der Bodenreaktion zu erfolgen.
Mehlfeine Phosphatdünger können auch im Stall verwendet werden. Man streut sie auf den hinten gelegenen Teil der Rinderstände (ca. ein halbes Kilogramm), wodurch man eine Verbesserung des Stallklimas und die Verringerung von Stickstoffverlusten durch die Bindung von Ammoniak erreicht!

Erklären Sie, warum das Phosphat nur schwer aus dem Boden ausgewaschen werden kann!

4.5.1.3. Die Kalidünger

Bei den Kalidüngern wird zwischen chlorhältigen und chlorfreien Produkten unterschieden. Da manche Pflanzen nicht chlorverträglich sind, ist dies bei der Auswahl der Düngemittel zu beachten.

Nennen Sie landw. Kulturpflanzen und Gemüsearten, die chlorempfindlich sind!

K

chloridhältig	chloridfrei
40 %iges Kali	Patentkali
60 %iges Kali	schwefelsaures Kali

Magnesia-Kainit

40er Kali: Ist feinkristallin oder granuliert und enthält 40 % Kali (K2O), bis 25% Kochsalz (NaCl) und manche Sorten bis zu 5% Magnesium (MgO).
Auf Grund des Chloridgehaltes ist die Anwendung von 40er Kali bei Tabak, Kartoffeln und Obstgehölzen nicht zu empfehlen.
Der hohe Natriumgehalt ist in der Grünlanddüngung erwünscht, da das Futter mit Natrium angereichert wird. Auf Ackerland wirkt es jedoch strukturverschlechternd.

60er Kali: Ist granuliert und enthält 60% Kali (K_2O). Dieser Dünger wird vorwiegend auf Ackerland bei chlorunempfindlichen Kulturen angewendet. Besonders dankbar sind Futter- und Zuckerrüben.

Magnesia-Kainit: Ist ein Kalirohsalz, welches 11% Kali (K_2O), 5 % Magnesium (MgO) und 20 % Natrium enthält. Wegen dieser Zusammensetzung eignet sich dieser Dünger speziell für das Grünland.

Patentkali (Kalimagnesia): Ist granuliert, mit 30 % Kali (K_2O) und 9 % Magnesium (MgO). Für alle chlorempfindlichen Kulturen, wie Obst, Wein, Gemüse, Tabak und Kartoffeln, geeignet; ebenso für Böden, die unter Magnesiummangel leiden.

Kalisulfat: Enthält 50 % Kali und ist chloridfrei. Es eignet sich besonders für Böden mit ausreichender Magnesiumversorgung.

Die Kalidünger sind im Boden leicht löslich. Eine Auswaschung ist jedoch nur auf Sand- und Schotterböden bei hohen Niederschlägen zu erwarten.

Auf allen übrigen Böden können die Kalidünger auf Vorrat gegeben werden!

4.5.1.4. Die Kalkdünger

Die Hauptbedeutung der Kalkzufuhr liegt in der Verbesserung der Bodenstruktur und der Erhöhung des pH-Wertes. Die Kalkdünger werden folgendermaßen eingeteilt:

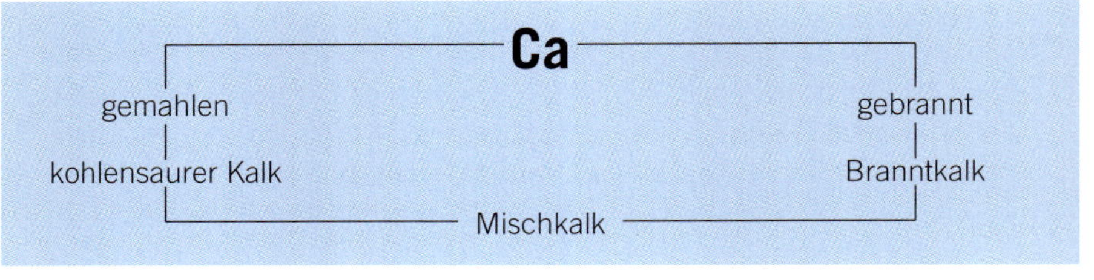

Kohlensaurer Kalk (Kalksteinmehl): Enthält ca. 54 % wirksamen Kalk (CaO). Dieser Dünger wirkt langsam und nachhaltig und eignet sich besonders für Grünland und leichte Ackerböden.

Kohlensaurer Magnesiumkalk: Enthält 54 % CaO und mindestens 7 % Magnesium (MgO). Er ist günstig für leichte Böden, die neben einem Kalk- auch einen Magnesiumbedarf haben.

Beschreiben Sie die Wirkung des Kalkes im Boden!

Branntkalk (gemahlen, gekörnt): Enthält 95 % CaO, ist rasch wirkend und für schwere Böden geeignet.

Mischkalk: Enthält 60 % oder 65 % wirksamen Kalk, ist rasch und nachhaltig wirksam und daher auf alle Böden und zu allen kalkbedürftigen Kulturen einsetzbar.

Magnesium-Mischkalk: Enthält ebenfalls 60 % bzw. 65 % CaO und zusätzlich >10 % Magnesium.

Carbokalk (70 % TM): Dieser erdfeuchte Kalkdünger ist ein Nebenprodukt der Zuckerindustrie, enthält 30 % CaO und geringe Mengen an Stickstoff, Phosphor, Kalium und Magnesium.

4.5.2. Die Zweinährstoffdünger

Diese Düngemittel sind granuliert und enthalten mindestens zwei Nährstoffe. Das angegebene Nährstoffverhältnis erfolgt immer in der Reihenfolge N : P_2O_5 : K_2O, z. B. 0 : 15 : 30.

- **Phosphat-Kali-Dünger (PK-Dünger)**

Thomaskali: 0 : 10 : 20 + 3 % MgO + 24 % CaO. Dieses Düngemittel auf Thomasphosphatbasis ist chloridhältig und eignet sich besonders für saure Grünlandflächen.

Nennen Sie Zweinährstoffdünger, die im eigenen Betrieb in Verwendung sind!

Hyper-Kali: 0 : 18 : 18 oder 0 : 22 : 10. Diese Düngemittel auf Hyperphosphatbasis sind chloridhältig und ebenfalls für Grünland mit niedrigem pH-Wert geeignet.

DC 45 neu: 0 : 12 : 20 + 8 % S. Dieser Dünger auf Superphosphatbasis ist chloridhältig und universell einsetzbar.

DC 44 spezial: 0 : 10 : 30 + 3 % MgO + 11 % S. Dieser Dünger ist chloridarm und somit zur Düngung chlorempfindlicher Kulturen wie Wein, Obst und Gemüse und im Forst einzusetzen.

- **Stickstoff-Phosphat-Dünger (NP-Dünger)**

Diammonphosphat: 18 : 46 : 0
Diese Düngemittel können zu allen Kulturen zur Phosphatdüngung und einer Stickstoffteilgabe eingesetzt werden.

Linzer Max: 18 : 28 : 0. Dieser Dünger wird bei unzureichender P-Versorgung des Bodens, speziell zu Mais, eingesetzt.

4.5.3. Die Volldünger (NPK-Dünger)

Wegen ihrer hohen Nährstoffgehalte bringen diese Dünger Vorteile bei Transport, Lagerung und Ausbringung. Da sie kalkfrei sind, sollte bei häufiger Anwendung der Kalkhaushalt des Bodens in Ordnung sein!
Die Auswahl des passenden Volldüngers erfolgt nach dem erforderlichen Nährstoffverhältnis. Dieses ergibt sich einerseits aus dem Ergebnis der Bodenuntersuchung und andererseits aus den Ertragserwartungen und den anfallenden Wirtschaftsdüngermengen. Eine allgemeine Empfehlung ist daher nicht möglich.

Nennen Sie einen Handelsdünger, der Stickstoff enthält und in Ihrem Betrieb Verwendung findet!

Es werden auch eine Reihe ausländischer Volldünger mit einem ähnlichen Nährstoffverhältnis wie die folgenden österreichischen Produkte angeboten:

Nennen Sie Volldünger, die in Ihrem Betrieb verwendet werden!

Linzer Star: 15 : 15 : 15 + 3 S

Linzer Plus: 20 : 8 : 8 + 3 MgO + 4 S

Entec perfekt: 14 : 7 : 17 + 2 MgO + 11 S

Entec vino: 12 : 7 : 18 + 3 MgO + 10 S

Nitrophoska perfekt: 15 : 5 : 20 + 2 MgO + 8 S
Von diesem Düngemittel stehen noch 3 unterschiedliche Formulierungen zur Verfügung

DC 4 x 12 : 12 : 12 : 12 + 12 S

DC 37 : 12 : 10 : 15 + 12 S

DC 15 : 5 : 5 + 18 S

DC – Frucht 12 : 5 : 15 + 18 S

DC – Rot 10 : 8 : 20 + 13 S + 0,1 B

DC – Bor – Start 6 : 10 : 16 + 0,1 B

NPK 13 : 6 : 16 + 9 S

NPK 12 : 12 : 17 + 9 S

Werden Zweinährstoffdünger (außer NP-Dünger) bzw. DC Start eingesetzt, so ist die erforderliche Düngermenge nach dem Phosphatbedarf zu berechnen. Werden jedoch Volldünger verwendet, so richtet sich die Menge, die gestreut werden soll, nach dem Stickstoffbedarf!

4.5.4. Spurenelementdünger und Bodenverbesserer

Bei den Spurenelementdüngern werden häufig kupfer- zink- eisen- und manganhältige Sulfate verwendet, die häufig als Blattdünger eingesetzt werden, z. B.: Solubor, Combilinz u. a.

Als Mittel zur Bodenverbesserung werden Dünger eingesetzt die entweder organische Substanzen in Verbindung mit Kalk enthalten oder kieselsäurehältige Gesteinsmehle sind, z. B.: Agrobiosol, Basalit u. a. Diese Mittel werden vorwiegend im Biolandbau verwendet.

Die Düngemittel müssen also so ausgewählt werden, dass sie den betriebswirtschaftlichen und pflanzenbaulichen Anforderungen entsprechen. Eine regelmäßig durchgeführte Bodenuntersuchung schafft die Voraussetzungen dazu.

Lösen Sie die im Anschluss an das Kapitel „Düngungslehre“ folgenden Fragen 15 bis 21!

4.6. Die Technik der Düngung

Darunter verstehen wir die Beschaffung, den Zeitpunkt und die Ausbringung der Düngemittel.

4.6.1. Beschaffung der Düngemittel

Die Mineraldünger werden gesackt (Plastiksäcke) und lose angeboten.

Der Vorteil bei gesacktem Dünger ist, dass dieser auch über längere Zeit im Freien gelagert werden kann. Bei der „Lose-Dünger-Kette" spart man die Sackkosten und bei entsprechender Mechanisierung auch die aufwendige Handarbeit.
Es ist weiters zu beachten, dass bei Frühbezug entsprechende Preisnachlässe gewährt werden!

4.6.2. Zeitpunkt der Düngung

Für den Zeitpunkt der Düngung sind der zeitliche Nährstoffbedarf der Pflanzen, das Verhalten der Nährstoffe im Boden und arbeitswirtschaftliche Überlegungen ausschlaggebend.

Nach dem Zeitpunkt unterscheiden wir:

/ \

Grunddüngung und Kopfdüngung

Die *Grunddüngung* ist die Düngung vor dem Anbau mit allen Nährstoffen. Sie kann als Stoppeldüngung nach der Getreideernte oder als Herbst- bzw. Frühjahrsdüngung gegeben werden. Die Düngemittel müssen gut mit dem Boden vermischt werden.

Nennen Sie jene Handelsdünger, die zur Grunddüngung verwendet werden!

Expertenwissen

Die Techniken der Düngung haben sich im Zuge der technologischen Fortschritte erheblich weiterentwickelt. Präzisionslandwirtschaft mit GPS-gesteuerten Streusystemen ermöglicht eine exakte Ausbringung, die den Düngebedarf einzelner Pflanzen berücksichtigt und so Stickstoffüberschüsse und Umweltbelastungen minimiert. Zudem ist die Bodenanalyse vor der Düngung gemäß der aktuellen EU-Richtlinien verpflichtend, um den optimalen Düngebedarf zu ermitteln und Überdüngung zu vermeiden. In Österreich wurde ein Schulungssystem zur sachgemäßen Anwendung der Düngungstechnik eingeführt, das auf umweltschonende Praktiken und Minimierung von Nährstoffverlusten fokussiert.

Die *Kopfdüngung* ist die Düngung auf die wachsende Pflanze. Sie darf jedoch nicht auf Kosten der Grunddüngung erfolgen, da sich ein Nährstoffmangel im Jugendstadium der Pflanzen nachteilig auf den Ertrag auswirkt. Die Kopfdüngung kommt hauptsächlich für Stickstoff in Frage, der, ganz besonders bei Getreide, zu bestimmten Entwicklungsabschnitten gegeben wird.

Nennen Sie jene Handelsdünger, die zur Kopfdüngung verwendet werden!

4.6.3. Die Ausbringung der Düngemittel

Nach der Art der Ausbringung unterscheidet man verschiedene Methoden, wobei die Wahl der Technik auf Umweltverträglichkeit und Ressourcenschonung ausgerichtet sein sollte. Im Kontext der ökologischen Landwirtschaft und der zunehmenden Sensibilität der Bevölkerung gegenüber Mineraldüngern sind Maßnahmen zu bevorzugen, die Nährstoffverluste und die Umweltbelastung minimieren.

- **Flächendüngung** bleibt eine der am häufigsten angewandten Düngungstechniken, da sie eine gleichmäßige Verteilung und eine hohe Flächenleistung ermöglicht. Neben den traditionellen Schleuderstreuern und Pendelrohrstreuern gewinnen Großflächenstreuer mit moderner Sensorik an Bedeutung, da sie eine präzisere

Ausbringung ermöglichen. In der Flächendüngung ist es heute von entscheidender Bedeutung, auf streuungsbedingte Verluste zu achten und eine optimale Überlappung der Streubänder sicherzustellen. Der Einsatz von GPS und anderen Präzisionslandwirtschaftstechnologien kann dazu beitragen, die Effizienz der Düngung zu steigern und die Umweltbelastung zu reduzieren.

– **Fahrgassenmanagement:** In intensiven Getreidebaubetrieben erleichtern angelegte Fahrgassen die Ausbringung von Pflanzenschutz- und Düngemitteln erheblich. Diese Fahrgassen unterstützen die präzise Platzierung von Kopfdüngergaben, reduzieren Bodenverdichtungen und schützen die Pflanzengesundheit. Die Vorteile der Fahrgassen liegen in einer besseren Zugänglichkeit der Flächen sowie in einer gleichmäßigen Düngung und einer effizienteren Nutzung von Düngemitteln.

Erklären Sie die Vorteile der Fahrgassen!

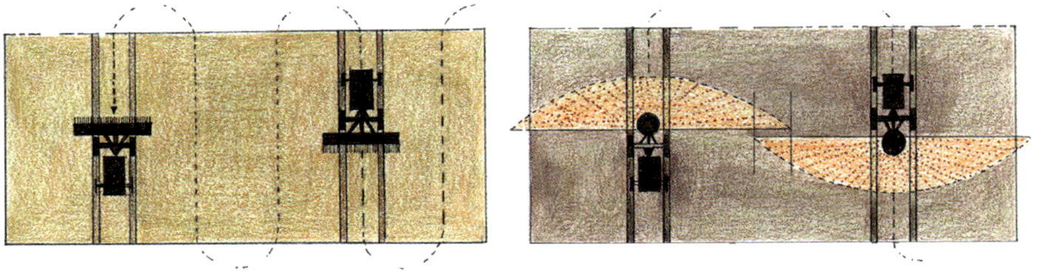

Die Anlage von Fahrgassen ermöglicht ein exaktes Verteilen von Dünge- und Spritzmitteln.

- **Die Reihendüngung**
  Die Reihendüngung hat nach wie vor Relevanz bei Kulturen mit größeren Reihenabständen, wie z. B. Hackfrüchte. Allerdings sollte sie unter Berücksichtigung der Bodenverhältnisse und des Nährstoffbedarfs gezielt eingesetzt werden, da sich auf nährstoffarmen Böden eine effizientere Versorgung der Pflanzen zeigt. Trotz der Vorteile für bestimmte Kulturen wird die Reihendüngung aufgrund moderner Flächendüngungstechniken weniger häufig angewendet.

- **Die Blattdüngung**
  Die Blattdüngung, die häufig in Kombination mit Pflanzenschutzmaßnahmen eingesetzt wird, ermöglicht eine schnelle Aufnahme von Nährstoffen über die Blätter. Sie ist besonders bei Mikronährstoffmängeln nützlich, kann jedoch die Grunddüngung nicht ersetzen und dient primär als unterstützende Maßnahme. Besonders relevant wird die Blattdüngung in Zeiten von Trockenstress, bei dem die Nährstoffaufnahme über den Boden eingeschränkt sein kann. Voll wasserlösliche Dünger sind Voraussetzung für eine effektive Blattdüngung, um eine schnelle und effiziente Nährstoffaufnahme zu gewährleisten

4.7. Die Berechnung des Düngemittelaufwandes

Heutige Düngungsempfehlungen basieren größtenteils auf Angaben in Reinnährstoffen, um eine präzise und ressourcenschonende Versorgung der Pflanzen sicherzustellen. Für die exakte Berechnung der erforderlichen Düngemittelmengen zur jeweiligen Kultur und zum spezifischen Bodenbedarf wird die folgende Formel angewendet:

Geben Sie die zu düngende Menge an Nitramoncal an, die auf Grund einer Düngungsempfehlung von 120 kg Rein-N zu geben ist!

$$\text{kg Düngemittel} = \frac{\text{kg Reinnährstoffe x 100}}{\text{\%-Gehalt des Düngemittels}}$$

Zusätzlich bieten digitale Tools und mobile Apps praktische Hilfestellungen bei der Berechnung und individuellen Anpassung der Düngermengen. Die im Tabellenanhang enthaltene „Umrechnungstabelle von Reinnährstoffen auf Düngemittel“ bietet eine weitere Möglichkeit zur schnellen und sicheren Berechnung.

> **Expertenwissen**
>
> **Aktualisierte EU-Richtlinien zur Düngebedarfsermittlung**
> Gemäß den aktualisierten EU-Richtlinien (EU-Kommission, 2024) sind Landwirte in Mitteleuropa verpflichtet, die Stickstoff- und Phosphordüngung jährlich zu dokumentieren und den Düngebedarf auf Grundlage von Bodenanalysen festzulegen. Ziel ist es, den Nährstoffüberschuss zu minimieren und die Düngergaben optimal auf die Pflanzennährstoffbedürfnisse und den Bodenstatus abzustimmen.

4.7.1. Hinweise für den richtigen Einsatz der Mineraldünger

Um die einwandfreie Qualität der landwirtschaftlichen Erzeugnisse zu gewährleisten und gleichzeitig die Umweltbelastung zu minimieren, sind beim Einsatz von Mineraldüngern einige wichtige Punkte zu beachten:

- **Vermeidung von Überdüngung:** Überhöhte Stickstoffgaben führen zu einer Ansammlung von Nitraten in pflanzlichen Geweben, was für die Tierfütterung problematisch sein kann und auch die Qualität von Nutzpflanzen wie Braugerste und Zuckerrüben beeinträchtigt. Studien belegen, dass eine reduzierte Stickstoffzufuhr die Qualität und Sicherheit der Produkte steigert und gleichzeitig die Umweltbelastung senkt.
- **Sichere Nährstoffversorgung:** Eine ausgewogene Nährstoffversorgung ist entscheidend, um sowohl die Ertragsmenge als auch die Qualität der Ernteprodukte zu sichern. Zu geringe oder einseitige Düngergaben führen zu Mangelerscheinungen, die die Wachstums- und Produktqualität negativ beeinflussen.
- **Vermeidung von Nährstoffauswaschung:** Eine bedarfsgerechte und zeitlich angepasste Ausbringung von Düngemitteln verringert die Gefahr der Nährstoffauswaschung in Gewässer und mindert das Risiko des Algenwachstums und Sauerstoffmangels in Flüssen und Seen. Die neuen österreichischen Vorgaben (BMLRT, 2024) und das Nitrat-Aktionsprogramm legen Grenzwerte für die Ausbringung von Stickstoff und Phosphor fest, die insbesondere in wasserempfindlichen Gebieten strikt eingehalten werden müssen.

Durch die exakte Bemessung und die richtige zeitliche Abstimmung der Düngegaben können Landwirte einen aktiven Beitrag zum Gewässerschutz leisten und die ökologischen Anforderungen an eine nachhaltige Landwirtschaft erfüllen.

Abstandsauflagen zur Düngerausbringung

- **5 m Mindestabstand** zu Gewässern bei bodennaher Ausbringung.
- **10 m Mindestabstand** zu Gewässern bei Breitverteilung ohne bodennahe Technik.
- **20 m Mindestabstand** zu Brunnen und Quellen für die Trinkwasserversorgung.
- Kein Düngereinsatz in **Wasserschutzgebieten**, sofern nicht explizit genehmigt.

4.8. Tabellenanhang

4.8.1. Umrechnungstabelle von Reinnährstoffen auf Düngemittel

Die jeweils gültigen Richtlinien finden Sie auf der Website der LKÖ: https://www.lko.at

Nährstoff-gehalt des Düngers in %	Empfohlene Düngung in kg Reinnährstoff/ha											
	20	40	60	80	100	120	140	160	180	200	240	280
	Empfohlene Düngung in kg Düngemittel/ha											
6	330	670	1000	1330	1670	2000	2330	2670	3000	3330	4000	4670
9	220	440	670	890	1100	1330	1550	1780	2000	2220	2670	3110
10	200	400	600	800	1000	1200	1400	1600	1800	2000	2400	2800
12	170	330	500	670	830	1000	1160	1330	1500	1670	2000	2330
13	150	310	460	620	770	920	1080	1230	1380	1540	1850	2150
14,5	140	280	410	550	690	830	970	110	1240	1380	1660	1930
15	130	270	400	530	670	800	930	1060	1200	1330	1600	1870
18	110	220	330	440	560	670	780	890	1000	1110	1330	1560
20	100	200	300	400	500	600	700	800	900	1000	1200	1400
21	95	190	290	380	480	570	670	760	860	950	1140	1330
26	77	150	230	310	385	460	540	620	690	770	920	1080
27	71	140	210	280	360	430	500	570	640	720	860	1000
30	65	130	200	270	330	400	470	540	600	670	800	930
29	63	125	190	250	310	375	440	500	560	625	750	875
40	50	100	150	200	250	300	350	400	450	500	600	700
45	50	100	140	190	240	290	330	380	430	480	570	670
46	43	87	130	170	220	260	300	350	390	430	520	610
50	40	80	120	160	200	240	280	320	360	400	480	560
60	33	67	100	130	170	200	230	270	300	330	400	470

Gebrauchsanweisung: Zahlenkolonne unter der empfohlenen Düngung in kg Reinnährstoffen so weit nach unten verfolgen, bis links der Nährstoffgehalt der gewünschten Konzentration des Düngers auf gleicher Höhe ist. Zahl im Schnittpunkt ist Menge in kg Düngemittel.

Beispiel:
Empfohlene Menge = 60 kg P_2O_5
Wird ein 18 %iges Düngemittel verwendet, müssen 330 kg ausgebracht werden.

Neue Berechnungsgrundlagen für die Nährstoffe Phosphor und Kalium

Um Düngeempfehlungen auch international vergleichen zu können, ist von der derzeit in Österreich üblichen Form der Nährstoffangabe in Oxidform (P_2O_5 bzw. K_2O) abzugehen und die Angaben, so wie bei Stickstoff (N) bereits üblich, in Form von **P** und **K** zu tätigen.

Die gewünschten Werte lassen sich durch eine einfache Umrechnung ermitteln:

Gegeben	Gesucht	Multiplikationsfaktor
P (Phosphor)	**P_2O_5**	2,291
P_2O_5 (Phosphat)	**P**	0,436
K (Kalium)	**K_2O**	1,205
K_2O	**K**	0,830

In der Broschüre „Richtlinien für die sachgerechte Düngung“ werden derzeit beide Angaben gemacht!

Bewertung der Ernterückstände

Neben dem Einsatz von Wirtschaftdüngern spielt auch die Menge und Art der Ernterückstünde für die Bemessung der Düngung eine wesentliche Rolle.

Bewertung der Ernterückstände und Vorfruchtwirkung für die unmittelbare Folgekultur – Stickstoff (GB… Grünbranche)

Wirkung	Vorfrucht	Verminderung der N-Gabe (kg/ha)
Ernterückstände	Rübenblatt Rapsstroh	0–30 0–30
Stroh- und Vorfruchtwirkung	Ackerbohne Körnererbse Sojabohne	20–40 20–50 0–20
Vorfruchtwirkung – Stoppeln und Wurzeln nach Umbruch	Leguminosenzwischenfrucht Futterleguminosen (einjähr.) Futterleguminsoen (mehrjähr.) Wechselgrünland	10–30 20–40 40–80 30–50
Vorfruchtwirkung Grünbranche (GB) – Mulch, Stoppeln und Wurzeln nach Umbruch	GB einjährig (Leguminosenanteil >60 %) GB einjährig (Leguminosenanteil 10–60 %) GB einjährig (Leguminosenanteil <10 %) GB mehrjährig (Leguminosenanteil >60 %) GB mehrjährig (Leguminosenanteil 10–60 %) GB mehrjährig (Leguminosenanteil <10 %)	40–80 20–40 0–20 60–100 30–50 15–25

Die RICHTLINIE FÜR DIE SACHGERECHTE DÜNGUNG IM ACKERBAU UND GRÜNLAND der ages beinhaltet einen ausführlichen Tabellenteil und Druckvorlagen für den praktischen Einsatz. Die jeweils aktuelle Version finden Sie auf https://www.ages.at

Bewertung der Ernterückstände und Vorfruchtwirkung – Phosphor und Kalium

	P_2O_2	K_2O Ertragslage **niedrig**	**mittel**	**hoch**
Getreidestroh	10	40	50	60
Kartoffelkraut	10	40	60	70
Maisstroh	20	90	120	150
Rapsstroh	20	90	120	150
Rübenblatt	40	120	150	180
Sonnenblumenstroh	20	120	150	180
Ackerbohne	10	30	40	50
Erbse	10	30	40	50
Sojabohne	10	30	40	50

Die Düngung mit Phosphor und Kalium im Ackerbau

Die Düngeempfehlung für Phosphor und Kalium basiert auf der Einstufung der pflanzenverfügbaren Gehalte im Boden.

Empfehlung für die Düngung mit Phosphor und Kalium bei Gehaltsstufe C (Angaben in kg/P_2O_2 bzw. K_2O/ha und Jahr)

Kultur		P_2O_2	K_2O
Getreide (Weizen, Durum – Weizen, Roggen, Wintergerste, Dinkel, Triticale, Hafer, Sommergerste (Futter- und Braugerste)		55	80
Hackfrüche	Mais (CCM, Körnermais)	85	90
	Silomais	90	225
	Zuckerrübe	85	320
	Futterrübe	85	320
	Speise- und Industriekartoffel	65	200
	Früh- und Pflanzkartoffel	60	180
Öl- und Eiweißpflanzen	Körnererbse	65	100
	Ackerbohne	65	120
	Sojabohne	65	90
	Körnerraps	75	200
	Sonnenblume	65	200
Zwischenfrucht, futterbau	mit und ohne Leguminosen	25	80
Sonderkulturen	Mohn	55	100
	Kümmel	60	80
Feldfutter als Teil der Fruchtfolge im Ackerbau	kleebetont (über 40 Flächen %)	65	190
	gräserbetont	70	205
	Gräserreinbestände	70	225
Sämereienvermehrung	Alpingräser	60	120
	Gräser für das Wirtschaftsgrünland	80	160
	Rotklee	100	200

Anmerkungen (ausgenommen Feldfutter und Sämereienvermehrung):

Gehaltsstufe A: Zuschlag von 50 % bei P_2O_5- und K_2O-Düngemenge.

Gehaltsstufe B: Zuschlag von 25 % bei P_2O_5- und K_2O-Düngemenge.

Gehaltsstufe D: mineralische P_2O_5-Düngung unterbleibt, ausgenommen bei niedriger Wasserlöslichkeit: von 50 % bei der K_2O-Düngemenge (bei Getreide unterbleibt die Kaliumdüngung).

Gehaltsstufe E: weitere Nährstoffzufuhr nicht zu empfehlen.

Gehaltsstufe D und E: Nährstoffe aus hofeigenen Wirtschaftsdüngern bis zur Höhe des Pflanzenentzuges tolerierbar.
Beim Einsatz von Wirtschaftsdüngern sind die Phosphat/Kalium-Düngeempfehlungen im Mittel von 5 Jahren einzuhalten.

Die Stickstoffdüngung nach Richtwerten

Bei der Stickstoffdüngeempfehlung handelt es sich um Richtwerte, die nach der Ertragslage, aufgrund der Bodendauereigenschaften (Gründigkeit, Bodenschwere, Wasserverhältnisse, Grobanteil) und des standörtlichen Stickstoffmineralisierungspotenzials (Bewertung durch die anaerobe Mineralosation oder den Humusgehalt) zu korrigieren sind.

Empfehlungsgrundlage für die Stickstoffdüngung kg N/ha bei mittlerer Ertragswartung

		kg N/ha
Getreide	Weizen	110–130
	Roggen	80–110
	Dinkel	60–80
	Wintergerste	100–120
	Triticale	90–110
	Sommerfuttergerste	80–110
	Sommerbraugerste	50–70
	Hafer	70–90
Hackfrüchte	Mais (CCM. Körnermais)	120–140
	Silomais	140–160
	Zuckerrübe	90–110
	Futterrübe	120–140
	Speise- und Industriekartoffel	110–1130
	Früh- und Pflanzkartoffel	90–110
Öl- und Eiweißpflanzen	Körnererbsen, Ackerbohne	0–60
	Sojabohne	0–60
	Körnerraps	120–140
	Sonnenblume	40–60
Zwischenfrucht(futter)-bau	ohne Leguminosen	40–80
	mit Leguminosen	0–40
Sonderkulturen	Mohn	50–80
	Kümmel (Anbaujahr)	30–40
	Kümmel (Erntejahr)	60–80
Feldfutter als Teil der Fuchtfolge im Ackerbau	kleebetont (über 40 Flächen %)	0–40
	gräserbetont	140–180
	Gräserreinbestände	160–200
Sämereienvermehrung	Alpingräser	70–100
	Gräser für das Wirtschafts-grünland	90–110
	Rotklee	0–20

Die Anpassung der N-Düngung an die unterschiedlichen Standortfaktoren kann durch Zu- und Abschläge gemäß der Richtlinien für die sachgerechte Düngung vorgenommen werden.

Übersicht zum durchschnittlichen Gehalt an Trockenmasse und organischer Substanz sowie zum durchschnittlichen Nährstoffgehalt der wichtigsten Wirtschaftsdünger

Durchschnittswerte in kg/t oder kg/m³ bei flüssigen Wirtschaftsdüngern

	TM-Gehalt	N	N	P_2O_5	K_2O	org. Subs-tanz
Art der Tiere und des Wirtschaftsdüngers	**Gew %**	**kg/m³**				
Rinder						
Milchkühe (inkl. Nachzucht)						
Rottemist	25–40	4,4	4,0	4,2	9,1	129
Stallmistkompost	35–60	2,1	1,9	2,0	4,4	62
Stallmist (einstreuarm)	20–25	3,2	2,9	2,5	4,2	145
Jauche (unverdünnt)	3	3,4	3,0	0,2	9,5	13
Gülle (1+1 verdünnt)	5	2,0	1,7	1,0	3,3	38
Gülle (unverdünnt)	10	3,9	3,4	2,0	6,5	76
Mastrinder (Maissilage)						
Gülle (unverdünnt)	10	5,2	4,5	2,5	5,0	75,0
Mastkälber						
Gülle (unverdünnt)	5	6,1	5,3	2,5	4,0	35,0
Schafe (inkl. Lämmer)						
Tiefstallmist	25–30	4,3	3,9	2,1	4,9	140
Pferde						
Stallmist	25–30	2,3	2,1	1,5	3,0	113
Schweine (bei Phasenfütterung bzw. N- und P-reduzierter Fütterung sind entsprecheden N- und P_2O_2-Gehalte um 20 % zu reduzieren)						
Zuchtsauen						
Stallmist	25	4,2	3,8	5,5	3,6	182
Jauche	2	3,9	3,4	1,0	3,0	8
Gülle (1+1 verdünnt)	5	3,2	2,8	2,2	2,0	38
Gülle (unverdünnt)	10	6,4	5,6	4,4	4,0	76
Mastschweine						
Gülle (Futtergrundlage MKS-CCM)	5	5,2	4,5	3,5	3,5	35
Gülle (Futtergrundlage Getreide)	10	6,9	6,0	5,0	4,0	75
Tiefstallmist	30	7,4	6,7	4,6	7,3	–
Geflügel						
Legehennen						
Frischkot (= unverd. Gülle)	10	2,6	2,3	2,5	1,5	38
Trockenkot	50	8,5	7,7	12,0	7,0	180
Masthähnchen (Broiler)						
Festmist	60	9,2	8,4	10,0	8,0	250
Puten						
Festmist	50	7,7	7,0	10,0	8,0	190

Empfehlungsgrundlage für die Stickstoffdüngung in kg/ha und Jahr im Grünland, Feldfutter und in der Sämereienvermehrung

Nutzungsformen	Ertragslage niedrig	mittel	hoch
	kg N/ha	kg N/ha	kg N/ha
Dauer- und Wechselwiese			
1 Schnitt	0–20	20–30	–
2 Schnitte	30–50	50–70	–
3 Schnitte kleereich	60–80	80–100	100–120
3 Schnitte gräserbetont	–	100–120	120–150
4 Schnitte kleereich	–	100–120	130–150
4 Schnitte gräserbetont	–	140–160	170–200
5 Schnitte gräserbetont	–	160–200	210
6 Schnitte gräserbetont	–	–	210
Mähweide			
1 Schnitt + 1 bis 2 Weidegänge	40–60	70–90	–
2 Schnitte + 1 Weidegang	–	90–110	120–140
2 Schnitte + 2 oder mehr Weidegänge	–	100–120	150–170
Dauerweiden			
Ganztagsweide (mehr als 12 Std.)	40–60	70–100	130–150
Kurztagsweide (weniger als 12 Std.)	50–70	90–110	130–150
Hutweiden	–	–	–

Empfehlungen für die PK-Düngung des Grünlandes bei Gehaltsstufe C (Angaben in kg P_2O_5/P und K_2O/K/ha und Jahr)

Nutzungsformen	Ertragslage niedrig				mittel				hoch			
	P_2O_5	P	K_2O	K	P_2O_5	P	K_2O	K	P_2O_5	P	K_2O	K
Dauer- und Wechselwiese												
1 Schnitt	15	7	45	37	30	13	80	66	–	–	–	–
2 Schnitte	30	13	80	66	45	20	120	100	–	–	–	–
3 Schnitte	45	20	130	108	65	28	170	141	80	35	215	178
4 Schnitte	–	–	–	–	80	35	205	170	90	39	260	216
5 Schnitte	–	–	–	–	85	37	230	191	105	46	300	249
6 Schnitte	–	–	–	–	–	–	–	–	120	52	340	282
2 Schnitte + 1 bis 2 Weidegänge	–	–	–	–	60	26	190	158	80	35	225	187
2 Schnitte + 2 oder mehr Weideg.	–	–	–	–	80	35	215	178	100	44	290	241
Dauerweiden[2)]												
Kulturweiden												
Ganztagsweide (über 12 Std.)	10	4	20	17	15	7	30	25	25	11	40	33
Kurztagsweide (unter 12 Std.)	35	15	90	75	60	26	160	133	70	31	200	166
Hutweiden	10	4	20	17	20	9	35	29	–	–	–	–

Übungs- und Wiederholungsfragen

1. Nennen Sie die zwei wichtigsten Aufgaben der Düngung!

   a) ....

   b) ....

2. Teilen Sie die Pflanzennährstoffe nach Gruppen ein in:

   ....

   ....

   ....

   ....

3. Nennen Sie je drei wichtige Aufgaben der folgenden Kernnährstoffe!

   Stickstoff – ....

   Phosphor – ....

   Kalium – ....

4. Die Verwendung von frischem, strohreichem Stallmist hat einen günstigen Einfluss auf den Boden und die Pflanzen!

   Ist diese Aussage ☐ richtig? ☐ falsch?

5. Tragen Sie die anfallenden Wirtschaftsdüngermengen ein!

   Rind, pro GVE und Jahr: Stallmist .... t

   Gülle, unverdünnt .... m^3

6. Nennen Sie den durchschnittlichen Nährstoffgehalt in kg/t oder m^3!

	N	P_2O_5	K_2O
Rindermist			
Ringergülle, unverdünnt			
Schweinegülle, unverdünnt			
Hühnertrockenkot			

7. Nennen Sie jene Früchte, die den Stallmist am besten verwerten!

   ....

8. Die Jauche ist reich an.. und

...., jedoch arm an

.... und

....

9. Nennen Sie die drei Verfahren der Flüssigmistgewinnung!

a) ....

b) ....

c) ....

10. Wodurch kann die Qualität der Gülle noch verbessert werden?

a) durch ....

b) durch ....

11. Nennen Sie die Voraussetzungen für die Strohdüngung!

....

....

12. Teilen Sie folgende Gründüngungspflanzen ein in stickstoffsammelnde und nichtstickstoffsammelnde Pflanzen (ankreuzen)!

Gründüngungs-pflanzen	*Leguminosen*	*nichtstickstoffsammelnde Pflanzen*
Rotklee	□	□
Raps	□	□
Sonnenblume	□	□
Perko	□	□
Erbsen	□	□
Senf	□	□
Phacelia	□	□
Ölrettich	□	□
Ackerbohne	□	□

13. Die Einarbeitung von Rübenblättern ergibt eine Stickstoffnachlieferung in der

Höhe von .... bis .... kg/ha.

14. Nennen Sie Stoffe, die den Klärschlamm für eine Anwendung in der Landwirtschaft ungeeignet machen!

....

15. Der Leitsatz in der Düngung lautet:

Nicht „Wirtschaftsdünger oder ....“,

sondern „Wirtschaftsdünger und ....“.

16. Ordnen Sie der angegebenen Stickstofform die entsprechenden Dünger zu!

Stickstoffform	*Bezeichnung des Düngers*
Nitrat	....
Ammonium	....
$\frac{1}{2}$ Nitrat + ...	....
$\frac{1}{2}$ Ammonium	....
Amid	....

17. Ordnen Sie die Phosphatdünger nach ihrem Kalkgehalt!

kalkfrei: ....

kalkhaltig: ....

18. Teilen Sie die Kalidünger nach ihrem Chloridgehalt ein in:

chloridfrei	chloridhältig
....	....
....	....
	....

19. Nennen Sie mindestens vier der bekannten Zweinährstoffdünger!

....

....

20. Die Angabe des Nährstoffverhältnisses in den Volldüngern erfolgt immer in der Reihenfolge:

☐ : ☐ : ☐

(Richtige Kurzbezeichnungen einsetzen!)

5. Allgemeiner Pflanzenschutz

5.1. Begriff

Ziel des Pflanzenschutzes ist es, die Kulturpflanzen zu schützen, die Qualität des Ernteproduktes zu sichern und bei der Lagerung zu erhalten.

5.2. Bedeutung des Pflanzenschutzes

Um die Ernährung der Menschen sicherzustellen, ist Pflanzenschutz notwendig. Die Verluste durch tierische Schädlinge, Pflanzenkrankheiten, Unkräuter und sonstige Ursachen werden in Österreich auf 15 bis 20 % geschätzt. Eine weitere Aufgabe des Pflanzenschutzes ist aber auch die Erhaltung der Qualität der pflanzlichen Produkte, um eine gesunde Ernährung zu gewährleisten.

5.3. Pflanzenschäden

Schäden an Pflanzen zeigen sich durch eine Abnormität in der Entwicklung der Pflanzen, die ein jeweils typisches Krankheitsbild aufweisen.
Hervorgerufen werden diese Störungen durch:

Unbelebte Schadensfaktoren	*Belebte Schadensfaktoren*
Klima bzw. Witterung	tierische Schädlinge
Boden	Krankheitserreger
Nährstoffe	Schadpflanzen
Umwelt	

5.3.1. Unbelebte Schadensfaktoren (= nichtparasitär)

Beispiele für unbelebte Schadensfaktoren:

- Klima bzw. Witterung: Frost, Hitze, ...
- Boden: Bodenverdichtungen, ...
- Nährstoffe: falsche Düngung, ...
- Umwelt: Luftverschmutzung, ...

Schreiben Sie weitere Beispiele dazu!

5.3.2. Belebte Schadensfaktoren (= parasitär)

5.3.2.1. Tierische Schädlinge

- Insekten
- Nematoden (Älchen od. Fadenwürmer)
- Milben
- Weichtiere
- Nagetiere
- Vögel

Insekten verursachen die meisten Schäden. Kennzeichnend für die Insekten ist einerseits ihre Vielfalt, andererseits die Tatsache, dass sowohl das Vollinsekt wie auch bereits die Larven Schäden hervorrufen und letztlich mehrere bis sehr viele Generationen in einem Jahr auftreten können. Die Vermehrung der Insekten wird durch Trockenheit und Wärme gefördert.
Entwicklung: Sie ist durch eine Verwandlung (Metamorphose) gekennzeichnet, die durch verschiedene Hormone (z. B. Juvenilhormone) gesteuert wird.
Man unterscheidet dabei Insekten mit vollkommener (z. B. Käfer, Schmetterlinge, Fliegen) und unvollkommener (z. B. Blattläuse, Thripse, Werren) Verwandlung.

Stufen der Insektenverwandlung

vollkommen	*unvollkommen*
↓	↓
Ei	Ei
↓	↓
Larve	Larve
↓	↓
Puppe	Vollinsekt
↓	
Vollinsekt	

Nach der Ausbildung der Mundwerkzeuge und der daraus entstehenden Schädigung unterscheidet man:

Fressende Insekten

Sie verursachen Fraßschaden an allen Pflanzenteilen.

Schädigung durch Vollinsekt und Larve:

Schreiben Sie weitere Beispiele dazu!

z. B. Maikäfer – Engerling, ...

Schädigung durch Larven:

z. B. Schmetterlingsraupen, ...

Saugende Insekten

Sie saugen mittels eines „Rüssels" Pflanzensaft aus den Zellen. Die Pflanze reagiert auf diese Schädigung mit Verunstaltungen und Missbildungen (z. B. Einrollen der Blätter oder „bärtige Wurzeln").

Hierher gehören:

Ergänzen Sie durch eigene Beispiele!

Blattläuse, z. B. Grüne Pfirsichblattlaus, ...

Schildläuse, z. B. San-José-Schildlaus, ...

Blasenfüße oder Thripse, z. B. Getreidethripse, ...

Wanzen, z. B. Getreidewanze, ...

Nematoden (= Älchen), z. B. bei Kartoffel, ...

Milben, z. B. Rote Spinne, ...

Weichtiere, z. B. Schnecken

Nagetiere, z. B. Feldmaus, Hamster

Vögel, z. B. Tauben, Krähen

5.3.2.2. Krankheitserreger

Pilze: können sich auf Grund ihres einfachen Baues (Zellfäden, Fadengeflecht, kein Chlorophyll) nicht selbst ernähren, sondern entnehmen der „Wirtspflanze" die Nahrung. Die Vermehrung der Pilze wird durch feuchten und warmen Witterungsverlauf gefördert. Hiezu gehören:

Mehltaupilze, ...

Bakterien: sind im Zusammenhang mit dem Entstehen von Pflanzenkrankheiten von untergeordneter Bedeutung.

Viren (lat. = Gift): sind ein Eiweißstoff, der nur in anderen Lebewesen zu wachsen vermag; Erreger ansteckender Krankheiten bei Mensch, Tier und Pflanze.

Die Übertragung von Pflanze zu Pflanze erfolgt durch:

Blattläuse, z. B.: ....

mechanische Übertragung, z. B.: ....

vegetative Vermehrung von Pflanzenteilen, z. B.: ....

Eine direkte Bekämpfung ist derzeit nicht möglich.

Indirekte Bekämpfungsmaßnahmen sind: ....

....

....

5.3.2.3. Schadpflanzen

Sie entziehen unseren Kulturpflanzen Wasser, Nährstoffe, Licht und Standraum, erhöhen den Pflegeaufwand, beeinflussen die Qualität des Ernteproduktes und bringen oft Schwierigkeiten bei der maschinellen Ernte.

5.4. Methoden des Pflanzenschutzes

Dazu gehören:

- Kulturmaßnahmen,
- biologischer Pflanzenschutz,
- mechanischer bzw. physikalischer Pflanzenschutz,
- chemischer Pflanzenschutz sowie
- integrierter Pflanzenschutz.

5.4.1. Kulturmaßnahmen

Alle Kulturmaßnahmen, die zur Gesunderhaltung der Pflanzen dienen, werden mit „Pflanzenhygiene" bezeichnet. Zu diesen Kulturmaßnahmen zählen:

- Standortwahl: Das Ziel ist, der Kulturpflanze einen ihren Ansprüchen entsprechenden Standort (Boden, Klima) anzubieten.
- Bodenbearbeitung: Richtige Bodenvorbereitung ist gegen manche „bodenbürtigen" Krankheitserreger eine wirksame und billige Vorbeugung. Außerdem sind hier auch die mechanische Unkrautbekämpfung und die garefördernde Bodenbearbeitung besonders wichtig.
- Düngung: Auf eine harmonische, dem Bedarf angepasste Mineraldüngung und organische Düngung ist besonderer Wert zu legen. Bei fehlendem Stallmist sollten Strohdüngung und eventuell Gründüngung angewendet werden.
- Fruchtfolge: Ausreichend lange Anbaupausen von Wirtspflanzen können Fruchtfolgekrankheiten und -schädlinge „aushungern". Ebenso werden viele Unkräuter durch eine richtige Fruchtfolgegestaltung unterdrückt.
- Sortenwahl: Die Auswahl widerstandsfähiger Sorten erspart eine Anwendung chemischer und oft nicht mehr rentabler Pflanzenschutzmittel.
- Saat- und Pflanzengut: Die Verwendung von gesundem, gut keimfähigem, leistungsfähigem und auch unkrautfreiem Saatgut ist eine wichtige Maßnahme.
- Saattechnik und Saatzeit: Saattiefe und Saatstärke können durch das entstehende Mikroklima eine frühzeitige Vermehrung von Krankheitserregern fördern. Zu frühe oder zu späte Saat begünstigt ebenfalls die Entwicklung verschiedener Krankheiten und Schädlinge.

5.4.2. Biologischer Pflanzenschutz

Unter „biologischem Pflanzenschutz" versteht man alle Maßnahmen, die darauf ausgerichtet sind, die Lebensgemeinschaft unserer Kulturlandschaft zu schonen, damit die noch vorhandenen natürlichen Gegenspieler von Schadorganismen wirksam werden können.

Die Ziele des biologischen Pflanzenschutzes werden erreicht durch:

- Schonung und Förderung von Nützlingen,
- Zucht und Einbürgerung von Nutzinsekten,
- Einsatz von Krankheitserregern sowie
- biotechnische Maßnahmen.

Schonung und Förderung von Nützlingen

Die Nützlinge sollen durch richtigen Einsatz chemischer Pflanzenschutzmittel (Auswahl, Dosierung, Anwendungszeitpunkt) erhalten und gefördert werden. Weiters sollen die Nützlinge durch die Erhaltung von Gebüsch, Neuanlagen von Windschutzgürteln u. dgl. in ihrer Entwicklung gefördert werden.

Zu den heimischen Nützlingen zählen:

Führen Sie weitere Nützlinge an!

- Vögel – Rebhühner ....
- Säugetiere – Igel ....
- Kriechtiere u. Lurche – Eidechsen ....

- Insekten – Marienkäfer ....
- Spinnentiere – Kreuzspinne ....

Zucht und Einbürgerung von Nutzinsekten

Ein Beispiel dafür stellt die Maiszünslerbekämpfung mittels Schlupfwespen der Gattung Trichogramma dar. Für die Zucht und den Verkauf gibt es einige deutsche Firmen.

Einsatz von Krankheitserregern

Bakterien, Viren und Pilze werden ähnlich wie chemische Mittel ausgebracht und rufen bei Schadorganismen Erkrankungen hervor, die zum Tod des Schädlings führen. Derzeit sind Erfolge nur mit einem Sporenpulver von Bazillus Thuringiensis gegen die Raupen des Kohlweißlings einsetzbar. Diese Präparate sind für Menschen und sonstige Lebewesen unschädlich.

Beispiele: ....

Biotechnische Maßnahmen

- Anwendung von Abschreckstoffen und Hemmstoffen,
- Selbstvernichtung durch Sterilisation,
- Anwendung von Insekten-Lock- und Duftstoffen sowie
- Anwendung von Insektenhormonen.

Beispiele: ....

5.4.3. Mechanischer bzw. physikalischer Pflanzenschutz

Die Methoden zählen zu den ältesten Verfahren, haben aber, aus arbeitswirtschaftlichen Gründen, an Bedeutung verloren. Sie sind in Sonderfällen aber auch heute noch unentbehrlich.

Zu den mechanischen Methoden zählen:

Schreiben Sie Beispiele dazu!

- Abschütteln ....
- Einsammeln ....
- Fangen von Schädlingen ....
- Entfernung kranker Pflanzenteile ....
- Bekämpfung von Unkräutern durch Ausreißen oder Hacken ....
- Umzäunung gegen Wildverbiss ....
- Errichtung von Vogelscheuchen und Lärm erzeugenden Geräten ....

Zu den physikalischen Methoden zählen:

- Anwendung von Wärme, Kälte, Strahlen u. dgl. ....
- Sterilisation von Erde durch Dämpfen ....
- Warmwasserbehandlung von Samen und vegetativen Pflanzenteilen

  ....
- Abflammen von Unkräutern ....

5.4.4. Chemischer Pflanzenschutz

Der chemische Pflanzenschutz umfasst die Anwendung spezifischer, in geringen Mengen hochwirksamer chemischer Substanzen, um Schädlinge und Krankheiten gezielt zu bekämpfen. Aufgrund zunehmender Umweltauswirkungen und der kritischen Haltung der Bevölkerung gegenüber chemischem Pflanzenschutz sind EU-Richtlinien und nationale Vorschriften inzwischen deutlich restriktiver geworden, um Gefahren für Mensch, Umwelt und Nichtzielorganismen zu minimieren (EU-Kommission, 2023). Neue gesetzliche Regelungen zielen darauf ab, den Einsatz synthetischer Mittel auf ein absolutes Minimum zu reduzieren und alternative Schutzmethoden zu fördern.

5.4.4.1. Bestandteile eines chemischen Pflanzenschutzmittels

Wirkstoff

Der Wirkstoff ist die Substanz, die den Hauptzweck des Pflanzenschutzmittels erfüllt (z. B. Abtötung von Insekten oder Pilzen). In modernen Formulierungen wird zunehmend auf Kombinationen aus natürlichen und synthetischen Wirkstoffen gesetzt, um die Umweltbelastung zu verringern und Resistenzen vorzubeugen.

Begleitstoffe

Schreiben Sie die Aufgaben der einzelnen Begleitstoffe dazu!

In den chemischen Mitteln können noch Zusätze wie

- Haftmittel ....
- Lösungsmittel ....
- Netzmittel ....
- Stabilisatoren ....
- Farb- bzw. Warnstoffe .... und
- Füllstoffe ....

enthalten sein.

Diese Begleitstoffe müssen gemäß EU-Richtlinien biologisch abbaubar sein und dürfen keine negativen Auswirkungen auf die Umwelt haben (EU-Verordnung 1107/2009, aktualisiert 2024).

Führen Sie eine Web-Recherche durch!

Nach der Wirksamkeit der chemischen Stoffe werden die Mittel in Gruppen eingeteilt:

Insektizide wirken gegen ....

Fungizide wirken gegen ....

Bakterizide wirken gegen ....

Herbizide wirken gegen ....

Rodentizide wirken gegen ....

Akarizide wirken gegen ....

Molluskizide wirken gegen ....

Nematizide wirken gegen ....

Ovizide wirken gegen ....

Daneben gibt es noch Mittel zur Saat- und Pflanzgutbehandlung, Wild- und Vogelabschreckung, Keimhemmung und Wachstumsregelung.
Diese Vielfalt der Anwendungsbereiche und der chemischen Substanzen erfordert einen besonders sinnvollen, überlegten und verantwortungsbewussten Einsatz der chemischen Substanzen. Bei unsachgemäßer Anwendung eines Pflanzenschutzmittels können Gefahren auftreten, die sich auf folgende Bereiche erstrecken:

- Gesundheitsgefährdung des Anwenders,
- Gesundheitsgefährdung des Verbrauchers,
- Schädigung der Kulturpflanze,
- Schädigung des Bodens,
- Gefährdung verschiedener Tiere (Bienen) und
- Belastung der Umwelt.

Neben allen gefährdeten Bereichen gibt es aber auch Vorteile bei der Anwendung von Pflanzenschutzmitteln:

- meist sichere, schnelle und nachhaltige Wirkung;
- arbeitswirtschaftlich: Einsparung von Zeit und Arbeitskräften, Möglichkeit der Vollmechanisierung;
- Absicherungs- und Korrekturverfahren in allen Intensivkulturen sowie
- Erhaltung der Arbeitsproduktivität bei gezielter Anwendung.

Bei Verwendung eines chemischen Pflanzenschutzmittels sollten nicht nur die Vorteile, sondern auch die Gefahren, die durch den Einsatz eines Pflanzenschutzmittels entstehen können, beachtet werden. Werden Pflanzenschutzmittel unter den Gesichtspunkten der Erhaltung einer gesunden Umwelt angewendet, so wird dies auch als „Ökologischer Pflanzenschutz" bezeichnet.

5.4.4.2. Wirkungsweise chemischer Pflanzenschutzmittel

Man unterscheidet systemische und nichtsystemische Pflanzenschutzmittel.

Unterscheiden Sie zwischen systemischer und nichtsystemischer Wirkung eines Pflanzenschutzmittels!

Systemische Pflanzenschutzmittel

Systemische Mittel werden von der Pflanze aufgenommen und über den Saftstrom verteilt, sodass sie eine oft lang anhaltende, umfassende „innertherapeutische" Wirkung gegen saugende Schädlinge entfalten. Neuere Forschung empfiehlt den Einsatz systemischer Mittel nur in Ausnahmefällen, um Umweltbelastungen zu reduzieren und den Eintrag in die Nahrungskette zu minimieren.

Nichtsystemische Pflanzenschutzmittel

Nichtsynthetische Pflanzenschutzmittel wirken über die Pflanzenoberfläche, haben meist eine rasche Anfangswirkung, jedoch eine geringere Dauerwirkung. Häufig enthalten diese Mittel Giftstoffe, die potenziell gefährlich für Mensch und Tier sind (z. B. Nervengifte). Auch **natürlich hergestelltes Pyrethrum** ist nicht völlig ungefährlich und sollte nur mit strenger Dosierung angewendet werden, um Risiken zu minimieren.
Um Gefahren für Mensch und Tier zu vermeiden, sind viele nichtsynthetische Mittel durch strikte Dosierungs- und Anwendungsvorgaben reguliert. Die Verwendung dieser Mittel unterliegt den aktuellen EU-Richtlinien zur Emissionsminderung und Sicherheitsstandards (EU-Verordnung 2025).

5.4.4.3. Anwendung chemischer Pflanzenschutzmittel

Bei der Anwendung chemischer Mittel ist auf verschiedene Faktoren vor, während und nach der Anwendung zu achten.

- Gezielte Anwendung – Eine exakte Mittelwahl und Dosierung sind notwendig, um nur die erforderliche Menge auszubringen.
- Giftigkeit der Mittel
  Besonders gefährliche Mittel und Gifte sind auf der Originalpackung mit einem Totenkopf gekennzeichnet und unterliegen Bezugsbeschränkungen.
- **Bezeichnung „minder giftig“:** Diese ist nicht mehr gebräuchlich. Stattdessen erfolgt eine Einstufung der Mittel anhand ihrer spezifischen Gefahrenkategorie und nach EU-Standards.
  Bienengefährliche Mittel (Bg) und minder bienengefährliche Mittel (mBg) unterliegen ebenfalls Anwendungsbeschränkungen. Die Bienengefährlichkeit muss auf der Verpackung deutlich angegeben sein.
  Für Bienen ungefährliche Mittel sind nicht besonders gekennzeichnet und können in allen Kulturen laut Gebrauchsanweisung angewendet werden. Anwendungsverbote für bestimmte Mittelgruppen sind zu beachten (z. B. DDT, Aldrin). Der Einsatz bienengefährlicher Stoffe (Bg) ist nur bei strikter Beachtung von Abstands- und Anwendungszeiten erlaubt.

Siehe Gemüsebau!

- **Einhaltung der vorgeschriebenen Wartefristen:** Diese müssen unbedingt beachtet werden, um die Rückstandswerte der Ernteprodukte innerhalb gesetzlicher Grenzen zu halten. Die Wartefristen werden in arabischen Ziffern angegeben (1, 2, 3, ...).
  Diese Angabe bedeutet, dass zwischen der letzten Anwendung eines Pflanzenschutzmittels und der Ernte die Anzahl der angegebenen Wochen dazwischenliegen muss.
  Römische Ziffern bei der Angabe (V, VI, ...) bedeuten Tage und sind bei Kulturen, wo die Ernte nach und nach über einen längeren Zeitraum erfolgt, zu finden (z. B. Gurken, Tomaten, Paprika).

Erklären Sie den Begriff „Wartefrist“!

Siehe Gemüsebau!

- Geschmacksbeeinträchtigung ist bei manchen Mitteln möglich, das heißt, es liegt eine Gefährdung des Ernteproduktes vor, wodurch sich ebenfalls Anwendungsbeschränkungen ergeben.
- Auf Gefahr der Abtrift und Schädigung der Nachbarkultur ist zu achten.
- Vorsichtsmaßnahmen im Umgang mit Pflanzenschutzmitteln müssen beachtet werden.
- Auf richtige Ausbringung ist zu achten (Spritzen, Sprühen, Stäuben, Streuen, Beizen, Begasen, Nebeln, Räuchern, Inkrustieren).

5.4.5. Integrierter Pflanzenschutz

Der integrierte Pflanzenschutz (IPS) stellt einen strategischen Ansatz dar, der alle wirtschaftlichen, ökologischen und toxikologischen Aspekte berücksichtigt, um Schaderreger langfristig unter der wirtschaftlichen Schadschwelle zu halten. Ziel ist es, die Nutzung chemischer Mittel auf ein Minimum zu beschränken und nachhaltige Methoden einzusetzen, um die Biodiversität und die Umwelt zu schützen. Im Rahmen der EU-Richtlinie 2009/128/EG, die 2024 aktualisiert wurde, ist der IPS in der EU verpflichtend vorgeschrieben. Diese Richtlinie legt fest, dass chemische Mittel nur dann eingesetzt werden dürfen, wenn andere Methoden nicht ausreichend sind (EU-Kommission, 2024).

Wesentliche Faktoren im integrierten Pflanzenschutz:

- **Schutz und Förderung nützlicher Organismen:** Der gezielte Einsatz von natürlichen Gegenspielern, wie Raubinsekten oder Mikroorganismen, wird intensiv gefördert. Insbesondere der Erhalt von ökologischen Ausgleichsflächen wie Hecken oder Blühstreifen ist von Bedeutung, da diese Lebensräume für Nützlinge bieten und den natürlichen Pflanzenschutz unterstützen.
- **Züchtung und Anbau widerstandsfähiger Sorten:** Die Entwicklung und der Anbau resistenter Sorten spielen eine zentrale Rolle im IPS. Neue, resistente Sorten minimieren den Bedarf an chemischen Eingriffen und tragen zur Anpassung an die Herausforderungen des Klimawandels bei.
- **Warndienst und Prognosesysteme:** Moderne Prognosesysteme und digital unterstützte Vorhersagen ermöglichen eine präzise Überwachung und rechtzeitige Interventionen, wodurch gezielte Anwendungen und somit eine Reduktion des Pflanzenschutzmitteleinsatzes erreicht werden.
- **Selektive und nützlingsschonende Pflanzenschutzmittel:** Chemische Mittel mit geringer Umweltbelastung und selektiver Wirkung, die gezielt nur spezifische Schaderreger treffen und Nützlinge schonen, werden bevorzugt. Hierzu zählen auch biologisch basierte Mittel, die vermehrt auf Basis von Pflanzenextrakten oder Mikroorganismen entwickelt werden.
- **Verknüpfung von Abwehrstrategien:** Die Integration biotechnischer Verfahren (z. B. Pheromonfallen) und der Einsatz chemischer Mittel in Ausnahmefällen ist ein wesentlicher Bestandteil des IPS. Die Abwehrverfahren werden dabei so kombiniert, dass die Schadorganismen langfristig effektiv reguliert werden, ohne die Umwelt unnötig zu belasten.

Diese Faktoren des IPS fördern den ressourcenschonenden Einsatz von Pflanzenschutzmaßnahmen und leisten einen wichtigen Beitrag zum Klimaschutz und zur Anpassung an die zunehmenden Herausforderungen durch klimawandelbedingte Schaderreger.

5.5. Wichtige Maßnahmen des Gesetzgebers

Im Bereich des Pflanzenschutzes hat der Gesetzgeber zahlreiche Richtlinien und Vorschriften erlassen, um den Einsatz und die Entsorgung chemischer Pflanzenschutzmittel zu regulieren. Diese Maßnahmen sollen eine sichere Anwendung gewährleisten und die negativen Auswirkungen auf Mensch, Tier und Umwelt minimieren. Die EU-Richtlinie 2009/128/EG, die im November 2024 aktualisiert wurde, setzt neue Standards für die sachkundige Anwendung und den Erwerb chemischer Pflanzenschutzmittel in allen Mitgliedsstaaten (EU-Kommission, 2024).

5.5.1. Sachkunde im Pflanzenschutz

Die frühere Verpflichtung zum Erwerb einer Giftbezugslizenz oder eines Giftbezugsscheins wurde für Landwirte in Österreich aufgehoben. Stattdessen ist nun der Nachweis der **Sachkunde im Pflanzenschutz** verpflichtend. Dies umfasst:

- **Sachkundeschulung:** Landwirte müssen eine anerkannte Ausbildung oder Schulung absolvieren, die Kenntnisse über den sachgemäßen Umgang, die sichere Anwendung und die Umweltschutzmaßnahmen vermittelt.

- **Zertifizierung:** Nach erfolgreichem Abschluss der Schulung erhalten Landwirte eine Sachkundebescheinigung, die regelmäßig erneuert werden muss (in der Regel alle 5 Jahre).

5.5.2. Aufzeichnungspflicht im Pflanzenschutz

Jede Anwendung von Pflanzenschutzmitteln muss gemäß der EU-Verordnung 2024/68 detailliert dokumentiert werden. Die Aufzeichnungen umfassen:

- Datum der Anwendung,
- eingesetztes Pflanzenschutzmittel (inklusive Handelsname und Wirkstoff),
- angewendete Menge pro Hektar,
- behandelte Kultur und Fläche,
- Wetterbedingungen während der Anwendung.

Diese Aufzeichnungen sind mindestens 3 Jahre aufzubewahren und können von den zuständigen Behörden überprüft werden. Ziel ist es, die Rückverfolgbarkeit und die Einhaltung der gesetzlichen Vorgaben sicherzustellen.

Aktualisierte Maßnahmen zur sicheren Anwendung

- **Gezielte Anwendung:** Eine exakte Mittelwahl und Dosierung sind notwendig, um nur die erforderliche Menge auszubringen.
- **Kennzeichnung:** Alle Pflanzenschutzmittel müssen eindeutig gekennzeichnet sein. Die Angaben zur Wartefrist sind verpflichtend aufzuführen und müssen von den Anwendern strikt eingehalten werden.
- **Risikominderung:** Anwender müssen Schutzmaßnahmen ergreifen, um die Abtrift zu vermeiden und Nützlinge zu schonen.

Fazit:
Durch die Einführung der Sachkunde im Pflanzenschutz und die verpflichtende Aufzeichnungspflicht wird die Sicherheit und Transparenz im Umgang mit Pflanzenschutzmitteln erhöht. Diese Maßnahmen tragen dazu bei, die Umwelt zu schützen und die Nachhaltigkeit in der Landwirtschaft zu fördern.

Gefahrensymbole und Kennzeichnungen

Aktualisierte EU-Verordnungen verpflichten Hersteller und Verkäufer zur Angabe international anerkannter Gefahrensymbole und Signalwörter, die potenzielle Risiken der Chemikalien anzeigen. Die Kennzeichnungen umfassen:

Piktogramme - Was bedeuten sie?

Piktogramm	Was bedeutet es?	Was sollten Sie tun?	Wo wird es verwendet?
 Explosionsgefährlich	Instabil, explosiv. Gefahr der Massenexplosion.	Abstand halten, Schutzkleidung tragen. Von Hitze, Funken, offenen Flammen oder heißen Oberflächen fernhalten. Nicht rauchen.	Feuerwerkskörper, Munition.
 Entzündbar	Gas, Aerosol, Flüssigkeit und Dampf leicht oder extrem entzündbar.	Nicht erhitzen oder gegen offene Flamme sprühen. Benutzung Funkenfreies Werkzeug verwenden, Behälter dicht verschlossen halten.	Lampenöl, Benzin, Nagellackentferner, Handreiniger, Klebstoff.

Brandfördernd	Kann Brand verursachen oder verstärken oder kann Explosion verursachen.	Nicht erhitzen. Schutzkleidung tragen. Bei Kontakt mit Kleidung und Haut mit Wasser abwaschen.	Bleichmittel, Sauerstoff.
Gas unter Druck	Kann bei Erwärmung explodieren, Verbrennungen oder Verletzungen verursachen.	Vor Sonnenbestrahlung schützen. Schutzhandschuhe, Schutzkleidung, Augen- und Gesichtsschutz tragen.	Behälter oder Flaschen mit Gas.
Ätzend	Kann gegenüber Metallen korrosiv sein, kann schwere Verätzungen der Haut und schwere Augenschäden verursachen.	Nur im Originalbehälter aufbewahren. Schutzhandschuhe, Schutzkleidung, Augen- und Gesichtsschutz tragen.	Abflussreiniger, Säuren, Basen, Ammoniak, Grillreiniger.
Akute Toxizität	Kann bei Verschlucken, Einatmen oder Hautkontakt gesundheitsschädlich oder tödlich sein.	Mit Vorsicht handhaben. Bei Gebrauch nicht essen, trinken oder rauchen. Schutzausrüstung verwenden. Kontakt mit Haut und Augen vermeiden. Unter Verschluss aufbewahren.	Insektizide, Nikotinnachfüllflüssigkeit für E-Zigaretten.
Ernste Gesundheitsgefahr	Kann die Fruchtbarkeit beeinträchtigen oder das Kind im Mutterleib schädigen, Krebs erzeugen, Allergien oder asthmaartige Symptome verursachen oder Organe schädigen.	Vor Gebrauch Sicherheitshinweise lesen. Einatmen von Staub oder Rauch vermeiden. Unter Verschluss aufbewahren. Bei Symptomen der Atemwege Giftinformationszentrum oder Arzt anrufen.	Terpentin, Benzin, Lampenöl.
Gesundheitsgefahr/ Die Ozonschicht schädigend	Kann allergische Hautreaktionen oder schwere Augenreizung verursachen; gesundheitsschädlich bei Verschlucken oder Einatmen; schädigt die Umwelt.	Kontakt mit Haut und Augen vermeiden. Freisetzung in die Umwelt vermeiden.	Waschmittel, Toilettenreiniger, Frostschutzmittel, Fensterreiniger, Silikon, Sekundenkleber, Lack.
Umwelt schädlich	Giftig für Wasserorganismen.	Freisetzung in die Umwelt vermeiden. Verschüttete Mengen aufnehmen.	Herbizide, Terpentin, Benzin, Lack.

Die Tabelle enthält Beispiele für die Bedeutung der Piktogramme und die Folgen, die Produkte bei inkorrektem Umgang haben können. Außerdem werden einige Beispiele für Sicherheitsmaßnahmen genannt, die beim Umgang mit diesen Produkten zu ergreifen sind. Sie dient ausschließlich zur Information. Bei Zweifel STETS DAS ETIKETT PRÜFEN. Weitere Informationen unter echa.europa.eu

Expertenwissen

Diese Kennzeichnungen sollen die Sicherheit der Anwender erhöhen und werden auf Grundlage der CLP-Verordnung (EG Nr. 1272/2008) geregelt, die 2024 überarbeitet wurde, um klarere Hinweise zur sicheren Handhabung zu geben (European Chemicals Agency, 2024).

5.5.3. Entsorgung

Die Entsorgung von Pflanzenschutzmitteln und deren Verpackungen unterliegt strengen Vorschriften. Das österreichische Abfallwirtschaftsgesetz schreibt vor, dass:

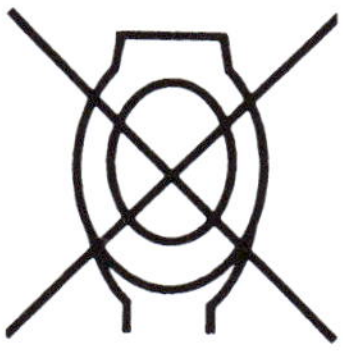

Reste nicht über die Kanalisation entsorgt werden dürfen. Unbrauchbare Reste sollten an autorisierte Problemstoffsammelstellen oder Sonderabfallsammler übergeben werden, um eine sichere und umweltgerechte Entsorgung zu gewährleisten.

Sonderabfälle, wie giftige Pflanzenschutzmittel, müssen an spezialisierte Abfallsammler oder die Verkaufsstelle zurückgegeben werden. Hausmüllentsorgung ist hier strengstens untersagt, um das Risiko einer Umweltkontamination zu vermeiden.

Hausmüll
Kann mit dem Hausmüll entsorgt werden.

Expertenwissen

Das Abfallwirtschaftsgesetz wurde 2024 mit dem Ziel aktualisiert, die Abfallvermeidung und umweltfreundliche Entsorgung zu fördern. Der rechtliche Rahmen orientiert sich dabei an den Vorgaben der EU-Abfallrahmenrichtlinie 2008/98/EG (aktualisiert 2024), die die ordnungsgemäße Abfallbewirtschaftung für gefährliche Abfälle regelt.

„Sachkunde Gift – Leitfaden zum sicheren und sachgerechten Umgang mit Giften und gefährlichen chemischen Stoffen und Gemischen", verfasst vom Bundesministerium, finden Sie in der derzeit gültigen Fassung zum Download unter folgendem Link: **https://fachbuch.cadmos.de/sachkunde-gift-leitfaden-des-bm/**

Der Einsatz von Industrie-Drohnen zur Ausbringung von Pflanzenschutzmitteln hat in der Landwirtschaft längst Einzug gehalten.

5.6. Erste Hilfe bei Pflanzenschutzmittelvergiftungen

Im Falle von Vergiftungserscheinungen durch Pflanzenschutzmittel, die meist auf die Nichteinhaltung von Sicherheitsvorschriften zurückzuführen sind, ist eine sofortige Erste Hilfe erforderlich. Wichtig ist das rasche Handeln, da viele chemische Stoffe eine schnelle Resorption aufweisen. Die folgenden Schritte sind hierbei zu beachten (Bundesinstitut für Risikobewertung, 2024):

- **Sofortige ärztliche Hilfe:** Umgehend den Notruf absetzen oder einen Arzt verständigen, um professionelle medizinische Versorgung sicherzustellen.
- **Sichere Entfernung aus dem Gefahrenbereich:** Der Betroffene sollte schnellstmöglich in einen Bereich mit frischer Luft gebracht werden, um die Exposition zu minimieren.
- **Kontaminierte Kleidung entfernen:** Alle durch Pflanzenschutzmittel durchnässten oder verschmutzten Kleidungsstücke sofort ablegen, um weiteren Hautkontakt zu verhindern.
- **Gründliche Reinigung der Haut:** Hautpartien, die mit dem Pflanzenschutzmittel in Berührung gekommen sind, sofort mit Wasser und Seife abspülen.
- **Wärmeschutz bei kühlen Temperaturen:** Bei kaltem Wetter den Betroffenen warm einpacken, um Unterkühlung zu vermeiden.
- **Kein Erbrechen auslösen:** Der traditionelle Rat, Erbrechen herbeizuführen, gilt heute nicht mehr als sicher. Stattdessen sollte die Vergiftungsinformationszentrale kontaktiert und ihre Anweisungen befolgt werden. Ein Erbrechen kann nur unter ärztlicher Anleitung erfolgen, da es abhängig vom aufgenommenen Stoff und der Menge kontraproduktiv sein kann.
- **Aktivkohle zur Giftbindung:** Die Verabreichung von Aktivkohle ist eine gängige Maßnahme, um die weitere Aufnahme giftiger Substanzen im Magen-Darm-Trakt zu verringern (2 bis 3 Esslöffel Aktivkohlepulver in 1 Liter Wasser verrühren).
- **Keine Anwendung von Hausmitteln:** Milch, Rizinusöl und ähnliche Hausmittel sind kontraindiziert, da sie die Aufnahme mancher Giftstoffe verstärken können (EU-Kommission, 2024).

Im Notfall wenden Sie sich an die zentrale Anlaufstelle für Vergiftungsfälle:

Vergiftungsinformationszentrale für Österreich
Medizinische Universität Wien,
Vergiftungszentrale,
1090 Wien, Lazarettgasse 14,
Telefon: +43 1 406 43 43

Übungs- und Wiederholungsfragen

1. Nennen Sie Pflanzenschäden:

durch unbelebte Schadensfaktoren	durch belebte Schadensfaktoren
....	....
....	....

2. Die Vermehrung der Insekten wird durch ....

   und .... gefördert!

3. Die Vermehrung der Pilze wird durch ....

   und .... gefördert!

4. Nennen Sie Methoden des Pflanzenschutzes!

   ....

5. Wodurch werden die Ziele des biologischen Pflanzenschutzes erreicht?

   ....

   ....

6. Nennen Sie die Bestandteile eines chemischen Pflanzenschutzmittels!

   ....

   ....

7. Erklären Sie die Wirkung systemischer Pflanzenschutzmittel!

   ....

   ....

8. Erklären Sie den Begriff „Karenzzeit“!

   ....

   ....

9. Was versteht man unter „Abtrift“?

   ....

   ....

10. Welche Faktoren spielen im integrierten Pflanzenschutz eine Rolle?

    ....

    ....

SPEZIELLER PFLANZENBAU

6. Getreidebau

6.1. Bedeutung des Getreidebaues

In Österreich wird ein Großteil der Ackerfläche mit Getreide bebaut, was nicht nur für die nationale Versorgungssicherheit wichtig ist, sondern auch für den Erhalt und die Förderung der Bodenfruchtbarkeit im Rahmen ökologischer Landwirtschaft (BMLRT, 2024). Der Getreideanbau nimmt eine Schlüsselrolle ein, da er neben der Nahrungsmittelproduktion auch zur Strukturvielfalt und Klimaanpassung beiträgt. In Zeiten des Klimawandels sind Sorten gefragt, die Trockenstress tolerieren und weniger anfällig für Krankheiten sind.

6.1.1. Anbaufläche der Getreidearten in Österreich (ha)

Aktuelle Zahlen und Trends hinsichtlich der Anbauflächen für Weizen, Roggen, Gerste und Hafer sind den jährlichen Berichten des Landwirtschaftsministeriums und der österreichischen Agrarmarkt Austria zu entnehmen. Diese Dokumente zeigen, dass die Anbauflächen für klimaresiliente Sorten, die weniger anfällig für extremere Witterungsbedingungen sind, stetig zunehmen.

	20......	20......	20......
Weizen	....	....	....
Roggen	....	....	....
Gerste	....	....	....
Hafer	....	....	....

6.1.2. Vorteile und Schwächen des Getreidebaues

Vorteile

- geringe Arbeitsintensität,
- sehr gute Mechanisierbarkeit sowie
- Möglichkeit der Zwischenackernutzung durch Unter- oder Stoppelsaaten, was zur Erhaltung der Bodenstruktur und Reduktion von Erosion beiträgt.

Schwächen

- geringer Vorfruchtwert,
- Sinken der Bodenfruchtbarkeit bei wiederholten einseitigem Getreidebau,
- begrenzte Düngungsmöglichkeit sowie

- geringe Nährstofferträge im Vergleich zu Hackfrüchten.
- Hohe Anfälligkeit für Monokulturschäden, was durch Klimawandel verstärkt wird und nachhaltiges Fruchtwechselmanagement erforderlich macht

6.2. Botanische Merkmale

Getreidearten in Mitteleuropa gehören zur Klasse der Einkeimblättrigen und zur Familie der Gräser. Ihre morphologischen und physiologischen Eigenschaften sind entscheidend für das Wachstum unter wechselnden Klimabedingungen und für die Produktion von gesunden, widerstandsfähigen Pflanzen.

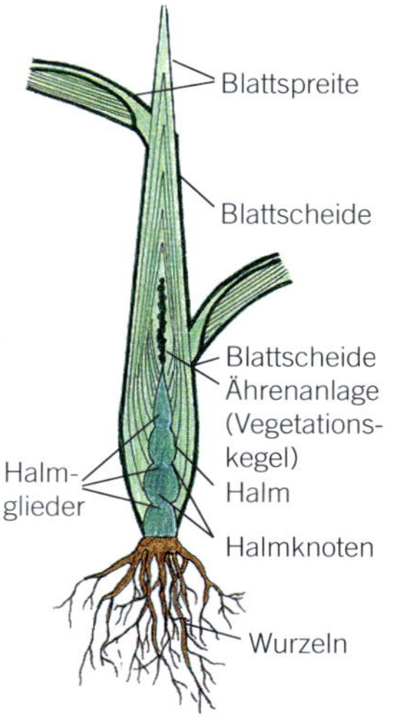

Längsschnitt durch eine junge Roggenpflanze.

Die Getreidepflanzen bestehen aus den Organen:
- Wurzel,
- Halm,
- Blätter,
- Blütenstand und
- Getreidekorn.

6.2.1. Wurzel

Die Getreidearten sind Büschelwurzler, das heißt, sie besitzen keine Haupt- oder Pfahlwurzel. Die Hauptwurzelmasse befindet sich zwischen 15 und 25 cm Bodentiefe. Bei langer Trockenheit dringen sogenannte „Wassersucher" bis in 1,5 m Bodentiefe vor, wodurch die Pflanzen bei Wasserknappheit besser versorgt sind. Je größer die Wurzelmasse ist, umso größer ist das Nährstoffaneignungsvermögen. Dieses ist bei Hafer am größten. Es folgen Roggen, Weizen und Gerste.

6.2.2. Halm

Der meist hohle Getreidehalm ist in Knoten (= Nodien) und Zwischenknotenstücke (= Internodien) gegliedert. Die Abstände der Halmknoten werden von unten nach oben größer.

In der ökologischen Landwirtschaft werden zunehmend kurzstrohige und robuste Sorten eingesetzt, die ohne chemische Halmverkürzer auskommen und dennoch stabile Erträge liefern. Dieser Anforderung wird durch die Züchtung Rechnung getragen. Durch eine gute Kaliversorgung und durch Anwendung von Halmverkürzern wie CCC (Chlorcholinchlorid) kann der Landwirt die Standfestigkeit verbessern.

6.2.3. Blätter

Die Getreideblätter sind parallelnervig und bestehen aus Blattspreite und Blattscheide. Blattstiele fehlen. Am Übergang von Blattspreite und Blattscheide befinden sich Blattöhrchen und Blatthäutchen. Die Ausformungen dieser Blatteile dienen als Unterscheidungsmerkmale bei jungen Getreidepflanzen. Die Blattspreite von Hafer weist eine Linksdrehung, die von Weizen, Roggen, Gerste eine Rechtsdrehung auf.

Die Blätter stellen neben dem Halm die Hauptassimilationsfläche dar. Das oberste Blatt heißt „Fahnenblatt" und ist für Kornfüllung und Kornreifung von besonderer Bedeutung. Neuere Züchtungen optimieren die Blattstruktur für höhere Effizienz bei der Photosynthese.

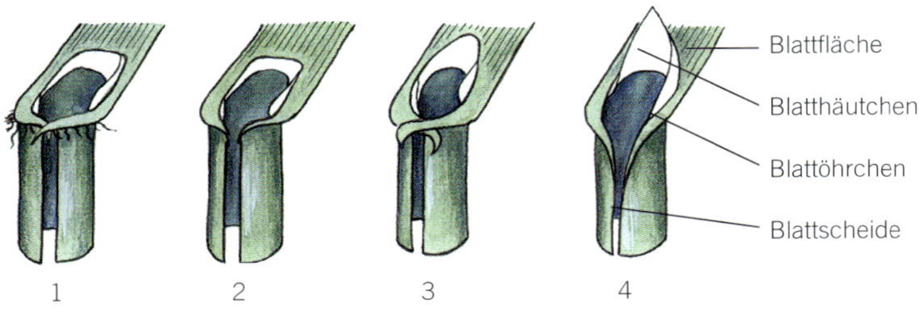

1: Weizen (bewimperte „bärtige" Blattöhrchen) – 2: Roggen (höchstens kleine Öhrchen, kurzes Blatthäutchen) – 3: Gerste (krallenartige Öhrchen, unbewimpert) – 4: Hafer (kleine Öhrchen, langes Blatthäutchen) und schematischer Aufbau eines Grasblattes.

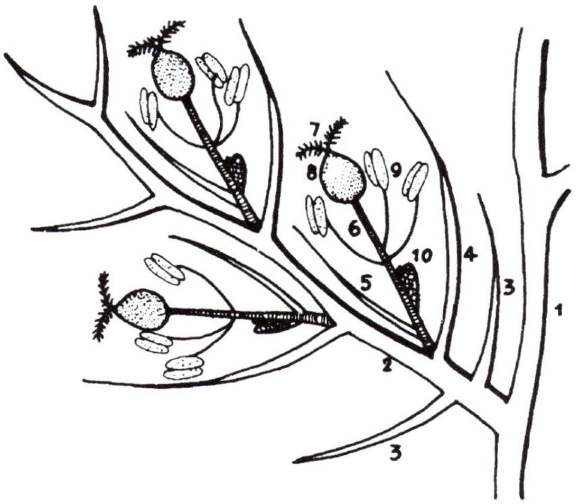

Aufbau eines Getreideährchens.

1 = Achse des Blütenstandes
2 = Achse des Ährchens
3 = Hüllspelzen
4 = Deckspelze (oft mit Granne)
5 = Vorspelze
6 = Blütenachse
7 = Narben
8 = Fruchtknoten
9 = Staubblätter
10 = Schwellkörper

6.2.4. Blütenstand

Siehe Pflanzenkunde!

Weizen, Roggen und Gerste haben eine Ähre als Blütenstand, Hafer eine Rispe. Die Blüten des Getreides sind einhäusig zwittrig.

Jede Ähre besteht aus einer Ährenspindel mit den darauf befindlichen Ährchen, welche je nach Getreideart ein- bis mehrblütig sind. Im Ährchen sind der Fruchtknoten mit zwei federförmigen Narben und drei Staubbeuteln. Diese Blütenbestandteile sind von einer Vorspelze, einer Deckspelze und einer Hüllspelze umgeben. Im Blütchen befindet sich noch der Schwellkörper, der zur Blütezeit Wasser aufnimmt und Narbe sowie Staubbeutel freigibt. Die Deckspelzen können begrannt (= Bartweizen) und unbegrannt (= Kolbenweizen) sein. Die Grannen bieten einen Verdunstungsschutz und Schutz vor Kornausfall zur Zeit der Reife. Da der Klimawandel die Blühbedingungen beeinflusst, werden vermehrt selbstbestäubende Sorten gezüchtet, um die Ertragsstabilität bei ungünstigen Wetterlagen zu erhöhen.

6.2.5. Getreidekorn

Das Getreidekorn ist eine Grasfrucht, die einsamig ist und bei der Frucht- und Samenschale untereinander verwachsen sind. Frucht- und Samenschale umgeben den Mehlkörper, in dem der Keimling eingebettet ist. Das Schildchen verbindet den Keimling mit dem Mehlkörper und übernimmt die Wasser- und Nährstoffversorgung, bis die Wurzeln ausgebildet sind.

Entwicklungsstadien des Getreides

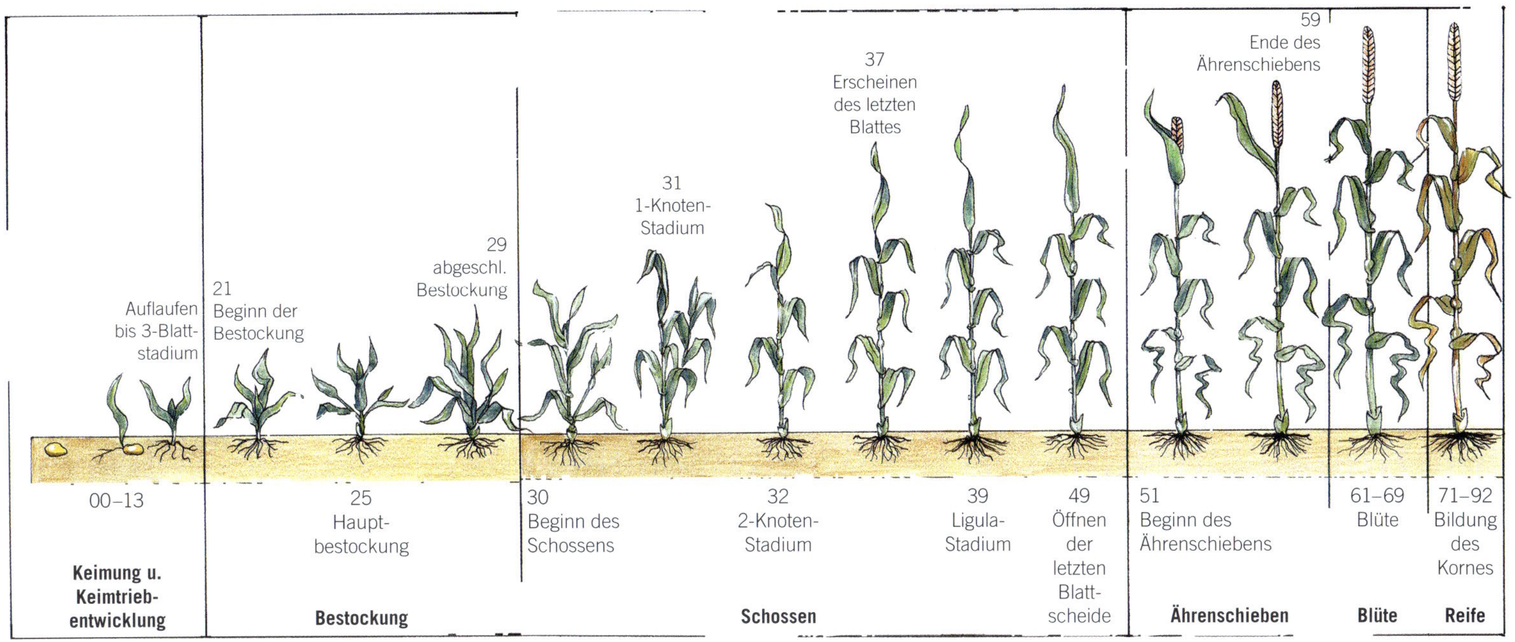

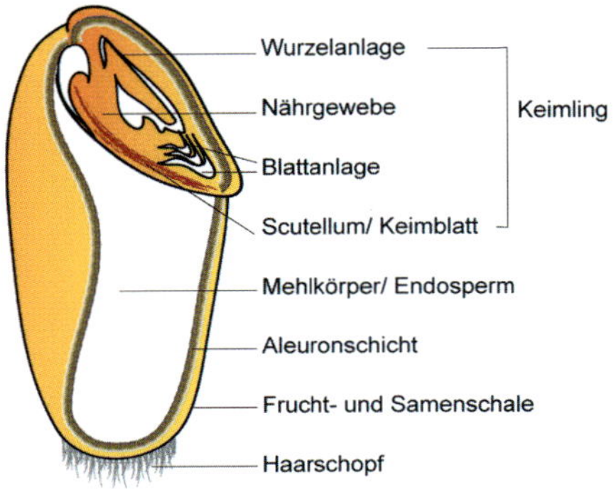

Optimierte Sorten besitzen einen höheren Anteil an Nährstoffen im Mehlkörper, was zur Verbesserung der Lebensmittelqualität beiträgt.

6.2.6. Entwicklungsabschnitte der Getreidearten

- Keimung und Auflaufen
- Bestockung
- Schossen
- Ährenschieben
- Blüte und Kornausbildung
- Reifestadien

Jeder Abschnitt ist sensibel gegenüber klimatischen Bedingungen, weshalb klimaanpassungsfähige Sorten in Mitteleuropa zunehmend an Bedeutung gewinnen.

6.2.6.1. Keimung und Auflaufen

Für die Keimung sind Luft, Wasser und eine für jede Getreideart typische Keimtemperatur nötig. Zuerst nimmt das Samenkorn etwa die Hälfte seines Gewichtes an Wasser auf (= Quellung). Wirkstoffe lösen die Reservestoffe des Mehlkörpers für die Ernährung des Keimlings.

Links: Keimung von Getreide (Roggen) – Rechts: Auflaufen von Getreide bis zum Dreiblattstadium.

Dann werden die Keimwurzeln gebildet. Erst dann tritt das Erstlingsblatt, das noch von der Keimscheide geschützt ist, hervor. Solange die Keimscheide das Erstlingsblatt schützt, spricht man von „Spitzen des Getreides". Während des Auflaufens sollte auf das korrekte Striegeln und Eggen geachtet werden, um mechanische Schäden zu vermeiden und die Etablierung der Bestände zu fördern.

6.2.6.2. Bestockung

Unter Bestockung versteht man, dass aus den untersten Halmknoten (Bestockungsknoten) zusätzliche Halme gebildet werden. So werden neue Halme und Nebenwurzeln (= Kronenwurzeln) gebildet. Die Bestockung ist mitentscheidend für die Zahl der ährentragenden Halme je m^2 (= Bestandesdichte). Wintergetreide bildet in trockenen Lagen zwei bis drei Halme, in feuchten Lagen vier bis fünf Halme, Sommergetreide ein bis zwei Halme pro Pflanze aus.

Roggen bestockt sich in geringer Tiefe. Liegt das Samenkorn zu tief, wird der Bestockungsknoten durch den „Halmheber" in die günstigste Lage gebracht. Der „Halmheber" ist also das Verbindungsstück zwischen den Keimwurzeln und den Kronenwurzeln. Die Halmheber können abreißen (= Auswinterung!). Gute Bestockung ist Voraussetzung für hohe Erträge und unterstützt die Stabilität des Bestandes.

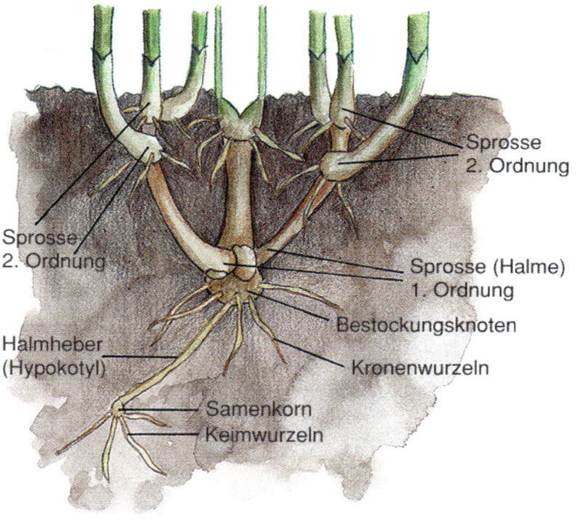

Bestockung des Getreides.

Die Bestockung wird durch folgende Faktoren gefördert:

- genügend Standraum,
- niedrige Temperatur,
- gute Nährstoff- und Wasserversorgung,
- ausreichend Licht und
- Eggen und Striegeln,
- geringe Saattiefe.

6.2.6.3. Schossen

Unter Schossen versteht man die Streckung der Pflanze infolge einer starken und schnellen Zellteilung, bis zur Ausbildung der Blütenstände. Die Phase des Schossens dauert ca. vier Wochen. In diesem Entwicklungsstadium benötigt die Pflanze viel Wasser und Nährstoffe.

6.2.6.4. Ährenschieben

Unter Ährenschieben versteht man den Austritt des Blütenstandes aus der obersten Blattscheide. Nicht alle bei der Bestockung gebildeten Halme kommen zum Ährenschieben, da viele steril bleiben. Die Zahl der ährentragenden Halme liegt je nach Getreideart, Sortentyp und Umwelteinflüssen zwischen 400 und 800 pro m^2.

6.2.6.5. Blüte und Kornausbildung

Während der Blüte des Getreides soll Schönwetter herrschen. Roggen ist ein ausgesprochener Fremd- und Windbestäuber (fliegender Blütenstaub der Roggenfelder). Aus diesem Grund kann bei Roggen bei ungünstigem Witterungsverlauf während der Blüte (Regen, kalte Tage) „Schartigkeit" auftreten.

Weizen, Hafer und Gerste sind Selbstbestäuber.

Die Blühdauer eines Bestandes erstreckt sich auf ca. 10 bis 14 Tage, da die Blütchen nicht alle gleichzeitig abblühen.

Für die nun folgende Kornausbildung ist die Funktionstüchtigkeit des obersten Getreideblattes (= Fahnenblatt) besonders wichtig. Damit sich Kornfüllung und Kornreifung langsam und ungestört vollziehen können, sind genügend Feuchtigkeit, viel Licht und Wärme notwendig.

6.2.6.6. Reifestadien

Die Reife beginnt, nachdem das Korn sein größtes Volumen erreicht hat. Es sind vier Reifestadien zu unterscheiden:

Erkennungsmerkmale der Reifestadien bei Getreide

Reifestadium	*Erkennungsmerkmale*	*Wassergehalt des Getreidekorns*
Milch- oder Grünreife	Halm und Blätter unten gelb, sonst noch grün, Körner prall mit milchigem Inhalt. Das späte Stadium der Milchreife heißt Teigreife (Silomaisernte).	ca. 50 %
Gelbreife (= physiologische Reife)	Halm und Blätter gelb, Halm ist noch geschmeidig und zäh, Korn zäh, lässt sich über Nagel brechen. Körner sind erst nach Feldnachtrocknung lagerfähig.	ca. 30 %
Vollreife	Halm völlig ausgetrocknet, Korn hart, lässt sich nicht mehr über den Nagel brechen. Getreide ist mähdrusch fähig, aber noch nicht voll lagerfähig.	ca. 20 %
Totreife (= Mähdruschreife)	Stroh ist spröd und brüchig, Körner voll lagerfähig, Korn fällt leicht heraus, Bestand „knistert“.	14–16 %

Expertenwissen

Aktuelle Studien empfehlen gezielte Bewässerung in der Teigreifephase zur Verbesserung der Kornqualität in trockenen Sommern.

6.3. Spezieller Getreidebau

6.3.1. Weizen

6.3.1.1. Bedeutung

Weizen bleibt die weltweit wichtigste Brotfrucht, mit einem dominierenden Anteil am globalen landwirtschaftlichen Markt.
Nennen Sie Verwertungsmöglichkeiten des Weizens!

....

....

Die urheimatliche Verbreitung des Weizens wird primär in Ostasien vermutet. Zwei Hauptformen sind entscheidend für die Praxis: der aus Afghanistan stammende Brotweizen *(Triticum aestivum)*, der in gemäßigten Klimazonen, insbesondere Mitteleuropa, angebaut wird, und der aus Äthiopien stammende Hartweizen *(Triticum durum)*, der vor allem in südlicheren Regionen wie dem Mittelmeerraum und Teilen von Ostösterreich angebaut wird.

6.3.1.2. Ansprüche an Boden und Klima

Weizen stellt an den Boden sehr hohe Ansprüche und gedeiht auf schweren bis mittelschweren Böden am besten. Die Böden müssen ein entsprechendes Speichervermögen für Wasser- und Nährstoffe aufweisen. Die Bodenreaktion soll neutral bis alkalisch sein (pH 6,5 bis 7,5). Humusarme, leichte Sandböden und saure Böden sind für Weizenanbau weniger geeignet. Stark verunkrautete Felder und Neurisse scheiden für den Weizenanbau ebenfalls aus.

Expertenwissen

Es wird zunehmend die Bedeutung von widerstandsfähigen Weizensorten betont, die nicht nur an Klimaschwankungen angepasst sind, sondern auch weniger chemische Inputs benötigen, um den ökologischen Anforderungen gerecht zu werden. Besonders resilientere Weizensorten, die gegen Schädlinge und Krankheiten besser geschützt sind, sind von zentraler Bedeutung für den nachhaltigen Anbau unter den klimatischen Herausforderungen des 21. Jahrhunderts.

An das Klima stellt Weizen im Vergleich mit anderen Getreidearten die höchsten Ansprüche. Winterweizen braucht bis zur Reife eine Wärmesumme von 2 000 bis 2 200 °C, Sommerweizen ca. 1 600 °C. Weizen keimt bei einer Mindesttemperatur von 3 bis 4 °C und verträgt Kahlfröste bis zu –22 °C.
Der Wasserbedarf des Weizens liegt bei etwa 430 l pro kg zu bildende Trockenmasse (= Transpirationskoeffizient). Der Weizen benötigt also warmes, nicht zu trockenes Klima. Ausreichende Niederschläge im Mai bis Juni sowie Sonne und Wärme bringen auch eine entsprechende Qualitätsleistung.

6.3.1.3. Fruchtfolge

Dem Weizen sollte in der Fruchtfolge besondere Beachtung geschenkt werden, da er auf falsche Vorfrüchte empfindlich reagiert. Weizen ist mit sich selbst unverträglich und mit Gerste nur schlecht verträglich. Gute Vorfrüchte für Weizen sind Klee,

Hülsenfrüchte, Hackfrüchte, aber auch Roggen und Hafer. Ein hoher Weizenanteil in der Fruchtfolge führt zum Auftreten der weit verbreiteten „Fußkrankheit“ wie etwa Halmbruch.

Beispiele für Fruchtfolgen mit Weizen:

Kartoffel – Winterweizen – Sommergerste
Zuckerrübe – Winterweizen – Sommergerste
Klee/Erbse/Bohne – Winterweizen – Sommergerste

Expertenwissen

Der Anbau von Weizen in einer abwechselnden Fruchtfolge mit Leguminosen wie Erbsen oder Ackerbohnen hat den Vorteil, Stickstoff zu fixieren und die Bodenfruchtbarkeit zu erhöhen. Diese Praxis wird zunehmend als notwendige Anpassungsstrategie unter den Bedingungen des Klimawandels anerkannt.

6.3.1.4. Düngung

Als Grundlage für die Bemessung der Düngegaben gelten die vom Fachbeirat für Bodenfruchtbarkeit und Bodenschutz herausgegebenen Empfehlungen (siehe Seite 124 ff.).
Die Stickstoffdüngung wird dem Weizen in Teilgaben verabreicht, wobei für die Termine der einzelnen Gaben der Vegetationsablauf berücksichtigt wird.
Eine Grunddüngung vor der Saat ist aufgrund der aktuellen Stickstoff-Vorschriften nicht mehr zulässig. Die neuen Empfehlungen berücksichtigen den Bedarf der Pflanzen während der Entwicklung und minimieren Stickstoffverluste:

- **Bestockungsdüngung:** Im Frühjahr nach dem Abtrocknen der Felder, 30 bis 60 kg N/ha. Die Menge richtet sich nach dem Überwinterungszustand der Pflanzen.
- **Schossdüngung:** 30 bis 50 kg N/ha. Im Trockengebiet erfolgt die Gabe in der ersten Schosshälfte, im Feuchtgebiet in der zweiten Schosshälfte.
- **Vorblütendüngung (Qualitätsdüngung):** 15 bis 30 kg N/ha. Diese Gabe fördert die Backqualität und erfolgt mit Hilfe von Fahrgassen oder als Blattdüngung.

Expertenwissen

Angesichts der zunehmenden öffentlichen Besorgnis über die Auswirkungen von Stickstoffdüngung auf die Umwelt (insbesondere in Bezug auf Gewässerbelastung) gibt es einen klaren Trend in der Forschung hin zu präziseren Düngungstechniken. Die Verwendung von sensorgestützten Technologien zur real-time Messung des Stickstoffbedarfs im Boden ist ein innovativer Schritt, um Düngemittel gezielt und umweltfreundlich einzusetzen.

6.3.1.5. Sortenwahl

Für die Sortenwahl entscheidend ist das Nutzungsziel: Derzeit gibt es vier Formen von Anbau- und Lieferkontrakten:

- Premiumweizen und Qualitätsweizen
- Mahlweizen
- Futterweizen
- Durum-Weizen

Die Anbau- und Lieferkontrakte sichern die Versorgung des heimischen Marktes mit qualitativ hochwertigem Weizenmehl und erhöht die Exportchancen bei Überproduktionen. Bei diesem Anbau sind die jeweils vorgesehenen Richtlinien zu beachten. Ebenso sollte beachtet werden:

- gegebene Klima- und Bodenverhältnisse sowie
- physiologische Leistungen wie: Ertrag, Standfestigkeit, Krankheitsresistenz, Winterfestigkeit, Reifezeit usw.

Heute verwendete Sorten:

....

....

> **Expertenwissen**
>
> In der Sortenwahl wird der Fokus immer stärker auf resiliente Sorten gelegt, die weniger anfällig für Krankheiten sind und besser mit den Herausforderungen des Klimawandels umgehen können. Forschungsergebnisse belegen, dass Sorten mit erhöhter Trockenheits- und Hitzetoleranz in den letzten Jahren einen wichtigen Beitrag zur Stabilisierung der Erträge in trockenen Jahren geleistet haben.

Informationsquellen:

- „Sortenbeschreibung landwirtschaftlicher Kulturpflanzen“
- Sortenratgeber verschiedener Stellen

6.3.1.6. Bodenvorbereitung, Anbau und Pflege

Die Bodenvorbereitung für den Weizenanbau umfasst mehrere Arbeitsvorgänge:

Bei Hackfrüchten als Vorfrucht:	Bei Getreide als Vorfrucht:
Saatfurche	Stoppelbearbeitung
Eggen und Krümeln	Saatfurche
Eggen und Krümeln	

Die Saatfurche soll 20 bis 25 cm tief sein und zeitgerecht (ca. 8 Tage vor dem Anbau) durchgeführt werden.
Saatzeit im Feuchtgebiet: Ende September bis Anfang Oktober. Im Trockengebiet in der ersten Oktoberhälfte, bei starkem Getreideanteil in der Fruchtfolge und Gefahr von Fußkrankheiten auch noch später.
Saatmenge richtet sich nach Sorte, Keimfähigkeit, Tausendkorngewicht sowie Anbauzeitpunkt und liegt bei 150 bis 200 kg/ha; Saattiefe 2 bis 4 cm.

Die Saatmenge lässt sich aus folgenden Daten errechnen:

Anzubauende Körner/m²:	ca. 300 im Feuchtgebiet, ca. 380 im Trockengebiet
Tausendkorngewicht:	⌀ 44 g
Keimfähigkeit	85 % (Normwert für Saatgutanerkennung)

$$\textbf{Saatstärke} = \frac{\textbf{Anzubauende Körner/m}^2 \textbf{ x Tausendkorngewicht}}{\textbf{Keimfähigkeit}} =$$

$$= \textbf{Saatstärke (= Saatmenge) = kg/ha}$$

Berechnen Sie mit obigen Angaben die Saatgutmenge für Ihr Gebiet!

Als Pflegemaßnahmen kommen in Frage:

- Striegeln: im Frühjahr nach dem Abtrocknen und der Bestockungsdüngung. Man erreicht dadurch eine Vernichtung der Unkräuter, eine Beseitigung von Oberflächenverkrustungen, eine Einbringung von Kopfdüngern und eine Förderung der Bestockung durch leichtes Verletzen der Weizenpflanze.
- Anwalzen: Der Bodenschluss wird bei zu lockerem und aufgefrorenem Boden wiederhergestellt.

Weitere Pflegemaßnahmen sind:

- Chemische Unkrautbekämpfung
  Anwendung von Halmverkürzungsmitteln (CCC)
  Einsatz chemischer Mittel gegen Krankheiten und Schädlinge
- Beregnung: Als Beregnungstermine kommen in Frage:
  Bestockung — vor der Blüte
  Schossen — zur Kornfüllung

6.3.1.7. Ernte und Ertrag

Siehe Berichte des Österr. Statistischen Zentralamtes!

Die Kornausbildung und Stoffeinlagerung ist zur Zeit der Gelbreife abgeschlossen. Die Mähdruschreife tritt erst nach dem Absinken des Wassergehaltes (16 % oder weniger) ein. Mit Erreichung der Mähdruschreife erhöht sich die Gefahr des Kornausfalles.

Ertragsstatistiken:

- **Gute Durchschnittserträge:** 65 bis 75 dt/ha (je nach Region und Anbauintensität).
- **Österreichischer Durchschnittsertrag:** 67 dt/ha (Stand 2024, Statistik Austria).
- **Landesdurchschnitt:** 60 bis 72 dt/ha, abhängig von Bodenqualität und Klima.
- **Erträge im eigenen Betrieb:** Variabel je nach Bewirtschaftungsform und Standort.

Weitere Parameter:

- **Hektolitergewicht:** 75 bis 85 kg/hl, abhängig von Sorte und Erntebedingungen.
- **Strohertrag:** Das 1,1- bis 1,4-fache des Kornertrages.

Anmerkungen:

- Verbesserte Anbau- und Düngemethoden sowie der Einsatz standortspezifischer Sorten haben zu einem Anstieg der Erträge geführt.
- Klimawandelbedingte Herausforderungen wie Wetterextreme können die Stabilität der Erträge beeinträchtigen, was die Bedeutung resilienter Sorten und angepasster Bewirtschaftungssysteme unterstreicht.

6.3.1.8. Qualität

Die Norm- und Grenzwerte können nicht allgemein angegeben werden, sie sind im Einzelfall verschieden, je nachdem, ob es sich

- um die Interventionskriterien (Mindest oder Standard),
- um die Börsenusancen oder
- um die Kriterien in Anbau- und Lieferverträgen

handelt.

Qualitätskriterien für Weizen

Qualitätskriterium	Futterweizen	Mahlweizen	Qualitätsweizen	Premiumweizen
Feuchtigkeit (max.)	14 % (14,5 %)	14 % (14,5 %)	14 % (14,5 %)	14 % (14,5 %)
Besatz (max.) - Bruchkorn - Kornbesatz	12 % 3 % 7 %	7,5 % 3 % 5 %	7,5 % 3 % 5 %	7,5 % 3 % 5 %
Schwarzbesatz (max.)	3 %	1 %	1 %	1 %
Auswuchs (max.)	10 %	2,5 %	1 %	1 %
Hektolitergewicht (kg/hl)	70	79	80	80
Fallzahl (min., Sek.)	220 Sek.	250 Sek.	250 Sek.	250 Sek.
Rohprotein (min., %)	10 %	12,5 %	14 %	15 %
Feuchtkleber (min., %)	28 %	30 %	34 %	34 %
Sedimentationswert (min.)	22	35	50	55
Sortenreine Partien	–	**Aktuelle Sorten verwenden,** Sortenreinheit mind. 90 %.		

Expertenwissen

Die Qualitätskriterien für Weizen werden durch EU-Richtlinien und Anbauverträge bestimmt. Neben traditionellen Kriterien wie Hektolitergewicht und Proteingehalt spielen auch Umweltparameter wie Klimaneutralität und Pestizidrückstände eine zunehmende Rolle in der Qualitätsbewertung. Moderne Anbauverträge enthalten oft spezifische Anforderungen hinsichtlich Nachhaltigkeitsstandards, die bei der Produktion einzuhalten sind. Diese Anforderungen tragen zur Transparenz entlang der Wertschöpfungskette bei und verbessern die Marktposition von hochwertigem Weizen aus nachhaltigem Anbau (EU-Verordnung 2032/2024).

6.3.1.9. Sommerweichweizen

Für den Sommerweizenanbau sprechen:

- Anbau in klimatisch rauen Lagen möglich,
- Stellung in der Fruchtfolge.

Bei Sommerweizenanbau ist zu beachten:

- rechtzeitig (= möglichst frühe) Saat im Frühjahr,
- Verwendung höherer Saatmengen, wegen geringerer Bestockungskraft (220 bis 250 kg/ha),
- gute Versorgung mit leicht verfügbaren Nährstoffen.

Das Stickstoffangebot von 50 bis 100 kg N/ha wird meist in zwei Teilgaben verabreicht – 20 bis 40 kg N vor dem Anbau, 30 bis 60 kg N zum Schossen.

Informationsquellen wie bei Winterweizen!

Heute verwendete Sorten sind:

....

....

6.3.1.10. Durum-Weizen (Sommer- und Winterhartweizen)

Durum-Weizen wird zunehmend als Winterweizen angebaut, da moderne Winterdurum-Sorten eine bessere Winterfestigkeit und höhere Erträge aufweisen. Die Entscheidung zwischen Sommer- und Winterdurum hängt von den klimatischen und standortspezifischen Gegebenheiten ab.

Eigenschaften und Anforderungen:

- **Winterdurum:**
  - Geeignet für milde Winterregionen und gute Weizenböden.
  - Saatmenge: 160 bis 200 kg/ha (geringere Saatmenge im Vergleich zu Sommerdurum).
  - Vorteile: Höhere Standfestigkeit, längere Vegetationsperiode und bessere Krankheitsresistenz.
- **Sommerdurum:**
  - Benötigt die besten Weizenböden und einen trocken-warmen Klimaraum (z. B. Osten Österreichs).
  - Saatmenge: 190 bis 260 kg/ha aufgrund der geringeren Bestockungskraft.

Düngeempfehlungen:

- **Winterdurum:**
  - Stickstoffgabe in Teilmengen:
  - Bestockungsdüngung: 30 bis 50 kg N/ha

Qualitätskriterien für Durum-Weizen

Parameter	Winterdurum	Sommerdurum
Feuchtigkeit (max.)	14 %	14 %
Besatz (max.) - Bruchkorn - Kornbesatz - Fusariumbefall	7,5 % 3 % 2 % 1 %	7,5 % 3 % 2 % 1 %
Schwarzbesatz (max.)	0,5 %	0,5 %
Auswuchs (max.)	1 %	1 %
Hektolitergewicht (kg/hl)	80	80
Rohprotein (min.)	13,5 %	13,5 %
Amylogramm (min.)	400 A.E.	400 A.E.
Mindestglasigkeit	75 %	75 %

Hinweis: Die Umstellung auf Winterdurum-Weizen bietet Vorteile in Bezug auf Ertragssicherheit und Krankheitsresistenz. Sommerdurum bleibt in speziellen Anbauregionen wichtig, insbesondere in Trocken- und Wärmeräumen.

- Schossdüngung: 25 bis 40 kg N/ha
- Vorsicht bei Überdüngung wegen Lagergefahr.

- **Sommerdurum:**
  - 50 bis 75 kg N/ha zur Saat
  - 25 bis 50 kg N/ha zum Schossen

Durum-Grieße und Durum-Mehle werden weiterhin ausschließlich zur Herstellung von Teigwaren verwendet. Eine Mindestglasigkeit von 75 % wird gefordert.

Heute verwendete Sorten sind:

Informationsquellen wie bei Winterweizen!

....

....

6.3.2. Roggen

6.3.2.1. Bedeutung

Roggen ist nach wie vor von Bedeutung in Ost-, Mittel- und Nordeuropa, wo er primär für die Herstellung von Vollkornbroten genutzt wird. Die Anbaufläche für Roggen ist jedoch rückläufig, was auf den gesunkenen Schwarzbrotverbrauch sowie auf die zunehmende Konkurrenz durch andere Kulturen zurückzuführen ist. Durch neue Forschung wird die Bedeutung von Roggen als trockenheitstolerante Kultur hervorgehoben, was im Kontext der Klimaanpassung einen Vorteil darstellt, da er auf leichten Böden und unter trockenen Bedingungen vergleichsweise hohe Erträge liefert.

6.3.2.2. Ansprüche an Boden und Klima

Aufgrund der veränderten klimatischen Bedingungen, wie häufigeren Trockenperioden und veränderten Niederschlagsmustern, wird die trockentolerante Eigenschaft des Roggens als besonders vorteilhaft betrachtet. Forschungsergebnisse betonen seine Eignung für den Anbau auf Standorten, die durch den Klimawandel besonders belastet sind, und weisen darauf hin, dass Roggen im Vergleich zu anderen Getreidearten eine höhere Resilienz gegenüber Wassermangel und extremen Temperaturen aufweist. Die Bodenreaktion kann in einem weiten Bereich schwanken. Roggen ist die Getreideart der leichten Sandböden. Roggen ist trockenresistent und nützt die Winterfeuchtigkeit sehr gut aus. Unter den Getreidearten verträgt Roggen die tiefsten Temperaturen (–26 °C). Roggen ist allerdings gegen lang liegende Schneedecken und Nässe empfindlich.

Roggenanbau ist praktisch in allen Gegenden und auf allen Böden möglich.
Zur Blütezeit benötigt Roggen eine warme, trockene Witterung, da es sonst leicht zu „schartigen“ Ähren kommen kann (Fremdbestäuber).
Für die Bildung von 1 kg Trockensubstanz (= Transpirationskoeffizient) benötigt Roggen ca. 380 l Wasser. Die Mindestkeimtemperatur liegt bei 2 °C. Vom Aufgang bis zur Ernte benötigt Roggen eine Wärmesumme von 1 800 °C.

6.3.2.3. Fruchtfolge

Roggen ist mit sich selbst verträglich, wodurch auch ein „ewiger Roggenbau“ möglich ist. Roggen stellt an die Vorfrüchte keine Ansprüche. Es muss aber eine zeitgerechte Ernte der Vorfrüchte gewährleistet sein, da für Roggen ein früher Anbau sichergestellt sein muss. Roggen ist aber eine gute Vorfrucht für alle anderen Getreidearten. Er überträgt keine Fußkrankheiten, ist kampfstark gegen Unkräuter und eine Feindpflanze der Älchen. In ökologisch orientierten Fruchtfolgesystemen wird Roggen gegenüber anderen Getreidearten bevorzugt. Roggen ist eine umweltschonende Option für den Biolandbau und minimiert den Bedarf an chemischen Pflanzenschutzmitteln.

6.3.2.4. Düngung

Als Grundlage für die Bemessung der Düngegaben gelten die vom Fachbeirat für Bodenfruchtbarkeit und Bodenschutz herausgegebenen Empfehlungen (siehe Seite 124 ff.).

Die Stickstoffdüngung wird ähnlich wie bei Weizen in Teilgaben verabreicht. Erste Teilgabe als Bestockungsdüngung im Herbst, zweite Teilgabe als Schossdüngung im Frühjahr, Gesamtmenge: 60 bis 110 kg N/ha.

> **Expertenwissen**
> Der Einsatz von sensorgestützter Technologie zur Bestimmung des Stickstoffbedarfs kann helfen, den Düngeeinsatz umweltfreundlicher zu gestalten und so auch den Anforderungen der EU-Richtlinien für nachhaltige Landwirtschaft gerecht zu werden.

6.3.2.5. Saatgut und Sortenwahl

Bei Roggen ist ein ständiger Saatgutwechsel notwendig (Fremdbestäuber!). Es gibt bei den Roggensorten locker- und dichtährige Sorten. Ebenso kann die Farbe der Körner verschieden sein. Sorten mit grünlichen Körnern werden bevorzugt. Roggensorten, die speziell für ein Anbaugebiet gezüchtet werden, lassen eine höhere Ertragssicherheit erwarten als Universalsorten.

Informationsquellen wie bei Weizen!

Bekannte „Normalroggensorten" sind: ....

Bekannte „Hybridsorten": ....

> **Expertenwissen**
> Die Auswahl an Hybridsorten, die an extreme Wetterbedingungen und spezifische regionale Gegebenheiten angepasst sind, wächst. Hybridsorten haben den Vorteil einer höheren Ertragsstabilität und besserer Krankheitsresistenz. Im Rahmen der biologischen Landwirtschaft werden jedoch vermehrt Sorten gezüchtet, die ohne chemischen Pflanzenschutz und synthetische Düngemittel auskommen.

6.3.2.6. Bodenvorbereitung, Anbau und Pflege

Die Bodenvorbereitung für den Roggen erfordert etwas mehr Sorgfalt als für den Weizenanbau. Roggen benötigt ein feines Saatbett mit ausreichendem Bodenschluss – Saatfurche ca. 3 Wochen vor dem Anbau!

Der Anbau erfolgt Mitte September bis Anfang Oktober. Anpassungen der Saatzeit und Saatmenge können sich positiv auf den Ertrag auswirken, insbesondere bei extremen Witterungsbedingungen. Ein früherer Anbau und eine dichtere Saat können dabei helfen, den Ertrag zu stabilisieren, wenn Roggen in Regionen mit hohen Temperaturen oder wechselhaften Niederschlagsmustern angebaut wird. Die Saatmengen liegen bei 120 bis 180 kg/ha.

Anzubauende Körner/m²: ca. 250 im Feuchtgebiet
ca. 350 im Trockengebiet

Tausendkorngewicht: 25 bis 40 g (⌀ 35 g)

Die Saattiefe des Roggens ist gering – 1 bis 3 cm: „Roggen will den Himmel sehen!“

Auf Grund der guten Kampfkraft gegen Unkräuter ist der Pflegebedarf des Roggens sehr gering. Ein Anwalzen des Bodens zur Herstellung des Bodenschlusses kann sowohl im Herbst, besonders aber im Frühjahr notwendig sein.

Berechnen Sie die Saatmenge für Ihr Gebiet! (Siehe Weizen!)

6.3.2.7. Ernte und Ertrag

Roggen wird zum Zeitpunkt der Totreife, die er relativ spät erreicht, geerntet. Bei Roggen besteht eine sehr hohe Auswuchsgefahr!
Gute Durchschnittserträge liegen bei 40 bis 50 dt/ha.

Österr. Durchschnittsertrag: .... dt/ha

Landesdurchschnitt: .... dt/ha

Erträge im eigenen Betrieb: .... dt/ha

Hektolitergewicht: 65 bis 75 kg

Strohertrag: das 1,5- bis 2fache des Kornertrages

Siehe Berichte des Österr. Statistischen Zentralamtes!

Expertenwissen

Durch den Einsatz angepasster Sorten und innovativer Erntetechniken kann die Auswuchsgefahr reduziert werden, was vor allem bei wechselhaftem Wetter während der Erntezeit von Bedeutung ist. Der Einsatz von Resistenzen gegen Auswuchs und verbesserte Lagerungsbedingungen kann die Qualität des Ernteguts steigern.

6.3.2.8. Qualität

Qualitätskriterien für Roggen

	Futterroggen	Interventionsroggen	Mahlroggen
Feuchtigkeit (max.)	14 % (14,5 %)	14 % (14,5 %)	14 % (14,5 %)
Besatz (max.)		12 %	7,5%
davon höchstens: Bruchkorn		3% (5 %)	3%
Kornbesatz	5 %	3 % (5 %)	3 %
Schwarzbesatz	3 %	1 % (3 %)	1 %
Auswuchs (max.)	10 %	2,5 % (4 %)	2 %
kg/min.	65	70	72
Fallzahl min.		120 Sek.	150 Sek.
Amylogramm min.			500 A.E.

Die Kennwerte für die Verarbeitung von Roggenmehlen sind die „Amylogrammwerte". Es sind relative Messzahlen, die über die Verkleisterungskraft des Roggenmehles Auskunft geben.

6.3.3. Gerste

6.3.3.1. Bedeutung

Gerste ist global eine der bedeutendsten Getreidearten und steht in Österreich und anderen europäischen Ländern an vorderer Stelle. Gerste wird einerseits als Futtergerste, andererseits in der technischen Verarbeitung (Braugerste, Rollgerste, Kaffeegerste, Brennereigerste) verwertet. Die Gerste aus Trockengebieten wird hauptsächlich für die Biererzeugung, aus Feuchtgebieten für die Verfütterung verwendet.
Gerste ist vermutlich die älteste Getreideart. Sie wurde nachweislich vor ca. 6000 Jahren bereits angebaut. Die Urheimat der Gerste ist Vorder- und Ostasien (Tibet, Hindukusch, Pamir).
Die Vielzahl der Gerstenformen lässt sich in zwei Reihen einordnen:
mehrzeilige Gersten – 4 und 6 Kornzeilen – sind fast ausschließlich Futtergersten;

Verschiedene Gerstenformen (Ähre von oben gesehen).

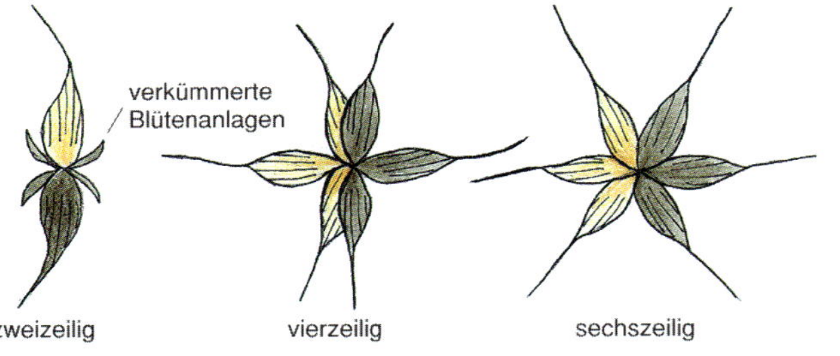

zweizeilige Gersten – mit aufrechten und nickenden Ähren – sind meist Sommergersten und liefern Qualitätsgersten.

> **Expertenwissen**
> Durch den Klimawandel und die zunehmende Bedeutung nachhaltiger Anbaumethoden gewinnt die Trockentoleranz der Gerste an Relevanz. Vor allem in Trockengebieten Europas wird Gerste aufgrund ihrer kurzen Vegetationszeit und ihrer Fähigkeit, Trockenstress zu überstehen, immer wichtiger. Dies gilt insbesondere für zweizeilige Braugersten, die als Qualitätsgetreide für die Brauindustrie geeignet sind.

6.3.3.2. Ansprüche an Boden und Klima

Die Anforderungen von zweizeiliger Sommergerste an Boden und Klima sind hoch, insbesondere bei der Braugerste. Braugersten bevorzugen gut durchlässige Böden mit pH-Werten im neutralen bis leicht alkalischen Bereich. Schwarzerdeböden gelten als ideal. Futtergerste bzw. Wintergerste stellt geringere Ansprüche.
Neuumbruch, anmoorige, sehr sandige und saure Böden scheiden für den Gerstenanbau aus.
Mit Ausnahme der Braugerste sind die Klimaansprüche nicht sehr hoch. Gerste gedeiht in trockenen Lagen und bei Verwendung standfester Sorten auch in Feuchtgebieten. Gerste kann selbst dort angebaut werden, wo Hafer nicht mehr ausreift.
Der Wasserbedarf liegt bei ca. 320 l/kg Trockenmasse.

Durch die kurze Vegetationszeit der Sommergerste genügt eine Wärmesumme von 1 200 °C. Die Mindestkeimtemperatur liegt bei 3 bis 4 °C. Auf Grund der geringen Wuchshöhe eignet sich Gerste auch als Deckfrucht für Untersaat wie Klee u. dgl.

Wintergerste zeichnet sich zusätzlich durch eine bemerkenswerte Kälteverträglichkeit aus. Moderne Wintergerstensorten können Temperaturen von bis zu –15 °C standhalten, sofern sie gut bestockt sind und eine schützende Schneedecke vorliegt. Dies macht sie besonders geeignet für Regionen mit strengen Wintern. Bei längeren Kahlfrösten ohne Schneeschutz besteht jedoch ein erhöhtes Risiko von Frostschäden. Die Wahl frostresistenter Sorten ist in diesen Gebieten von entscheidender Bedeutung.

Expertenwissen

Für den Anbau von Braugerste wird vermehrt auf bodenschonende Verfahren und eine angepasste Fruchtfolge gesetzt, um Bodenerosion und Nährstoffverlust zu verhindern. Die Verwendung standfester Sorten ist in Gebieten mit intensiveren Niederschlägen besonders wichtig, da solche Sorten stabilere Erträge bieten. Wintergerste kann auch auf weniger idealen Böden gedeihen und weist eine höhere Ertragsstabilität auf.

6.3.3.3. Fruchtfolge

Gerste ist mit sich selbst, mit dem Weizen und dem Hafer nur schlecht verträglich. Eine mehrmalige Aufeinanderfolge von Gerste ist nur unter bestimmten Bedingungen möglich.

Gerstenmonokulturen in England!

In Anbetracht der Anfälligkeit von Gerste für bestimmte Bodenpathogene wird eine fruchtfolgebasierte Anbaustrategie empfohlen. Braugerste sollte auf Blattfrüchte wie Kartoffeln und Zuckerrüben folgen, um den Krankheitsdruck zu minimieren und den Ertrag zu stabilisieren. Die Einhaltung einer vielseitigen Fruchtfolge wird empfohlen, um die Bodengesundheit langfristig zu erhalten.

Beispiele:

Frühkartoffel – Wintergerste – Winterroggen

Zuckerrübe – Sommergerste – Winterweizen

Sommergerste stellt an die Vorfrucht höhere Ansprüche als Wintergerste.

6.3.3.4. Düngung

Expertenwissen

Stickstoffdüngung für Gerste sollte optimiert werden, um den Eiweißgehalt für Braugersten möglichst niedrig zu halten. Eine späte Stickstoffdüngung wird vermieden, da sie den Eiweißgehalt erhöhen kann, was sich negativ auf die Brauqualität auswirkt. Die Verwendung von bodenschonenden organischen Düngemitteln wird empfohlen, um die Bodenstruktur zu verbessern und die Nährstoffverfügbarkeit langfristig zu sichern.

Die Düngungsempfehlungen orientieren sich an den aktuellen Standards für Bodenfruchtbarkeit und dem Schutz natürlicher Ressourcen.

6.3.3.5. Saatgut und Sortenwahl

Die Wahl der Gerstensorte hängt von der Nutzungsrichtung ab. Qualitätskriterien wie Korngröße und Standfestigkeit sind besonders für Braugerste von Bedeutung. Neben den traditionellen Sorten gewinnen Hybridgerstensorten zunehmend an Bedeutung. Diese Sorten zeichnen sich durch folgende Vorteile aus:

- **Höhere Ertragsstabilität:** Hybridgersten bieten eine bessere Anpassung an unterschiedliche Standorte und Witterungsbedingungen.
- **Verbesserte Krankheitsresistenz:** Besonders gegen Blattkrankheiten wie Mehltau und Ramularia.
- **Effizientere Nährstoffnutzung:** Hybridgersten benötigen weniger Stickstoffdünger, was die Umweltbelastung reduziert.

Weitere Kriterien für die Sortenwahl:
- Nutzungsrichtung – Braugerste, Futtergerste;
- Qualität – Kornsortierung, Extraktausbeute;
- Standfestigkeit;
- Krankheitsresistenz – besonders gegen Mehltau.

Informationsquellen wie bei Weizen!

Bekannte Sommergerstesorten:

....

....

6.3.3.6. Bodenvorbereitung, Anbau und Pflege

Die Tiefe der Saatfurche im Herbst liegt bei ca. 25 cm. Ein grobes Einebnen im Herbst (Schleppe – Eggenkombination) wird auf manchen Böden zielführend sein. Sehr grobschollige Böden sollen in „rauer Furche" in den Winter gehen.
Im Frühjahr soll mit möglichst wenig Arbeitsgängen ein mittelfeines Saatbett hergerichtet werden (Schleppe – Egge; Egge – Stegwalzenkrümler). Gerste wird nach Sommerweizen und Hafer möglichst früh in einer Tiefe von 3 bis 4 cm angebaut.

Berechnen Sie die Saatmenge für Ihr Gebiet! (Siehe Weizen!)

Die Saatmenge beträgt 140 bis 180 kg/ha.

Anzubauende Körner/m²:	ca. 300 im Feuchtgebiet
	ca. 400 im Trockengebiet
Tausendkorngewicht:	35 bis 50 g (⌀ 44 g)

Gerste verträgt ein „Einschmieren" auf bindigen Böden nur sehr schlecht. Ebensowenig verträgt sie Oberflächenverkrustungen und Untergrundverdichtungen. Ein Striegeln der Gerste ist bis zum „Spitzen" und erst nach Ausbildung des vierten Blattes möglich. Insbesondere die Kombination aus mechanischer Unkrautbekämpfung und minimaler Bodenbearbeitung bietet sich an, um die Konkurrenzfähigkeit der Gerste gegenüber Unkräutern zu stärken. Sommergerste besitzt nur eine sehr geringe Kampfkraft gegen Unkräuter. Ein Einsatz chemischer Mittel ist daher meist unumgänglich.

6.3.3.7. Ernte und Ertrag

Siehe Berichte des Österr. Statistischen Zentralamtes!

Die Ernte erfolgt zum Zeitpunkt der Totreife. Gute Durchschnittserträge liegen bei 60 bis 65 dt/ha. Hybridgerstensorten können unter optimalen Bedingungen sogar Erträge von bis zu 70 dt/ha erreichen – bei Wintergerste erwartet man gute Erträge zwischen 70 und 90 dt/ha. Um die Qualität zu maximieren und die Gefahr von Auswuchs zu minimieren, wird ein früher Erntetermin bei optimalen Witterungsbedingungen empfohlen.

- **Österreichischer Durchschnittsertrag:** 63 dt/ha (Stand 2025).
- **Landesdurchschnitt:** 58 bis 65 dt/ha, abhängig von Region und Anbauintensität.
- **Hektolitergewicht:** Um 65 bis 68 kg/hl schwankend.
- **Strohertrag:** Das 0,8- bis 1,3-Fache des Kornertrages.

6.3.3.8. Qualität

Braugerstenqualität liefern nur die zweizeiligen Sommergersten.
Bei der Beurteilung der Brauqualität gelten in Österreich derzeit folgende Grenzwerte:

Qualitätskriterien Futtergerste

	Futtergerste
Feuchtigkeit (max.)	14 % (14,5 %)
Besatz (max.)	12 %
davon höchstens: Bruchkorn	3 % (5 %)
Kornbesatz	5 % (12 %)
Schwarzbesatz	1 % (3 %)
Auswuchs (max.)	2,5 % (6 %)
kg/min.	64 (62)

Qualitätskriterien für Braugerste

	Braugerste*
Feuchtigkeit (max.)	14 % (14,5 %)
Sortierung > 2,5 mm min.	90 % (88 %)
Ausputz max.	2 %
Eiweiß max.	11 % (12 %)
Eiweiß min.	9,5 %
Keimfähigkeit min.	95 % (93 %)
Wintergerste max.	2 % (4 %)
aufgeplatzte Körner max.	2 %

* laut Übernahmekriterien der Mälzereien (mit Minderwert/Stoßgrenze)

Braugerste mit mehr als 1 Gewichtsprozent Bruch und/oder beschädigten (angefressenen) Körnern, mehr als 1 Gewichtsprozent Auswuchs sowie mehr als 1 Gewichtsprozent Besatz wird nicht übernommen.
Sortenreinheit mindestens 95 %

6.3.3.9. Wintergerste

- Höhere Ertragsleistung – bei guter Überwinterung ca. 10 % mehr im Vergleich zur Sommergerste;
- günstigere Arbeitsverteilung – durch Frühreife;
- gute Erträge auch auf schlechteren Standorten.

Die Saatmengen liegen bei ca. 150 bis 220 kg/ha. Der Anbau sollte ab Mitte September erfolgen, da sich die Wintergerste im Herbst bestocken muss. Wintergerste besitzt eine gute Kampfkraft gegen Unkräuter.
Alle derzeitigen Wintergerstensorten sind gegen längere Kahlfröste und lang liegende Schneedecken empfindlich.
Hybridwintergerstensorten bieten hier jedoch Verbesserungen hinsichtlich Überwinterung und Ertragssicherheit.

Bekannte Wintergerstensorten: ....

....

Informationsquellen wie bei Weizen!

6.3.4. Hafer

6.3.4.1. Bedeutung

Die Hauptnutzung von Hafer liegt weiterhin in der Tierfütterung und der Verarbeitung zu Haferflocken und Hafermehl. In der ökologischen Landwirtschaft gewinnt Hafer zunehmend an Bedeutung, da er sich gut für Fruchtfolgen und Unkrautunterdrückung eignet und geringe Anforderungen an den Pflanzenschutz stellt.
Die Heimat des Hafers liegt in Asien. Sein Hauptanbaugebiet liegt heute in Nordeuropa.
Die heutigen Hafersorten sind die rohfaserreicheren Industriehafersorten (Weißhafer) und die rohfaserärmeren Futterhafersorten (Gelbhafer) sowie Nackthafersorten (für Biobetriebe).
Die Rispen des Hafers können verschieden ausgeformt sein.

Expertenwissen

Angesichts der wachsenden Nachfrage nach Haferprodukten (Hafermilch etc.) aufgrund ihrer gesundheitlichen Vorteile und der Popularität pflanzlicher Ernährungsweisen wird Hafer verstärkt als Lebensmittel angebaut. Die Nachfrage nach Nackthafersorten, die sich besonders für den Anbau in Biobetrieben eignen, ist gestiegen. Diese Sorten sind besonders rohfaserarm und weisen hohe Nährstoffdichten auf.

6.3.4.2. Ansprüche an Boden und Klima

Hafer stellt an den Boden nur geringe Ansprüche. Die Wasserspeicherung muss aber gut sein. Hafer gedeiht auch auf Wiesenumbruch, Moor- und schlechten Lehmböden. Auch auf Böden mit einer sauren Bodenreaktion gedeiht Hafer.

Der Wasserbedarf des Hafers ist hoch – pro kg Trockenmasse 550 l Wasser. Die Wasserversorgung muss besonders während des Keimens und Schossens sichergestellt sein. Die Temperatursumme von Aufgang bis zur Vollreife beträgt 1 600 °C. Hafer verträgt Nebel- und Bewölkungshäufigkeit, ist eine ausgesprochene Langtagpflanze und hat die längste Wachstumszeit der Sommergetreidearten.

Expertenwissen

Durch die zunehmend trockeneren Sommer und die Verknappung der Wasserressourcen in Mitteleuropa wird empfohlen, Hafersorten auszuwählen, die eine höhere Trockenheitstoleranz aufweisen. Dabei sind tief wurzelnde Sorten vorteilhaft, die auf Wasserreserven in tieferen Bodenschichten zugreifen können. Eine Wasserversorgung während der Keimung und des Schossens bleibt weiterhin entscheidend für eine stabile Ernteleistung.

6.3.4.3. Fruchtfolge

Hafer ist mit sich selbst nicht verträglich. Auf Grund des Befalles durch Haferälchen sind mindestens 4-jährige Anbaupausen notwendig. An die Vorfrucht stellt Hafer nur geringe Ansprüche, hat aber selbst die beste Vorfruchtwirkung unter den Getreidearten. Zur Förderung der Bodenfruchtbarkeit wird empfohlen, Hafer in Fruchtfolgen mit Leguminosen und Hackfrüchten einzusetzen. Die Praxis der Mischkulturen, insbesondere mit stickstofffixierenden Pflanzen, ist in ökologischen Anbausystemen besonders wertvoll, da dies den Stickstoffbedarf im Boden natürlich erhöht und eine nachhaltige Bodennutzung unterstützt.

Beispiele: Klee – Hafer – Kartoffel
Kartoffel – Hafer – Roggen
Weizen – Hafer – Mais

6.3.4.4. Düngung

Die Stickstoffdüngung für Hafer bleibt moderat und erfolgt oft in zwei Teilgaben: eine zur Aussaat und eine weitere während des Schossens.
Es wird empfohlen, die Stickstoffgaben im ökologischen Anbau durch organische Düngemittel wie Kompost oder Gülle zu ergänzen. Durch eine ausgewogene Nährstoffzufuhr, angepasst an die Bodenbeschaffenheit, können die Nährstoffeffizienz und der Ertrag nachhaltig gesteigert werden. Übermäßige Stickstoffgaben sollten vermieden werden, um Auswaschungsverluste zu reduzieren und die Umweltbelastung gering zu halten.

6.3.4.5. Saatgut und Sortenwahl

Die Sortenwahl ist abhängig vom Verwendungszweck. Weißhafer wird meist für die industrielle Nutzung, Gelbhafer als Futterhafer verwendet. Für den ökologischen Anbau eignen sich besonders Nackthafersorten.

Bekannte Sorten:

Weißhafer: ....

Gelbhafer: ....

Schwarzhafer: ....

Nackthafer: ....

Expertenwissen

Neue Haferzüchtungen mit höherer Krankheitsresistenz und besserer Trockenheitstoleranz sind verfügbar. Nackthafersorten, die sich für den ökologischen Anbau eignen und einen reduzierten Spelzenanteil aufweisen, gewinnen an Beliebtheit. Diese Sorten benötigen weniger Nachbearbeitung und sind reich an essentiellen Nährstoffen wie Beta-Glucanen, was sie für die menschliche Ernährung wertvoll macht.

6.3.4.6. Bodenvorbereitung, Anbau und Pflege

Hafer stellt an die Saatbettvorbereitung geringe Ansprüche, verlangt aber eine möglichst frühe Saat – „Maihafer ist Spreuhafer“. Mechanische Unkrautbekämpfung, wie Striegeln, ist besonders im ökologischen Anbau empfehlenswert, um den Pflegeaufwand gering zu halten und den Boden zu schonen.

Saattiefe: ca 3 cm
Saatmenge: 150 bis 180 kg/ha
Anzubauende Körner/m^2: ca. 330 bis 450
Tausendkorngewicht: 25 bis 40 g (⌀ 35 g)

6.3.4.7. Ernte und Ertrag

Die Ernte erfolgt zum Zeitpunkt der Vollreife. Bei Hafer ist Vorsicht geboten, da das Korn früher ausreift als das Stroh. Kornausfall tritt häufig auf!

Gute Durchschnittserträge liegen bei 35 bis 45 dt/ha.

Österr. Durchschnittsertrag: .... dt/ha

Landesdurchschnitt: .... dt/ha

Erträge im eigenen Betrieb: .... dt/ha

Hektolitergewicht: um 50 kg schwankend

Strohertrag: das 13fache des Kornertrages

Expertenwissen

Durch den Klimawandel bedingte Wetterextreme erfordern eine flexible Ernteplanung, um Qualitätseinbußen zu vermeiden. Moderne Erntetechniken und optimierte Erntetermine tragen dazu bei, die Erträge stabil zu halten.

6.3.5. Dinkel (Spelzweizen)

6.3.5.1. Ansprüche an Boden und Klima:

Dinkel kann in rauen Lagen wegen seiner Robustheit, Anspruchslosigkeit und Winterhärte angebaut werden. Auch auf flachgründigen Gesteinsböden sind noch zufriedenstellende Erträge zu erzielen.

Aufgrund zunehmender Trockenperioden wird der Dinkelanbau in den vergangenen Jahren bevorzugt in Böden mit guter Wasserspeicherfähigkeit empfohlen. Dinkel toleriert saure bis neutrale Böden (pH-Wert 5,5 bis 7,0) und ist eine der bevorzugten Getreidearten in ökologischen Anbausystemen aufgrund seiner natürlichen Resistenz gegenüber Krankheiten und seiner Fähigkeit, auf nährstoffärmeren Böden zu wachsen.

6.3.5.2. Fruchtfolge

In der Fruchtfolge sollte Dinkel wie andere Getreidearten eingereiht werden, wobei darauf zu achten ist, dass er gut mit Blattfrüchten oder Leguminosen kombiniert wird, um den Bodenfruchtbarkeitsstatus zu erhalten und eine höhere Ertragsstabilität zu gewährleisten. Dies ist besonders für ökologische Landwirtschaftsbetriebe vorteilhaft, um die Bodenfruchtbarkeit langfristig zu erhalten.

6.3.5.3. Düngung

Der Nährstoffbedarf entspricht etwa dem des Weizens. Bei Dinkel, der einen Wuchs zeigt, der anfangs kriechend ist, einen Halm aufweist, der ab dem Schossen dünnwandig und hohl ist und stark behaarte Blätter besitzt, ist bei der Stickstoffdüngung wegen der Lagergefahr besondere Vorsicht geboten.

Expertenwissen

Zur Vermeidung der Lagerprobleme und der Förderung einer gleichmäßigen Bestockung empfiehlt sich eine angepasste Stickstoffgabe, die in mehreren kleineren Teilgaben (ca. 60-100 kg N/ha) erfolgt. Dies reduziert die Anfälligkeit für Lagerung und erhöht die Ertragssicherheit. Organische Düngemittel wie Kompost oder Gülle werden insbesondere im ökologischen Anbau bevorzugt, um die Bodenstruktur und die mikrobielle Aktivität zu fördern.

6.3.5.4. Bodenbereitung, Anbau und Pflege

Die Saatbettvorbereitung sollte etwas tiefer erfolgen, da die Saattiefe 4 bis 5 cm beträgt. Der ideale Saatzeitpunkt liegt zwischen Anfang bis Mitte Oktober. Dinkel kann sich auch im Frühjahr bestocken, sodass ein späterer Saattermin bei Erhöhung der Saatstärke nur minimale Ertragseinbußen bewirkt. Die Saatstärke sollte in Abhängigkeit vom Saattermin etwa 200 bis 250 kg je ha ungeschälter Dinkel (= Vesen) betragen.

Saattiefe: ca. 3 cm
Saatmenge: 200 bis 300 kg/ha
Anzubauende Körner/m^2: 350 bis 450
Tausendkorngewicht: 90 bis 130 g

Unkrautbekämpfung: Es können ähnliche Maßnahmen wie bei Weizen getroffen werden.
Krankheiten und Schädlinge: Ebenfalls wie bei Weizen. In höheren Lagen wird Dinkel selten von Blattkrankheiten befallen. In tiefen Lagen ist aber auf Mehltaubefall besonders zu achten.

6.3.5.5. Ernte und Ertrag

Der Erntezeitpunkt liegt zwischen Mitte Juli und Ende August. Beim Drusch sollte der Dreschkorb weiter geöffnet werden. Ebenso ist die Trommeldrehzahl und der Wind zu drosseln, um Ernteverluste zu vermeiden.

Expertenwissen

Dinkel wird häufig zur Brotherstellung und für Teigwaren verwendet und ist zunehmend gefragt, da er gentechnikfrei gezüchtet wird und glutenarm ist. In der ökologischen Vermarktung gewinnt er zunehmend an Bedeutung, auch wegen seines unverarbeiteten Spelzes, der den Kornschutz verbessert und die Haltbarkeit verlängert.

6.3.6. Triticale

6.3.6.1. Bedeutung

Triticale ist eine Kreuzung zwischen Weizen und Roggen und wird besonders für Böden empfohlen, die für den Weizenanbau weniger geeignet sind. Aufgrund seiner genetischen Herkunft zeigt Triticale eine verbesserte Winterhärte und Toleranz gegenüber Trockenheit und niedrigen pH-Werten im Vergleich zu Weizen, wodurch er auch auf marginalen Böden eine alternative Getreidekultur für Mitteleuropa darstellt.

6.3.6.2. Ansprüche an Boden und Klima

Triticale eignet sich insbesondere für den Anbau auf Standorten, die für Weizen zu wenig fruchtbar oder zu trocken sind. Aufgrund seiner Robustheit kann Triticale auf Standorten mit leicht sauren bis neutralen Böden (pH 5,5 bis 7) gut gedeihen. Diese Getreideart ist besonders trockenheitsresistent und zeigt sich anpassungsfähig gegenüber klimatischen Schwankungen, was sie zu einer wertvollen Kultur im Zuge des Klimawandels macht. Im ökologischen Landbau findet Triticale zunehmend Einsatz, da er auf synthetische Stickstoffdüngung gut verzichten kann und aufgrund seiner genetischen Vielfalt weniger anfällig für Krankheiten ist.

6.3.6.3. Fruchtfolge und Düngung

Triticale eignet sich gut als Alternative in getreidestarken Fruchtfolgen und kann Weizen sinnvoll ersetzen, besonders auf Standorten, die für Roggen geeignet sind. Dennoch sollte bei Triticale wegen der Lageranfälligkeit in guten Böden zurückhaltend gedüngt werden. Eine Stickstoffgabe von 80 bis 120 kg N/ha wird empfohlen, aufgeteilt in eine Grund- und eine Schossgabe, um die Lagergefahr zu reduzieren und eine gleichmäßige Bestockung zu fördern. Im ökologischen Anbau hat sich die Kombination von organischen Düngemitteln und Zwischenfrüchten als besonders effektiv erwiesen, um die Bodenfruchtbarkeit und Ertragssicherheit zu erhöhen.

6.3.6.4. Saatmenge und -tiefe

Saattiefe: ca. 3 cm
Saatmenge: 130 bis 190 kg/ha
Anzubauende Körner/m²: 350 bis 400
Tausendkorngewicht: 38 bis 47 g

6.3.6.5. Ernte und Ertrag

Triticale erzielt unter optimalen Bedingungen Erträge zwischen 60 und 80 dt/ha, abhängig von Boden- und Klimaverhältnissen. Auf marginalen Böden, die für Weizen weniger geeignet sind, können noch Erträge von 40 bis 60 dt/ha erreicht werden.

Expertenwissen

Nutzung und Akzeptanz

Triticale findet in der Tierfütterung zunehmend Anwendung, da er durch den höheren Eiweißgehalt und die gute Verdaulichkeit einen wertvollen Bestandteil von Futtermischungen darstellt. In der menschlichen Ernährung gewinnt Triticale ebenfalls an Bedeutung, da es in der Brotherstellung und als wertvolle Ergänzung für Teigwaren verwendet wird. Dies trägt der steigenden Nachfrage nach alternativen und gentechnikfreien Getreidearten Rechnung, die von der Bevölkerung positiv aufgenommen wird. Die aktuellen EU-Richtlinien und die österreichische Gesetzgebung fördern Triticale als gentechnikfreie Kultur, die durch natürliche Kreuzungen ohne Gentechnik entwickelt wurde.

Im Vergleich zu Roggen und Weizen zeigt Triticale eine höhere Ertragssicherheit, insbesondere in Trockenjahren.

Der Strohanteil beträgt in der Regel das 1,2- bis 1,5-Fache des Kornertrages. Aufgrund der guten Anpassungsfähigkeit an unterschiedliche Standortbedingungen ist Triticale eine vielseitige Kultur, die sowohl für die Tierfütterung als auch für die menschliche Ernährung genutzt werden kann.

6.3.7. Vertragsanbau bei Getreide

Der Vertragsanbau von Getreide, insbesondere für Brotweizen, Durum-Weizen und Braugerste, spielt eine wichtige Rolle, um die Marktnachfrage nach speziellen Qualitätsstandards und nachhaltigen Anbaupraktiken zu sichern. Die jährlichen Vertragsanbaurichtlinien werden in Zusammenarbeit zwischen landwirtschaftlichen Organisationen und Abnehmern erstellt und enthalten zunehmend Anforderungen an nachhaltige Bewirtschaftung, wie z. B. bodenschonende Bearbeitung und reduzierte Düngemittel- sowie Pflanzenschutzmitteleinsätze. Es wird empfohlen, diese Richtlinien zeitnah vor der Anbauplanung zu prüfen, um eine optimale Erfüllung der Qualitäts- und Nachhaltigkeitsstandards zu gewährleisten.

6.4. Pflanzenschutz im Getreidebau

Der Pflanzenschutz im Getreidebau erfordert eine ausgewogene Kombination von präventiven und kurativen Maßnahmen, die sich an den Prinzipien des integrierten Pflanzenschutzes orientieren. Hierbei stehen die Schonung von Nützlingen, Reduktion des chemischen Mitteleinsatzes und die Förderung der Bodenfruchtbarkeit im Vordergrund (Schmidt & Bauer, 2024). Der Einsatz von chemischen Pflanzenschutzmitteln ist kritisch zu überdenken, insbesondere im Hinblick auf die Haltung der Bevölkerung gegenüber Pestiziden und die neue EU-Gesetzgebung, die eine Reduktion des chemischen Einsatzes bis 2030 fordert.

6.4.1. Wichtige Krankheiten

Wichtige Pilzkrankheiten im Getreidebau umfassen samen-, boden- und windbürtige Erreger. Durch den Einsatz resistenter Sorten und einer ausgewogenen Fruchtfolge kann der Krankheitsdruck erheblich reduziert werden. Samenbürtige Krankheiten wie Weizensteinbrand und Gerstenflugbrand können durch moderne Saatgutbehandlungsmethoden, die auf biologische und chemische Beizstoffe zurückgreifen, effektiv kontrolliert werden. Um die Umweltbelastung zu minimieren, werden zunehmend alternative Beizmethoden eingesetzt, die Nützlinge schonen und die Bodenfruchtbarkeit erhalten.

6.4.1.1. Samenbürtige Pilzkrankheiten

Weizensteinbrand	Haferflugbrand
Gerstenhartbrand	Gerstenflugbrand

Die Pilze überdauern am oder im Korn und bewirken eine Keimlings- oder Blüteninfektion.

Samenbürtige Krankheiten sind durch Saatgutbeizung bekämpfbar! Die Streifenkrankheit der Gerste wurde in Österreich durch verbesserte Fruchtfolgen und resistente Sorten praktisch eliminiert und ist nicht mehr relevant.

6.4.1.2. Samen- und bodenbürtige Pilzkrankheiten

Schneeschimmel
Zwergsteinbrand
Spelzenbräune des Weizens
Netzfleckenkrankheit der Gerste
Braunfleckigkeit der Gerste
Braunfleckigkeit des Hafers
Ährenfusariose

Die Pilze überdauern am Korn oder im Boden. Infektionen in den verschiedenen Entwicklungsstadien des Getreides; Samen- und bodenbürtige Krankheiten sind durch Saatgutbeizung meist ausreichend bekämpfbar!

Die Ramularia-Blattfleckenkrankheit zählt ebenfalls zu den bodenbürtigen Krankheiten und erfordert eine sorgfältige Prävention durch angepasste Anbaupraktiken. Die **Ramularia-Blattfleckenkrankheit (Ramularia collo-cygni)** gewinnt zunehmend an Bedeutung. Diese Krankheit führt zu erheblichen Ertragseinbußen und Qualitätsverlusten, insbesondere bei Gerste. Die Bekämpfung erfolgt durch:

- Einsatz resistenter Sorten;
- Fruchtfolgegestaltung zur Reduzierung der Krankheitslast;
- gezielten Fungizideinsatz in frühen Entwicklungsstadien der Pflanze.

6.4.1.3. Bodenbürtige (windbürtige) Pilzkrankheiten

Bodenbürtige Pilzkrankheiten wie Fusarium und Netzfleckenkrankheit werden durch Fruchtwechsel, gezielte Bodenbearbeitung und reduzierte Stickstoffgaben kontrolliert. Zusätzlich wird die biologische Behandlung der Pflanzenreste nach der Ernte als wichtige Präventionsmaßnahme gegen Überwinterungspilze empfohlen.

Fußkrankheiten

Halmbruchkrankheit
Schwarzbeinigkeit
Fusarium-Arten
Netzfleckenkrankheit

Zusätzlich wird die biologische Behandlung von Pflanzenresten nach der Ernte als wichtige Präventionsmaßnahme empfohlen. Dies reduziert die Überwinterung von Pilzsporen und fördert die Bodenfruchtbarkeit.

Rostarten

Schwarzrost des Hafers, Roggens und Weizens
Braunrost des Roggens und Weizens
Zwergrost der Gerste
Kronenrost des Hafers
Gelbrost

Getreidemehltau

Getreideschwärze

Bodenbürtige (windbürtige) Krankheiten sind durch Saatgutbeizung meist nicht bekämpfbar. Häufig müssen Fungizide und zur Verbesserung der Standfestigkeit auch zusätzliche Halmverkürzungsmittel eingesetzt werden.

Ansatzpunkte von Schädlingen und Krankheiten an einer Pflanze

Krankheiten

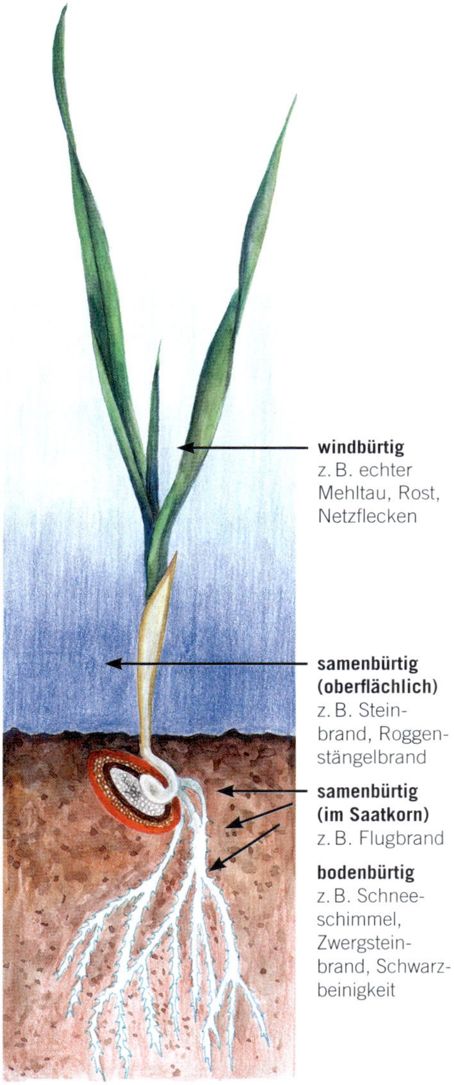

Braunrost (windbürtig)

Pfirsichblattlaus

Flugbrand

Schneeschimmel

Zwergsteinbrand

Drahtwurm

Mit den heute zur Verfügung stehenden Beizen wie Baytan, Raxil, Subitol oder Gaucho sind all diese Erreger hervorragend zu kontrollieren.

Zur allgemeinen Vorbeugung gegen Pilzkrankheiten und vor dem Einsatz chemischer Mittel sollten folgende Punkte beachtet werden:

- Einhaltung gesunder Fruchtfolgen,
- Auswahl resistenter Sorten, (z. B. gegen Ramularia);
- ausreichende Humusversorgung,
- harmonische Düngung,
- richtige Bodenbearbeitung und Pflegemaßnahmen zur Förderung der Pflanzenentwicklung sowie
- eventuelle Beseitigung verseuchter Rückstände.

6.4.2. Wichtige Schädlinge

Die Reduktion der Schädlinge, die an oberirdischen Organen wie Getreidehähnchen und Blattläusen leben, erfolgt durch den gezielten Einsatz von Nützlingen und natürlichen Schädlingsregulatoren wie Raubmilben und Marienkäfern. Bei starkem Befall sind Pflanzenschutzmittel nur noch punktuell und unter strenger Berücksichtigung der EU-Vorgaben für bienengefährdende Insektizide einzusetzen.

Im Boden lebende Schädlinge wie der Drahtwurm und die Hafernematode werden durch eine Kombination aus Fruchtfolge, Anbau von Zwischenfrüchten wie Senf und gezielte biologische Maßnahmen kontrolliert.

6.4.2.1. An oberirdischen Organen lebende Schädlinge

Fritfliege	Getreidewanzen	Getreidewickler
Getreidehähnchen	Gerstenminierfliege	Getreideblattläuse
Getreidethrips		

6.4.2.2. Im Boden lebende Schädlinge

- Drahtwurm
- Hafernematode (= Älchen)
- Getreidelaufkäfer

Verwenden Sie zur weiteren Information und zur Übung im Erkennen sowie in der Bekämpfung die Broschüre „Wichtige Krankheiten und Schädlinge im Getreidebau" und die Sondernummer 2 – „Der Pflanzenarzt" – der Bundesanstalt für Pflanzenschutz in Wien.

6.4.3. Unkrautbekämpfung

Ziel der Unkrautbekämpfung ist die Vernichtung oder Unterdrückung von Schadpflanzen. Im Sinne des integrierten Pflanzenschutzes sind kulturtechnische und chemische Maßnahmen sinnvoll einzusetzen.

6.4.3.1. Kulturtechnische Maßnahmen

Kulturtechnische Maßnahmen sind aufgrund der neuen EU-Regulierungen zur Reduktion chemischer Unkrautbekämpfungsmittel wieder verstärkt im Einsatz. Methoden wie regelmäßiges Eggen und Striegeln haben sich in der Praxis bewährt und fördern gleichzeitig die Belüftung und Struktur des Bodens, was die Unkrautunterdrückung verstärkt.
Die mechanische Unkrautbekämpfung im Getreide beginnt mit der Bodenbearbeitung nach der Ernte der Vorfrucht. Der Einsatz „wühlender" Geräte (z. B. Schwergrubber) ist für die Bekämpfung von Wurzelunkräutern, die in einem emp-

findlichen Stadium getroffen werden, besonders gut geeignet. Ebenso können Samenunkräuter, die auflaufen, durch die wiederholte Bearbeitung mit Eggenkombinationen zumindest teilweise vernichtet werden.
Mit Egge und Striegel lassen sich Samenunkräuter bis zum Spitzen des Getreides und dann wieder ab dem 3-Blatt-Stadium bis zur Bestockung bekämpfen.

6.4.3.2. Chemische Maßnahmen

Die chemische Unkrautbekämpfung sollte nur als ergänzende Maßnahme zu den kulturtechnischen Methoden eingesetzt werden. Bei der Auswahl der Herbizide ist die Nähe zu empfindlichen Kulturen zu beachten, und Kombinationen von Herbiziden mit Pflanzenschutzmitteln wie Fungiziden sind sorgfältig zu planen, um die Umweltbelastung zu minimieren. Im Sinne des integrierten Pflanzenschutzes wird empfohlen, besonders resistente Unkräuter nur bei Bedarf zu behandeln und den allgemeinen Herbizideinsatz auf das Wesentliche zu beschränken, um die Bodenqualität zu erhalten und den Richtlinien der EU gerecht zu werden.

Genügen kulturtechnische Maßnahmen und die Kampfkraft des jeweiligen Getreides nicht, müssen chemische Mittel eingesetzt werden. Dies bedeutet:

- arbeitswirtschaftliche Vorteile,
- Vereinfachung der Fruchtfolge sowie
- günstige Bedingungen für den Mähdreschereinsatz.

Vor der Auswahl eines Herbizides ist der Feldbestand zu besichtigen, wobei folgende Gesichtspunkte zu beachten sind:

- Welche Unkräuter sind zu bekämpfen – (z. B. sind sie einkeimblättrig oder zweikeimblättrig usw.)?
- In welchem Entwicklungsstadium befinden sich die Unkräuter?

Einkeimblättrige Unkräuter	*Zweikeimblättrige Unkräuter*
Keimstadium	Keimstadium
Keimblattstadium	Keimblattstadium
Kleines Büschelstadium (2 bis 4 Blatt)	Kleines Rosettenstadium
Großes Büschelstadium (4 bis 6 Blatt)	Großes Rosettenstadium

- Ob Unkraut schwer oder leicht bekämpfbar ist?
- Nähe der empfindlichen Kulturen (Abtriftschäden vermeiden!)
- Bekämpfungswürdigkeit der Unkräuter
- Kombinationsmöglichkeiten bei der Unkrautbekämpfung – z. B. Kombinationen von

  Herbizid + Blattdünger,
  Herbizid + Halmverkürzungsmittel (CCC),
  Herbizid + Fungizid sowie
  Herbizid + Fungizid + Halmverkürzungsmittel.

Übungs- und Wiederholungsfragen

1. Nennen Sie die Organe einer Getreidepflanze!

   ....

   ....

   ....

2. Zählen Sie drei Arten von Winterschäden auf!

   ....

   ....

3. Stellen Sie die Auswirkungen von Hitze und Trockenheit den Feuchtigkeitsschäden an Getreide gegenüber!

Hitze- und Trockenschäden:	Feuchtigkeitsschäden:
....	....
....	....
....	....

4. Berechnen Sie folgendes Beispiel!
   Gegeben sind: BD: 400 ährentragende Halme/m^2
   durchschnittliche Kornzahl pro Ähre: 28
   TKG: 45 g

   a) Wie hoch ist der Ertrag in kg/ha?

   b) Welche Ertragsminderung ergibt sich, wenn pro Ähre vier Körner fehlen?

   ....

   ....

5. Nennen Sie die Entwicklungsabschnitte des Getreides!

   ....

   ....

6. Nennen Sie Faktoren, die die Bestockung des Getreides fördern!

   ....

   ....

7. Nennen Sie je ein Kennzeichen der Reifestadien!

Reifestadium:	Kennzeichen:
....	....
....	....
....	....

8. Beurteilen Sie die Stellung des Weizens in der Fruchtfolge!

....

....

9. Nennen Sie die Formen des Vertragsanbaues bei Weizen!

....

10. Nennen Sie die Arbeitsgänge der Bodenvorbereitung für Weizenanbau!

Vorfrucht: Hackfrucht	Vorfrucht: Getreide
....	....
....	....
....	....

11. Nennen Sie die Ansprüche des Roggens an den Boden!

....

....

12. Wann kann es bei Roggen zu „schartigen" Ähren kommen?

....

13. Geben Sie die Saattiefe des Roggens an! .... cm

14. Unterscheiden Sie zwischen zweizeiligen und mehrzeiligen Gersten!

....

....

15. Nennen Sie Kriterien für die Auswahl einer Getreidesorte!

....

....

16. Zählen Sie die Rispenformen des Hafers auf!

....

....

17. Warum sind bei Hafer Anbaupausen notwendig?

....

18. Nennen Sie für Hafer a) Saattiefe: .... cm, b) Saatmenge: .... kg!

19. Wie werden samenbürtige Getreidekrankheiten bekämpft?

....

20. Nennen Sie im Boden lebende Getreideschädlinge!

....

7. Hackfruchtbau

7.1. Bedeutung

Unter Hackfrüchten versteht man alle Pflanzen, bei denen der Boden während der ersten Zeit ihres Wachstums noch bearbeitet wird. Hiezu zählen Mais, Kartoffel und Rübe.

Die Bedeutung der Hackfrüchte liegt in:

- der Einhaltung einer geordneten Fruchtfolge,
- der Verwendbarkeit in der Fütterung und menschlichen Ernährung,
- den Grundprodukten für technische Verarbeitung (wie zu Zucker, Spiritus, verschiedene Kartoffelprodukte u. dgl.),
- den hohen Flächen- und Nährstofferträgen,
- der guten Mechanisierbarkeit von Anbau, Pflege und Ernte.

Expertenwissen

Hackfrüchte wie Mais, Kartoffel und Zuckerrübe haben aufgrund ihrer hohen Biomasseproduktion und ihres Beitrags zur Fruchtfolge eine zentrale Bedeutung im Ackerbau. Der Anbau von Hackfrüchten verbessert die Bodendurchlüftung und fördert die Humusbildung, was in ökologischen Anbausystemen besonders vorteilhaft ist (Müller & Huber, 2024). In Kombination mit Maßnahmen wie mechanischer Unkrautbekämpfung tragen Hackfrüchte zur Bodenfruchtbarkeit bei und sind aufgrund ihrer flexiblen Nutzung in der Futtermittelproduktion sowie der Industrie ein wichtiger Bestandteil nachhaltiger Anbausysteme.

7.2. Mais

7.2.1. Bedeutung

In vielen Ländern der Welt wird Mais als Hauptfrucht angebaut. Im nordamerikanischen Maisgürtel ist Mais vorherrschend (in fünf Staaten wachsen ca. 25 % der Welternte). Nach der Entdeckung Amerikas kam der Mais nach Europa – über die Türkei (Kukuruz) und Italien (Welschkorn) auch nach Österreich.

Die Bedeutung des Maises liegt sicherlich auch in seinen vielfachen Nutzungsformen:
Körnermais: Das ausgereifte Korn oder der gesamte Kolben wird geerntet. Die Verwertung erfolgt in der Verfütterung, in der Industrie (Stärke) und als Saatgut.
Silomais: ist „Körnermais in der Teigreife", das heißt, es erfolgt eine frühere Ernte als bei Körnermais mit anschließender Konservierung durch Silierung. Silomaisanbau ist auch in ungünstigeren Anbaulagen möglich.
Grünmais: wird im grünen Zustand geerntet und verfüttert.
Mit Einführung und Züchtung von frühreifen Hybridmaissorten hat sich die Anbaufläche in Österreich stark ausgeweitet, da dadurch ein Anbau auch in klimatisch ungünstigeren Gegenden möglich wurde.

Anbaufläche in Österreich

Siehe Berichte des Österr. Statistischen Zentralamtes!

	Körnermais	Silo- und Grünmais	Gesamt
20..................	....	....	....
20..................	....	....	....
20..................	....	....	....

Expertenwissen

Die Bedeutung des Maisanbaus in Mitteleuropa hat sich in den letzten Jahren aufgrund seiner Vielseitigkeit und der Möglichkeit, energieeffiziente Biogassubstrate bereitzustellen, weiter verstärkt. Hybridsorten ermöglichen eine höhere Ertragssicherheit, selbst in Regionen mit limitierter Wasserversorgung. Auch Silomais gewinnt durch seine Rolle in der Milch- und Rindermast zunehmend an Bedeutung.

7.2.2. Botanische Merkmale

Mais gehört zur Klasse der einkeimblättrigen Pflanzen und hier zur Familie der echten Gräser. Er ist eine einjährige, einhäusige und getrenntgeschlechtliche Pflanze.

Der männliche Blütenteil ist die Rispe oder Fahne, die weibliche Blüte der Kolben in den Blattachseln. An der Spitze des Kolbens hängen die fadenförmigen Narbenfäden aus den Lieschblättern heraus. Mais ist ein Fremd- und Windbestäuber. Der Maisstängel ist in Knoten und Zwischenknotenstücke gegliedert. Die Blätter besitzen keine Fett-Wachs-Schichte und fühlen sich rau an. Mais besitzt ein kräftiges Büschelwurzelsystem, das ein hohes Aneignungsvermögen für Nährstoffe aufweist. Mais ist eine Kurztagpflanze mit einem hohen Wärmebedarf.

Wichtige Maisformen

- **Hartmais:** ist ein wertvoller Kreuzungspartner in der Züchtung. Er besitzt eine rasche Jugendentwicklung, verträgt aber Trockenheit kaum.
- **Zahnmais:** Der Name leitet sich vom Aussehen des Kornes ab, das auf dem Korngipfel eingebuchtet ist. Er besitzt eine langsame Jugendentwicklung und ist gegen Trockenheit weniger empfindlich.
- **Puffmais:** Anbaufläche ist in Österreich gering. Beim Erhitzen des Kornes quillt das Endosperm heraus (= „Popcorn").
- **Zucker- oder Süßmais:** Wird in der Milchreife geerntet, schmeckt süß und findet als Speisemais frisch oder eingelegt in Konserven Verwendung.

Benennen Sie die Organe einer Maispflanze!

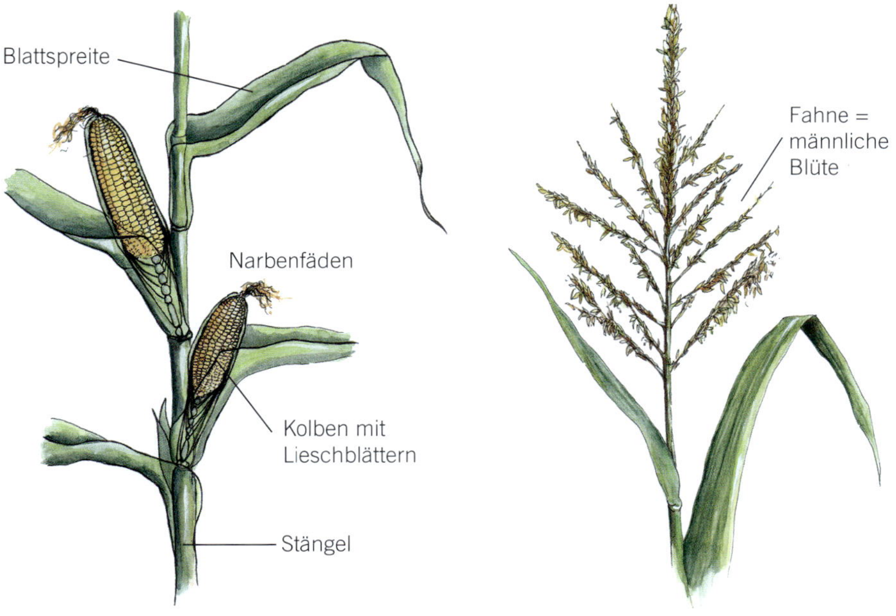

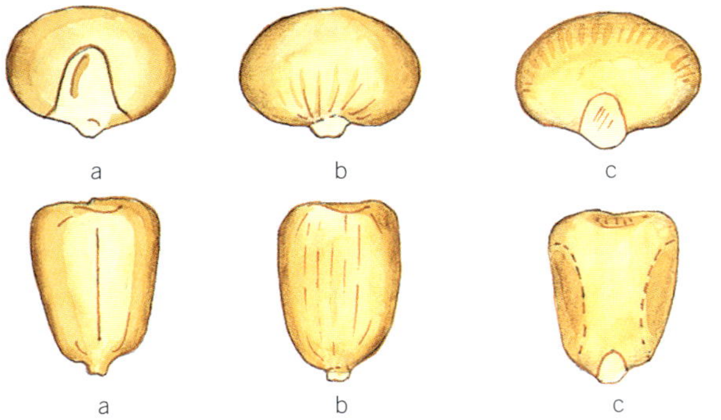

Verschiedene Maisformen:

Hartmais (oben), Zahnmais (unten);

a, b = Vorder- und Rückseite.
c = Querschnitt (glasig-verhornte Teile gestrichelt).

- **Wachsmais:** Eine Spezialform mit hohem Amylopektinanteil, der in der Industrie (z. B. Papier- und Klebstoffherstellung) genutzt wird. Die Bedeutung nimmt zu, vor allem in spezialisierten Nischenmärkten.

7.2.3. Ansprüche an Boden und Klima

Mais gedeiht am besten auf lockeren, gut durchlüfteten Böden mit einem pH-Wert zwischen 6 und 7. Durch die höheren Anforderungen an Wasser und Wärme sollten Standorte mit einer Niederschlagsmenge von mindestens 500 mm im Jahr gewählt werden. Unter Klimawandelbedingungen empfiehlt es sich, trockenheitstolerante Maissorten zu verwenden, die besonders für Regionen mit sommerlichen Dürreperioden geeignet sind. Kalte, schlecht durchlüftete, stark versauerte oder verkrustete Böden scheiden für den Maisanbau aber aus. An das Klima stellt Mais sehr hohe Ansprüche. Nicht nur die Summe der Niederschläge, sondern auch eine gleichmäßige Belichtung und Wärme (Sonnenscheindauer und -intensität) sind für den erfolgreichen Maisbau notwendig. Die Keimung des Maises erfolgt erst, wenn sich der Boden auf ca. 8 °C erwärmt hat.

Als wärmeliebende Pflanze braucht Mais während der Vegetationszeit genügend Wärme und zwar von Mai bis September eine Durchschnittstemperatur von 13,5 °C und eine Sonnenscheindauer von 950 Stunden. Die frostfreie Vegetationszeit muss 150 bis 160 Tage betragen.
Zur Bildung von 1 kg Trockensubstanz sind ca. 320 l Wasser erforderlich. Auf Grund der hohen Trockenmasseerträge bei Mais pro Hektar ist daher eine Jahresniederschlagsmenge von 450 bis 650 mm erforderlich.

7.2.4. Fruchtfolge

Mais ist mit sich selbst verträglich und kann wiederholt angebaut werden. Bei wiederholtem Anbau muss mit einer Zunahme des Auftretens bestimmter Krankheiten (Maisbeulenbrand, Stängelbruch durch Fusarium) und Schädlingen (Maiszünsler) gerechnet werden. Eine einseitige Verunkrautung durch Resistenzbildung wurde in der Praxis häufig beobachtet (Hirsearten, zurückgekrümmter Fuchsschwanz).
An die Vorfrüchte stellt Mais keine besonderen Ansprüche, ist aber selbst eine gute Vorfrucht für alle anderen Kulturen.

Beispiele für Fruchtfolgen

Winterweizen – Körnermais – Sommergerste
Sommergerste – Silomais – Winterweizen

Expertenwissen

Um den Krankheits- und Schädlingsdruck zu minimieren, sollte Mais nicht öfter als dreimal hintereinander auf derselben Fläche angebaut werden. Ein besonderes Risiko für Krankheiten wie Fusarium, Maiszünsler und den Maiswurzelbohrer ist gegeben. Der Wechsel mit tiefwurzelnden Kulturen wie Raps und Leguminosen fördert die Bodenstruktur und reduziert das Krankheitsrisiko. Bei wiederholtem Maisanbau sind Maßnahmen wie Zwischenfrüchte und Gründüngung ratsam, um Bodenfruchtbarkeit und Biodiversität zu erhalten.

7.2.5. Düngung

Als Grundlage für die Bemessung der Düngegaben gelten die vom Fachbeirat für Bodenfruchtbarkeit und Bodenschutz herausgegebenen Empfehlungen (siehe S. 124 ff.).
Phosphat und Kali werden als Grunddüngung im Herbst oder vor dem Anbau ausgebracht. Die Stickstoffdüngung wird in einer oder in zwei Teilgaben verabreicht. Bei Durchführung einer Kopfdüngung ist eine Verätzung der Pflanze leicht möglich.

Siehe Düngerlehre!

Mais verwertet Wirtschaftsdünger sehr gut. Die Nährstoffwirkung der Wirtschaftsdünger muss bei der Bemessung der mineralischen Düngergaben berücksichtigt werden.

Expertenwissen

Die Düngeempfehlungen für Mais betonen die Effizienz der Stickstoffverwertung durch präzise Düngestrategien, die auf die jeweiligen Wachstumsstadien abgestimmt sind. Aufgrund neuer EU-Vorgaben sind die Stickstoffgaben beschränkt, um das Grundwasser zu schützen. Die Kombination von organischer Düngung (z. B. Mist und Gülle) mit reduzierten Mengen mineralischer Düngemittel wird empfohlen, um die Stickstoffauswaschung zu minimieren.

7.2.6. Bodenbearbeitung

Die Pflugfurche im Herbst sollte ordnungsgemäß und ca. 25 cm tief durchgeführt werden. Eine Pflugfurche im Frühjahr sollte vermieden werden. Die Herbstfurche bleibt über den Winter in der Regel „rau“ liegen. Im Frühjahr sollte die erste Bearbeitung möglichst früh erfolgen, wobei auf Einebnung und Schaffung eines günstigen Saatbettes für die Unkräuter besonders zu achten ist. Bei der zweiten Bearbeitung knapp vor dem Anbau sollen aufgelaufene Unkräuter vernichtet und ein „ideales“ Saatbett für den Mais geschaffen werden.

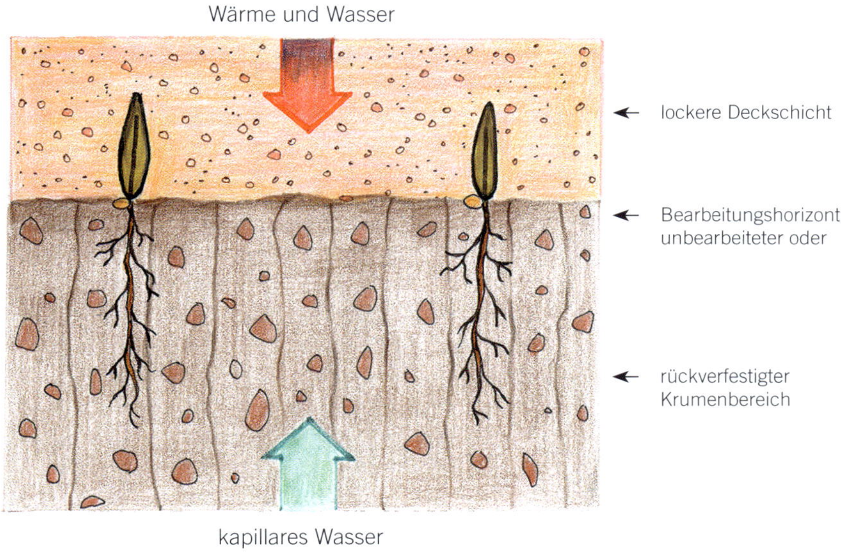

Die Saattiefe beträgt 4 bis 7 cm, die Saatmenge liegt je nach erwünschter Pflanzenzahl zur Ernte bei 1,5 bis 2 Einheiten (1 Einheit = 50 000 Körner).

Verwenden Sie Gerätekombinationen!

7.2.7. Sortenwahl

Derzeit stehen nur leistungsfähige Hybridmaissorten zur Verfügung. Je nach Züchtungsverfahren gibt es verschiedene Kreuzungstypen: Einfachhybride, Doppelhybride und Dreifachhybride.
Zur Kennzeichnung der Reifezeit dienen die Reifezahlen (FAO-Zahlen).

Bedeutung einer Reifezahl:

290

Reifegruppe	Reifeklasse	Kornfarbe
(bis 200 sehr frühreif, 500 sehr spätreif)	(Einteilung innerhalb der Reifegruppe – 1 früh, 9 spät)	(gerade Zahlen: 0, 2, 4, ... gelbkörnig ungerade Zahlen: 1, 3, 5, ... weißkörnig)

Die Wahl der Maissorten sollte auf die klimatischen Bedingungen und die geplante Nutzung abgestimmt sein. Reifehybriden mit einer FAO-Reifezahl zwischen 200 und 380 sind für österreichische Verhältnisse gut geeignet. Zusätzlich werden ausschließlich gentechnikfreie Sorten verwendet, da gentechnisch veränderter Mais in Österreich nicht zugelassen ist.

7.2.8. Anbau

Entscheidende Kriterien für den Anbau sind die relativ hohe Keimminimaltemperatur und die Nutzungsrichtung des Maises.

Körnermais

Körnermais wird mit einer Einzelkornsämaschine (mechanisch, pneumatisch) etwa ab Mitte April bis Anfang Mai angebaut.

Die Saattiefe liegt bei 4 bis 8 cm; die Reihenweite beträgt 70 bis 80 cm.

Der Abstand in der Reihe ergibt sich aus der angestrebten Pflanzenzahl pro ha, die zur Ernte kommen soll.

Optimale Pflanzenzahl pro ha bei der Ernte:

Trockengebiet				*Feuchtgebiet oder Beregnung*			
Spätsorten		*Frühsorten*		*Spätsorten*		*Frühsorten*	
karger Boden	guter Boden	karger Boden	guter Boden	karger Boden	guter Boden	karger Boden	guter Boden
55 000	60 000	65 000	70 000	75 000	80 000	85 000	90 000

Da bei Mais mit Verlusten durch Drahtwurm, Schadvögel u.a. gerechnet werden muss, ist bei der Saatmengenberechnung ein Zuschlag von 10 bis 20 % zu berechnen. Die Anpassung der Pflanzdichte an die Wasserversorgung und Bodenfruchtbarkeit ist wichtig, um das Ertragspotenzial voll auszuschöpfen.

Silomais

Der Anbau kann etwas später erfolgen (bis Mitte Mai).

Die Reihenentfernung soll 60 bis 70 cm betragen, die Saattiefe ist gleich wie bei Körnermais. Der optimale Bestand zur Ernte liegt zwischen **75.000 und 85.000 Pflanzen/ha**, abhängig von der Standortfruchtbarkeit und den klimatischen Bedingungen.

Grünmais

Grünmais kann auch als Zweitfrucht (z. B. nach früh räumenden Früchten) noch bis Anfang Juli angebaut werden. Die Saat erfolgt häufig als Breitsaat oder mit der Drillsämaschine.

Maissaatgut wird in Packungseinheiten zu 50 000 Körner angeboten.

Da heute nur Hybridsorten verwendet werden, muss Maissaatgut jedes Jahr zugekauft werden. Das Maissaatgut wird gebeizt angeboten, muss aber zum Schutz vor Schadvögeln (Fasane, Krähen) im Betrieb mit einem anerkannten Mittel inkrustiert werden.

Gegeben sind: Pflanzenzahl zur Ernte 80 000,
Feldaufgang 80 %
Reihenentfernung 75 cm.

Ergänzen Sie die Tabelle für den Maisbau mit aktuellen Sorten.

Sorte	Reifezahl	Kreuzung	Spezielle Eignung für	
			Körnermais	Silomais
Sehr früh: (< 200)				
Früh: (210–250)				
Mittelfrüh: (260–300)				
Mittelspät: (310–350)				
Spät: (360–400)				
Sehr spät: (> 400)				

Errechnen Sie folgende Daten:

Kornanzahl je ha (80 000 Pflanzen sollen zur Ernte kommen): ....

Kornablageabstand in der Reihe in cm: ....

Saatgutbedarf in Packungseinheiten: ....

7.2.9. Pflege

7.2.9.1. Mechanische Pflegemaßnahmen

Mais ist auf Grund seiner Pflegeansprüche zu den Hackfrüchten zu zählen. Da er aber, botanisch gesehen, zur Familie der echten Gräser gehört, gelten ähnliche Regeln wie für Getreide.

Entwicklungsstadien des Maises.

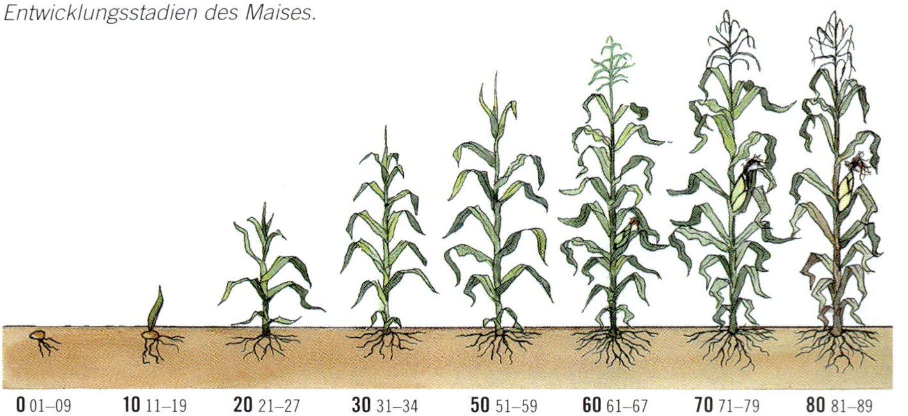

- Eggen: Bodenverkrustungen können mit einer Hackegge vor dem Auflaufen und nach Ausbildung des 3. Laubblattes bis zu einer Wuchshöhe von ca. 20 cm gebrochen werden.
- Hacken: Bei Bodenverkrustungen, Auftreten von Problemumkräutern (chemisch schwer oder nicht bekämpfbar) und bei Bandspritzung sind ein bis zwei Hackgänge zu empfehlen.

Beachten Sie: Beschädigungen der Maispflanzen erleichtern die Infektion durch Pilze (z. B. Maisbeulenbrand). Aufgelaufene Pflanzen sollen trocken sein; sie sind nachmittags biegsamer.
Flachliegende Wurzeln dürfen nicht verletzt werden.

Expertenwissen

Mechanische Maßnahmen wie Hacken und Striegeln fördern die Bodenbelüftung und Unkrautunterdrückung. Durch den Einsatz moderner Hackgeräte kann die Pflege auch in engen Reihen durchgeführt werden, was besonders im ökologischen Landbau Vorteile bietet. Mechanische Unkrautbekämpfung reduziert den Herbizideinsatz und trägt zur biologischen Vielfalt bei.

7.2.9.2. Chemische Pflegemaßnahmen

Chemische Maßnahmen sind in integrierten Anbausystemen durch den Einsatz von Band- oder Streifenapplikationen auf ein Minimum zu beschränken. Die Kombination aus mechanischer Unkrautregulierung und selektiven Herbiziden ist eine empfohlene Strategie, um die Umweltbelastung zu reduzieren und die Bodenfauna zu schützen. Dabei sollte besonders auf die EU-weiten Einschränkungen für den Einsatz bestimmter Wirkstoffe wie Glyphosat geachtet werden, die aus Umweltgründen stark reguliert sind. Die Bandspritzung in Kombination mit der mechanischen Pflege bringt folgende Vorteile:

- Spritzmittelkosten sind geringer;
- Gefahr der Nachbauschäden wird verringert;
- Bodendurchlüftung fördert die Maisentwicklung und
- die Bandbreite sollte ein Drittel der Reihenentfernung betragen!

7.2.10. Wichtige Krankheiten

Besondere Beachtung sollte der Bekämpfung des Maiszünslers und der Fusarium-Arten gelten, die erhebliche Ertragsverluste verursachen können. Der Einsatz resistenter Sorten und mechanischer Maßnahmen zur Verringerung der Befallsgefahr, wie das Häckseln der Ernterückstände, ist von großer Bedeutung. Biologische Bekämpfungsmethoden, z. B. mit Trichogramma-Schlupfwespen gegen den Maiszünsler, gewinnen im ökologischen Landbau an Bedeutung.

Keimlings- und Auflaufkrankheiten,
Maisbeulenbrand,
Stängelbruchkrankheit,
Blattfleckenkrankheit sowie
Kolbenfusariose.

Die Maiskrankheiten werden meist durch Pilze (Keimlings- sowie Auflaufkrankheiten) und auch durch Bakterien verursacht.

Als allgemeine Bekämpfungsrichtlinien gelten:
- Verwendung gebeizten Saatgutes,
- Auswahl resistenter Sorten mit richtiger Reifezahl,
- sorgfältige Bodenvorbereitung,
- harmonische Düngung,
- richtige Bestandesdichte,
- zeitgerechte Ernte und
- Einhaltung einer gesunden Fruchtfolge.

7.2.11. Schädlinge

Schadvögel (z. B. Fasane, Krähen, Tauben), Drahtwurm, Fritfliege, Maiszünsler, Maiswurzelbohrer.
Verwenden Sie zur weiteren Information und zur Übung im Erkennen und Bekämpfen die Broschüre „Wichtige Krankheiten und Schädlinge im Getreide- und Maisbau“ und führen Sie eine Web-Recherche durch.

7.2.12. Reife, Ernte, Ertrag

Körnermais

Die Ernte des Körnermaises erfolgt bei einem Kornfeuchtegehalt von ca. 30–35 %, wobei bei hohen Feuchtegehalten eine zeitnahe Trocknung erforderlich ist, um

Qualitätsverluste zu vermeiden. Die Trocknung des feuchten Erntegutes muss rasch vor sich gehen (ca. 12 Stunden).

Wird der Körnermais nicht der künstlichen Trocknung zugeführt, muss er anderweitig konserviert werden:

Beachten Sie die begrenzte Lagerfähigkeit bei diesen Konservierungsmaßnahmen!

- Silierung
  - Maiskornsilage
  - Maisschrotsilage
  - Maiskolbensilage
    - Korn-Spindel-Gemisch
    - Kolbenschrot
    - Lieschkolbenschrot
- Chemische Konservierung (z. B. Propionsäure)

Siehe Berichte des Österr. Statistischen Zentralamtes!

Österr. Durchschnittsertrag: .... dt/ha

Landesdurchschnitt: .... dt/ha

Erträge im eigenen Betrieb: .... dt/ha

Silomais

Die Silomaisernte sollte bei einem Trockenmassegehalt von etwa 30 % erfolgen, um eine optimale Silagequalität sicherzustellen. Erträge von über 50 t Frischmasse/ha sind bei optimalen Bedingungen und angepasster Sortenwahl möglich. Entscheidend für den Erntezeitpunkt sind:

- Trockenmassegehalt
- Kolbenanteil
- Nährstoffgehalt der Pflanze

Erträge im eigenen Betrieb: .... dt Grünmasse/ha

Grünmais

sollte erst bei einer Mindestwuchshöhe von 80 cm geerntet werden. Ein Erntezeitpunkt lässt sich schwer festlegen, da er hauptsächlich zur Schließung von Futterengpässen dient.

Industriemais

Industriemais, der etwa 50 % der österreichischen Anbaufläche einnimmt, wird überwiegend für industrielle Zwecke wie die Herstellung von Stärke, Ethanol und anderen biobasierten Produkten genutzt. Die spezifischen Erntebedingungen für Industriemais weichen in einigen Aspekten von denen für Körner- und Silomais ab:

- **Reifegrad:** Die Ernte erfolgt meist bei einem Feuchtegehalt von 35–40 %, da Industriemais eine maximale Stärkeeinlagerung bei hohem Feuchtegehalt erfordert.
- **Erntetechnik:** Industriemais wird oft mit speziellen Erntemaschinen geerntet, die eine effiziente Verarbeitung großer Flächen ermöglichen.
- **Trocknung und Verarbeitung:** Im Gegensatz zu Körnermais ist eine vollständige Trocknung nicht erforderlich, da das Erntegut direkt in der Stärke- oder Ethanolproduktion weiterverarbeitet wird.

Besondere Anforderungen an die Qualität

- **Stärkegehalt:** Der Stärkegehalt ist ein entscheidendes Qualitätsmerkmal für Industriemais. Hohe Temperaturen während der Kornfüllungsphase fördern die Stärkeeinlagerung.
- **Reinheit:** Das Erntegut muss frei von Fremdstoffen wie Erdklumpen oder Pflanzenresten sein, um eine effiziente industrielle Verarbeitung sicherzustellen.

- **Transport:** Industriemais sollte möglichst schnell nach der Ernte zur Weiterverarbeitung transportiert werden, um Qualitätsverluste durch Lagerung zu vermeiden.

Industriemais stellt einen wichtigen Faktor für die österreichische Landwirtschaft dar, da er eine hohe Wertschöpfung und Stabilität in den Absatzmärkten bietet.

Lösen Sie die im Anschluss an das Kapitel „Hackfruchtbau“ folgenden Fragen 1 bis 10!

7.3. Kartoffel

7.3.1. Bedeutung

Die Kartoffel hat in Mitteleuropa sowohl in der menschlichen Ernährung als auch in der industriellen Verarbeitung und Tierfütterung eine zentrale Rolle. Die industrielle Verarbeitung zu Stärke, Kartoffelchips und Pommes frites hat in den letzten Jahren zugenommen, während die Verwendung als Futterkartoffel weiterhin abnimmt. Kartoffeln werden vermehrt in der nachhaltigen Landwirtschaft eingesetzt, da sie sich gut in Fruchtfolgen integrieren lassen und der Boden durch den Anbau positiv beeinflusst wird.

Die Verwendung der Kartoffel ist vielseitig:

Speisekartoffel,
Speiseindustriekartoffel für Kartoffeldauerprodukte (Chips, Pommes frites, …),
Stärkeindustriekartoffel – für Stärkeerzeugung und Brennerei,
Pflanzkartoffel und
Futterkartoffel.

Anbauflächen in Österreich

	20……..	20……..	20……..
Vortreibkartoffel	………………	………………	………………
Frühkartoffel	………………	………………	………………
Spätkartoffel	………………	………………	………………

Siehe Berichte des Österr. Statistischen Zentralamtes!

7.3.2. Botanische Merkmale

Die Kartoffel gehört zur Familie der Nachtschattengewächse. Alle grünen Teile der Kartoffelpflanze enthalten das Gift Solanin. Das Wurzelsystem besitzt keine Pfahlwurzel. Es bildet aber ein tief gehendes und ausgebreitetes Wurzelsystem. „Wassersucher“ können 1 bis 2 m in den Boden vordringen. Unterirdisch bilden sich, vom Stängel ausgehend, Stolonen (= Tragfäden) aus, deren Enden verdickt sind (= Kartoffelknolle). Kartoffelknollen können, wenn sie dem Licht ausgesetzt werden, ergrünen und besitzen Augen, die austreiben und Laubtriebe entwickeln können. Diese Tatsachen kennzeichnen die Kartoffelknolle als umgebildetes Sprossorgan.

Der Stängel ist kantig und behaart.
Die Blätter sind unpaarig gefiedert.
Die Blüte ist einhäusig zwittrig und steht in trugdoldenartigen Blütenständen.
Die Frucht ist eine vielsamige Beere (ca. 150 Samen).
Die Samen haben für die Züchtung neuer Kartoffelsorten und für die Heranzucht von Sämlingen Bedeutung.

Zusammensetzung einer reifen Kartoffelknolle (Durchschnitt):

77 % Wasser
18 % Kohlenhydrate (Stärke, Zucker)
2 % Roheiweiß
1.1 % Asche
0,7 % Rohfaser
Vitamine (besonders C)

Die Kartoffelpflanze.

1 = blühende Pflanze mit Knollen
2 = Blüte
3+4 = Frucht (Beere)

Wachstumsverlauf der Kartoffelpflanze.

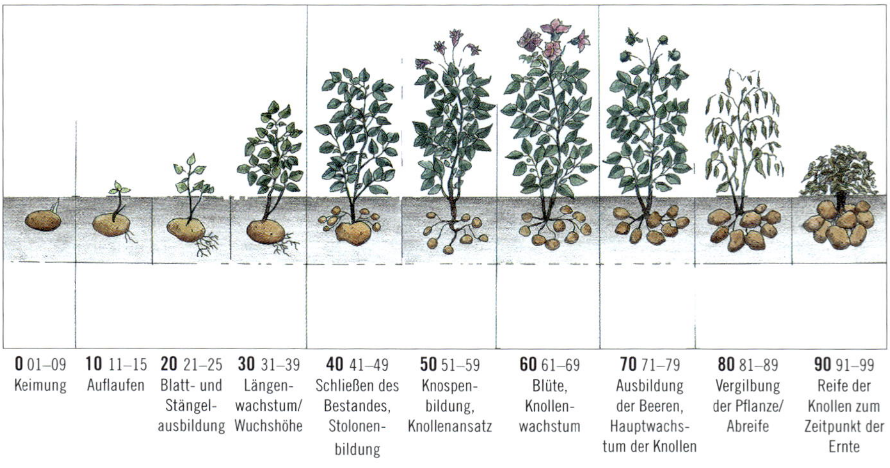

In den kritischen Zeitspannen – Stängelbildung – Knollenansatz – Blühperiode – Knollenausbildung – braucht die Kartoffelpflanze eine gesicherte Nährstoff- und Wasserversorgung (Beregnungstermine!).

Mit dem Beginn der Blüte tritt eine Verdickung der Stolonen ein, das heißt, die Knollen entwickeln sich. Die Anzahl der Knollen ist zu diesem Zeitpunkt bereits vorherbestimmt.

Expertenwissen

Aktuelle Forschungen zur genetischen Resistenz der Kartoffel gegen Schaderreger wie die Krautfäule *(Phytophthora infestans)* haben zu neuen Sorten geführt, die widerstandsfähiger gegenüber Krankheiten sind. Die Bedeutung dieser Sorten wächst im biologischen Anbau, da der Einsatz chemischer Pflanzenschutzmittel hier vermieden wird.

7.3.3. Ansprüche an Boden und Klima

Als beste Kartoffelböden gelten humose, lockere, lehmige Sand- bis sandige Lehmböden. Die Speicherfähigkeit für Wasser sollte so gut sein, dass der Boden Schwankungen in der Wasserversorgung ausgleichen kann.
Die Reaktion des Bodens sollte neutral bis leicht sauer sein. Zu viel Kalk im Boden begünstigt die Schorfbildung.
An das Klima stellt die Kartoffel im Allgemeinen keine großen Ansprüche. Sie kann daher in allen Gegenden angebaut werden. Im milderen Klima liefert sie bei guter Wasserversorgung Höchsterträge, im raueren Klima bleibt sie gesünder (Waldviertel, Mühlviertel).

Das in der Praxis verbreitete Sprichwort

„Legst mi im April, kimm i, wann i will,
legst mi im Mai, dann kumm i glei!“

deutet aber auf die relativ hohe Keimminimaltemperatur von 8 bis 10 °C hin. In Gebieten, wo hohe Temperaturen und hohe Luftfeuchtigkeit vorherrschen, tritt je nach Sorte vermehrt Kraut- und Knollenfäule auf. Gegen Frost ist die Kartoffel empfindlich. Abgefrorenes Kraut wächst im Frühjahr wieder nach (Wachstumsverzögerung), im Herbst stirbt es aber endgültig ab.

Expertenwissen

In Anbetracht zunehmender Wetterextreme durch den Klimawandel wird die zusätzliche Bewässerung in der Knollenbildungsphase als ertragssteigernde Maßnahme empfohlen.

7.3.4. Fruchtfolge

Die Kartoffel gilt als selbstverträglich. Bei wiederholtem Anbau treten vermehrt Nematoden (= Älchen) und Kartoffelkrebs auf, weshalb dreijährige Anbaupausen zu empfehlen sind. Vorfrüchte wie Wintergetreide oder Klee, die den Boden gut durchwurzeln, sind ideal.
Für die Kartoffel sind alle Vorfrüchte geeignet, die viel organische Substanz und einen gut durchwurzelten Boden hinterlassen. Die Kartoffel selbst ist als Vorfrucht für alle Kulturarten geeignet („Königin der Vorfrüchte“).

7.3.5. Düngung

Als Grundlage für die Bemessung der Düngegaben gelten die vom Fachbeirat für Bodenfruchtbarkeit und Bodenschutz herausgegebenen Empfehlungen (siehe Seite 124 ff.).

Da zur Kartoffel häufig auch Wirtschaftsdünger ausgebracht werden, muss die Nährstoffwirkung der Wirtschaftsdünger – Stallmistgaben von 300 bis 350 dt/ha – berücksichtigt werden. Von der Kartoffel werden auch Strohdüngung und Gründüngung gut verwertet.
Die Grunddüngung ist je nach Nutzungsziel und Ertragserwartung stark schwankend und wird in einer Gabe vor dem Anbau gegeben.

Eine Überdüngung mit Stickstoff bewirkt:

- Stärkebildung wird verhindert;
- Reife wird verzögert;
- Haltbarkeit der Knollen wird verschlechtert;
- Krautwachstum wird stark gefördert, wodurch es zum Überdecken der Viruskrankheiten kommt (= Maskierung) und
- Krankheitsanfälligkeit der Kartoffel wird erhöht.

7.3.6. Bodenvorbereitung

Die Pflugfurche im Herbst soll ordnungsgemäß, zeitgerecht und tief durchgeführt werden. Eine Frühjahrsackerung ist nach Möglichkeit zu vermeiden. Die Herbstfurche bleibt über den Winter „rau“ liegen. Im Frühjahr erfolgt zuerst ein Abschleppen und dann eine tiefe Lockerung mit dem Kultivator. Durch die Frühjahrsbearbeitung soll die rasche Bodenerwärmung, Lockerung und Durchlüftung des Bodens gefördert werden. Vor dem Anbau ist ein abschließender Eggenstrich zur Einebnung und weiteren Zerkleinerung zielführend. Häufig findet im modernen Kartoffelbau zur Sicherung guter Erntebedingungen die Vollfeldfräsung Anwendung.

7.3.7. Saatgut und Sortenwahl

Bei einem ständigen Nachbau eigener Kartoffeln erleiden die Erträge starke Einbußen durch Abbau. Deshalb soll nur reines und gesundes Saatgut (Zukauf von anerkanntem Originalsaatgut) verwendet werden. Bei frühen und mittelfrühen Sorten sollte ein Saatgutwechsel jährlich, bei Spätsorten alle zwei Jahre erfolgen.
Vorkeimen: Diese Saatgutvorbehandlung wird im Frühkartoffelanbau durchgeführt. Das Vorkeimen beginnt 4 bis 6 Wochen vor dem Anbau meist in Kisten. Anzustreben sind kurze, 2 bis 3 cm lange Lichtkeime. Vorgekeimte Kartoffeln wachsen auch bei tieferen Bodentemperaturen weiter.
Zur Streckung des Saatgutes ist ein Schneiden der Kartoffel zu vermeiden, da dadurch Krankheiten übertragen werden (besonders Nassfäule und Viruskrankheiten).
Bei der Auswahl einer Kartoffelsorte sind sowohl die Gesichtspunkte des Produzenten als auch die des Konsumenten zu berücksichtigen.

Ansprüche an eine Kartoffelsorte

Produzent	*Konsument*
hoher Massenertrag	guter Geschmack, gefällige Form
geringe bis mittlere Knollenzahl	feine, zähe Schale, gelbe Farbe
kurze Knollenbildungsperiode	flach liegende Augen
kurze Stolonen, enge Knollenlage	entsprechender Kochtyp (A – festkochend bis D – stark mehlig)
geringe Blühwilligkeit	Freisein von inneren und äußeren Mängeln
gesunde Pflanzen	gute Haltbarkeit
geringe Abbauneigung	
gute Haltbarkeit	

Die angeführten Merkmale für den Produzenten stehen in engem Zusammenhang mit der Ertragstreue einer Sorte.
In der Konsumentenschaft verlangen Großküchen runde und größere Knollen (Schälmaschine), Haushalte bevorzugen hingegen langovale Knollen.
Die Anforderungen an die Kartoffel für die Stärkeproduktion liegen in einem hohen Stärkegehalt, ca. 16 bis 20 %, einer gut ausgereiften, gesunden und erdfreien Ware. Wesentlich speziellere Anforderungen stellt die Industrie an Verarbeitungskartoffeln für Kartoffeldauerprodukte.

Einteilung der Kartoffeln nach der Reifezeit:

sehr frühe Sorten (Vortreibsorten),
früh- bis mittelreifende Speisesorten,
mittelfrühreifende Speise- und Verarbeitungssorten sowie
mittelspät bis spätreifende Speise- und Wirtschaftssorten.

Teilen Sie die Ihnen bekannten Kartoffelsorten den nachstehenden Reifegruppen zu:

sehr frühe Sorten	*frühe bis mittelfrühe Speisesorten*	*mittelfrühe Speise- und Verarbeitungssorten*	*mittelspäte bis späte Sorten*
....	....	....	....
....	....	....	....
....	....	....	....

> **Expertenwissen**
> Der Einsatz von zertifiziertem Saatgut ist aus phytosanitären und ökologischen Gründen empfehlenswert. Eine jährliche Erneuerung des Saatguts bei Frühkartoffeln und alle zwei Jahre bei Spätsorten wird dringend empfohlen, um Ertragsverluste durch Virusbefall zu vermeiden. Für den biologischen Landbau werden Nematoden- und schorfresistente Sorten empfohlen, die im Hinblick auf den Klimawandel auch trockenheitsresistenter sind.

7.3.8. Anbau

Durch die hohe Keimtemperatur (8 bis 10 °C) ist ein allzu früher Kartoffelanbau nicht zu empfehlen. Eine Ausnahme stellen die Vortreibkartoffeln dar, die in hiezu geeigneten Gebieten bereits ab Mitte März gelegt werden können. Der Anbau wird daher in der Regel Mitte April bis Anfang Mai durchgeführt. Ein Anbau als Zweitfrucht ist bis Anfang Juni möglich. Höchsterträge können aber nicht mehr erwartet werden.

Reihenweite

Die Reihenweiten schwanken von 62,5 bis 75 cm. Als ideale Reihenweite muss heute im modernen Kartoffelbau 75 cm angesehen werden.

Die größere Reihenweite bringt folgende Vorteile:
geringeren seitlichen Dammdruck,
weniger grüne Knollen,
größeren Anteil von großen Knollen,
weniger Ansteckungsgefahr bei Krautfäule,
weniger beschädigte Knollen bei der Ernte sowie
geringeren Arbeitsaufwand.

Ablageweite

Die Ablageweite hat sich nach der gewünschten Pflanzenzahl pro Hektar zu richten. Um etwa 45 000 Pflanzen pro ha zu erzielen, sind die Kartoffeln bei 75 cm Reihenweite im Abstand von 32 cm zu legen. Je nach Sorte und Nutzung schwankt die Ablageweite zwischen 25 und 40 cm. In der Saatgutproduktion sind in der Regel die kleineren Abstände gebräuchlich. Die Saattiefe liegt bei etwa 5 bis 6 cm.

Berechnen Sie den Saatgutaufwand pro ha:

Reihenentfernung	75 cm
Entfernung in der Reihe	32 cm
⌀ Knollengewicht	50 g

Legestellen pro ha: ....

Saatgutbedarf in kg pro ha: ....

7.3.9. Pflege der Kartoffel

Die wichtigsten Aufgaben der Kartoffelpflege sind die Bodenlockerung, um ein optimales Porenvolumen herzustellen und die Bildung von Schollen zu verhindern. Außerdem muss ein Erddamm aufgebaut werden, der die Entwicklung der Kartoffelknollen optimal ermöglicht. Da die Konkurrenzkraft der Kartoffel gegenüber Unkräutern vor dem Reihenschluss sehr gering ist, kommt auch der Unkrautbekämpfung große Bedeutung zu.
Auch für die reibungslose Ernte ist ein richtig geformter Erddamm sehr wichtig.

Möglichkeiten der Pflegemaßnahmen

- Ohne Herbizideinsatz – durch abwechselndes Striegeln mit einer Netzegge und nachfolgendes Hacken und Anhäufeln wird die Verunkrautung bekämpft und der Damm geformt. Da hier bis zu 8 Arbeitsgänge notwendig sein können, ist dies eine sehr arbeitsintensive Pflegeform.
- Mit Herbizideinsatz – diese können im Vorauflauf oder kurz nach dem Auflaufen der Kartoffel eingesetzt werden. Dadurch wird die mechanische Pflege auf ein bis zwei Arbeitsgänge beschränkt, da der Spritzmittelfilm an der Bodenoberfläche nicht zerstört werden soll. Als Pflegegerät dient entweder eine zapfwellenbetriebene Dammfräse oder ein gezogenes Häufelgerät mit Dammformblechen.

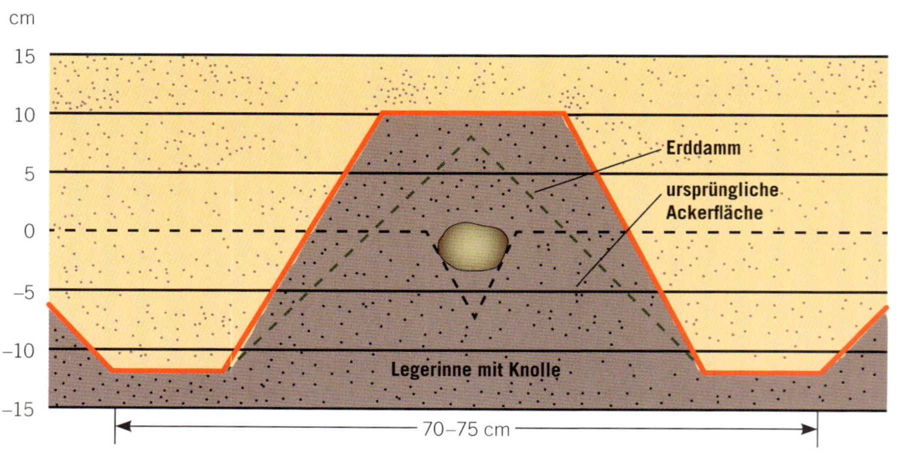

Expertenwissen

Im ökologischen Anbau hat die mechanische Unkrautbekämpfung eine große Bedeutung. Ein Wechsel aus Striegeln und Hacken reduziert den Herbizideinsatz und fördert die Bodenstruktur. Die Bildung eines stabilen Erddammes schützt die Knollen vor Lichteinwirkung und verbessert die Knollenqualität. Die zunehmende Verbreitung von Unkräutern mit resistenten Eigenschaften betont die Wichtigkeit mechanischer Pflegemaßnahmen.

7.3.10. Krankheiten der Kartoffel

7.3.10.1. Erkrankungen durch Pilze und Bakterien

Kraut- und Knollenfäule (Phytophtora)
Dörrfleckenkrankheit
Wurzeltöterkrankheit
Schwarzbeinigkeit
Kartoffelkrebs
Gewöhnlicher Schorf
Pulverschorf
Trockenfäule

Die Krankheiten können durch Verwendung gesunden Saatgutes, Einhaltung gesunder Fruchtfolgen, Anbau resistenter Sorten, Beizung des Saatgutes, gezielte Düngung und schonende Ernte vermindert werden.

Expertenwissen

Zur Bekämpfung der Kraut- und Knollenfäule, die durch wärmeres und feuchteres Klima verstärkt auftritt, werden neue resistente Sorten sowie Maßnahmen wie eine reduzierte Stickstoffdüngung und eine bessere Fruchtfolge empfohlen. Auch die Verwendung von resistentem Pflanzgut ist im ökologischen Kartoffelanbau entscheidend.

7.3.10.2. Viruskrankheiten

Rollmosaik
Leichtes Mosaik
Schweres Mosaik (Kräuselkrankheit)
Strichelkrankheit
Blattrollkrankheit
Welkekrankheit

Viruskrankheiten können nicht direkt bekämpft werden. Eine Bekämpfung ist nur indirekt und vorbeugend möglich.

7.3.10.3. Nichtparasitäre Schädigungen

Zwiewuchs
Wachstumsrisse
Fadenkeimigkeit
Frostschäden
Braunmarkigkeit
Eisenfleckigkeit
Schwarzfleischigkeit
Daumennagelrisse
Mangelkrankheiten

Die Krankheiten treten bei einem Wechsel von trockener und feuchter Witterung, Temperaturschwankungen, Verletzungen bei Pflege und Ernte, einseitiger Nährstoffversorgung und ungünstigen Lagerbedingungen auf.

7.3.11. Schädlinge der Kartoffel

Kartoffelkäfer
Engerling
Drahtwürmer
Kartoffelzystenälchen
Blattläuse

Expertenwissen

Der Kartoffelkäfer stellt im ökologischen Anbau weiterhin eine Herausforderung dar. Biologische Maßnahmen wie der Einsatz von Nützlingen, z. B. Marienkäferlarven zur Bekämpfung von Blattläusen, und mechanische Verfahren wie das Absammeln der Käfer werden empfohlen.

Verwenden Sie zur weiteren Information und zur Übung im Erkennen und Bekämpfen das Fachbuch „Wichtige Krankheiten und Schädlinge im Getreide- und Maisbau".

7.3.12. Ernte und Ertrag

Die physiologische Reife ist dann gegeben, wenn das Kraut abgestorben ist und die Kartoffelknollen schalenfest sind.
Die Ernte soll möglichst schonend, bei trockener Witterung und einer Knollentemperatur von 10 °C durchgeführt werden. Ein Absinken der Knollentemperatur vor der Einlagerung wäre günstig.

Österr. Durchschnittserträge bei Vortreibkartoffeln: .... dt/ha

Frühe- und mittelfrühreifende Kartoffel: .... dt/ha

Spätkartoffel: .... dt/ha

7.3.13. Lagerung

Ziel bei der Einlagerung der Kartoffeln ist die Erhaltung der Qualität bei gleichzeitiger Einschränkung der auftretenden Verluste wie Atmung, Verdunstung, Keimung und Fäulnis.
Futter- und Speisekartoffeln werden häufig in Kellern gelagert. Saatkartoffeln sollten nach Möglichkeit in Steigen gelagert werden.

Um die Lagerverluste im Keller möglichst gering zu halten, sind folgende Punkte zu beachten:

- Kellerräume vor der Einlagerung gründlich reinigen.
- Kartoffeln nicht zu hoch und zu breit aufschütten.
  Die Höhe soll 1 bis 1,5 m, die Breite bis zu 2 m betragen. Bei größeren Schüttungen müssen Belüftungskanäle und Entlüftungsschächte vorgesehen werden.
- Kellertemperatur sollte 3 bis 4 °C betragen, unter 2 °C werden die Kartoffeln süß, über 6 °C nehmen die Atmungsverluste zu, über 5 °C beginnen die Fäulniserreger ihre Lebenstätigkeit.
- Der Keller muss dunkel, kühl, trocken (nicht zu trocken) und lüftbar sein.

In zu feuchten Kellern tritt Pilzbefall auf.
Futterkartoffeln können für die Sommerfütterung einsiliert werden.
Um Keimprozesse zu unterbinden, kann die Behandlung von Speisekartoffeln mit keimhemmenden Mitteln erfolgen, die den neuesten EU-Richtlinien entsprechen müssen. Die Kontrolle von Fäulnis und Verderb durch regelmäßige Belüftung ist ebenfalls essentiell.

Lösen Sie die im Anschluss an das Kapitel „Hackfruchtbau“ folgenden Fragen 11 bis 20!

7.4. Zucker- und Futterrübe

7.4.1. Bedeutung

Andreas Sigismund Markgraf entdeckte 1747 den Zuckergehalt der Runkelrübe. Sein Schüler Franz Karl Achard erzeugte aus Rüben den ersten Zucker und gründete 1801 in Schlesien die erste Zuckerfabrik. Die Bedeutung des Rübenzuckers nahm aber erst durch die von Napoleon verhängte Kontinentalsperre zu. Die Zuckerrübe zählt zu den ertragsreichsten landwirtschaftlichen Kulturpflanzen, was auch aus dem Nährstoffverhältnis ersichtlich ist:

Getreide : Kartoffeln : Zuckerrüben = 1 : 2 : 3

Die Zuckerrübe liefert zwei Ernten:

- Rübe – 1 000 kg Rüben ergeben durchschnittlich 160 kg Zucker, 46 kg Trockenschnitte, 44 kg Melasse.
- Blatt und Köpfe als Futter.

Die Zuckerrübe bleibt eine bedeutende Kulturpflanze in Mitteleuropa, die sich aufgrund ihrer hohen Biomasseproduktion und des Zuckergehaltes auch zur Bioenergiegewinnung und für die Produktion von Bioplastik eignet (Müller et al., 2024). Die Rübenproduktion ist in der EU vertraglich geregelt und unterliegt jährlichen Quoten, um Angebot und Nachfrage auszugleichen und Nachhaltigkeitsstandards zu gewährleisten.

Anbaufläche von Zuckerrüben in Österreich

20........	20........	20........
....	....	....

Siehe Berichte des Österr. Statistischen Zentralamtes!

7.4.2. Futterrübe

Die Futterrübe liefert ein schmackhaftes, gern gefressenes, bekömmliches, milchtreibendes Wintersaftfutter sowie höchste Massenerträge (bis 1 000 dt Rüben/ha und 500 dt Blatt/ha).

Anbaufläche von Futterrüben in Österreich

20........	20........	20........
....	....	....

Siehe Berichte des Österr. Statistischen Zentralamtes!

7.4.3. Botanische Merkmale

Die Zuckerrübe gehört zur Familie der Gänsefußgewächse der Gattung Beta. Hierher gehören auch die Melde, Weißer Gänsefuß, Futter- oder Runkelrübe, Rote Rübe und Mangold.

Die Rübe ist eine zweijährige Pflanze, die im ersten Jahr den für die Zuckergewinnung wertvollen Rübenkörper, im zweiten Jahr den für den Samenbau wertvollen Samenträger bildet.

Inhaltsstoffe der Zuckerrübe.

Schematische Darstellung

Wasser
muss in der Fabrik verdampf werden

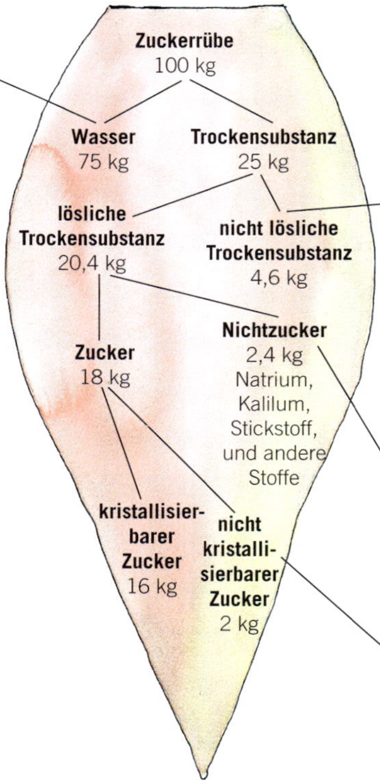

Schnitzel
getrocknet, hochwertiges Viehfutter

Zucker
reinstes Nahrungsmittel

Melasse
Viehfutter, Ausgangsprodukt für die Hefe- und Alkoholerzeugung

Kommt es bereits im ersten Jahr zur Ausbildung von Samenträgern, so spricht man von Schossern. Bildet die Rübe im zweiten Jahr keine Blütenstände, so spricht man von Trotzern.

Die Rübe ist ein Fremdbestäuber, wobei die Bestäubung durch Wind oder Insekten erfolgt.

Die Samen der Beta-Arten sind mehrkeimig (= multigerm) oder einkeimig (= monogerm). Durch Züchtung auf Einkeimigkeit hin steht der Praxis heute im Wesentlichen genetisches Monogermsaatgut zur Verfügung.

Die Zuckerrübe besitzt 8 bis 12 Gefäßbündelringe, die das starke Dickenwachstum ermöglichen.

Die Futterrübe besitzt 3 bis 5 Gefäßbündelringe.

Die Zuckerrübe und Futterrübe sind genetisch angepasste Kulturpflanzen mit monogermem Saatgut, das sich im ökologischen Anbau als besonders vorteilhaft erwiesen hat, da es weniger Nachsaaten und eine bessere Unkrautbekämpfung ermöglicht. Die Entwicklung neuer Sorten hat zu einer höheren Toleranz gegenüber Krankheiten wie Cercospora und einer verbesserten Nährstoffeffizienz geführt.

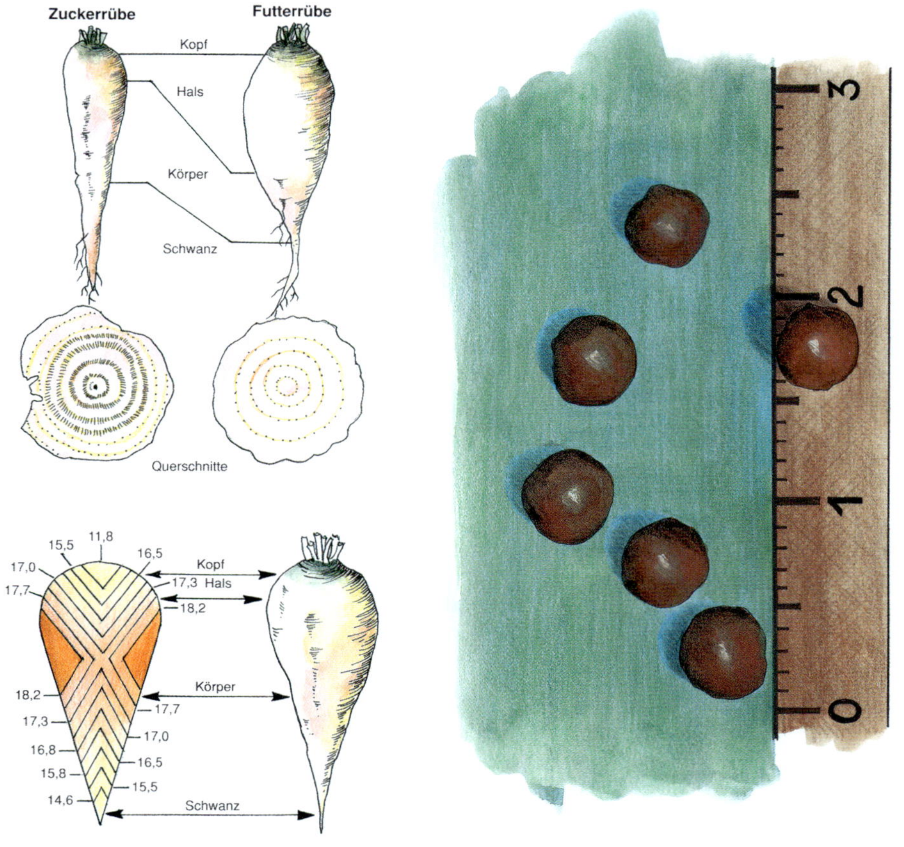

Links oben: Rübenkörper von Zucker- und Futterrüben im Vergleich. – Links unten: Der Zuckergehalt ist im Rübenkörper nicht gleichmäßig verteilt. – Rechts: Pilliertes Rübensaatgut.

7.4.4. Ansprüche an Boden und Klima

Die Zuckerrübe bevorzugt tiefgründige, nicht zu schwere, biologisch aktive Böden. Der Boden soll eine möglichst neutrale Bodenreaktion (pH 6,5 bis 7,5), einen guten Nährstoffzustand und entsprechende wasserhaltende Kraft aufweisen. Trockene Sandböden, nasskalte, sehr schwere Böden scheiden für den Rübenanbau aus. Die Futterrübe stellt an den Boden etwas geringere Ansprüche. An das Klima stellt die Zuckerrübe infolge ihrer über die große Blattmasse enormen Assimilationsleistung hinsichtlich Lichtintensität und Sonnenbestrahlung besondere Ansprüche.

Im Jugendstadium benötigt die Rübe zur raschen Entwicklung eine hohe Lichtintensität. Im August und September werden durch direkte Sonnenbestrahlung die Trockensubstanz- und Zuckerbildung gefördert.

Zur Erzeugung von 1 kg Trockenmasse benötigt die Rübe ca. 400 l Wasser (= Transpirationskoeffizient). Von Juni bis Anfang September sollten hohe Niederschlagsmengen vorhanden sein, weil in dieser Zeit der größte Teil der Pflanzenmasse gebildet wird. Mit zunehmender Reife (= „technische Reife") sollte die Niederschlagsmenge wieder abnehmen. Die Vegetationszeit der Rübe beträgt 180 bis 220 Tage.

Für eine schnelle Keimung sind 8 bis 10 °C erforderlich. Um im Trockengebiet die Winterfeuchtigkeit gut auszunützen, erfolgt der Anbau meist früher. Vorübergehend verträgt die junge Rübe Temperaturen unter 0 °C. Eine kühle Witterung in der Jugendentwicklung begünstigt aber die Schosserbildung. Im Herbst verträgt die Rübe bis zu –5 °C.

Expertenwissen

Die gestiegenen Temperaturen und längeren Trockenperioden durch den Klimawandel erfordern zusätzliche Bewässerungsmaßnahmen in den Sommermonaten, insbesondere in den Wachstumsphasen Juni bis August.

7.4.5. Fruchtfolge

Die Zuckerrübe ist mit sich selbst unverträglich. Diese Tatsache wird durch ein vermehrtes Auftreten der Rübennematoden bewirkt. Da es derzeit keine wirtschaftlich zu empfehlende Bekämpfung gibt, müssen Anbaupausen von 4 bis 6 Jahren eingehalten werden. Eine Einschaltung von Neutralpflanzen oder nematodenfeindlichen Pflanzen in die Fruchtfolge ist zu empfehlen.

Wirtspflanzen

Nutzpflanzen	*Unkräuter*	*Neutralpflanzen*	*Feindpflanzen*
Futterrübe	Hederich	Weizen	Mais
Rote Rübe	Ackersenf	Gerste	Roggen
Mangold	Hirtentäschel	Kartoffel	Zwiebel
Spinat	Vogelmiere	Erbse	Luzerne
Kohlarten	Meldenarten	Bohne	Lein
Kohlrüben	Löwenzahn	Wicken	
Raps		Klee	
Rübsen		Sonnenblume	
Senf		Hanf	

Wirtspflanzen fördern den Nematodenbefall.
Neutralpflanzen stehen ohne Beziehung zu den Rübennematoden.
Feindpflanzen veranlassen die Nematodenlarven zu schlüpfen, verhindern aber ihre weitere Entwicklung.
Die mit Stallmist gedüngte Rübe stellt eine günstige Vorfrucht dar.

Beispiele für Fruchtfolgen mit Zuckerrüben:

Winterroggen – Zuckerrübe – Sommergerste
Sommergerste – Zuckerrübe – Winterweizen

7.4.6. Düngung

Rüben verwerten organische Dünger sehr gut. Stallmistgaben von 250 bis 350 dt/ha werden im Herbst gegeben und müssen in ihrer Nährstoffwirkung bei der Berechnung der Mineraldüngergaben berücksichtigt werden.
Rüben sind sehr düngungsintensiv und sollen mit leicht löslichen Düngemitteln versorgt werden.
Als Grundlage für die Bemessung der Düngegaben gelten die vom Fachbeirat für Bodenfruchtbarkeit und Bodenschutz herausgegebenen Empfehlungen (siehe Seite 124 ff.) bzw. die Richtlinien der Österr. Zuckerindustrie.

Grunddüngung

Die Grunddüngung mit Phosphat und Kali wird bis spätestens vor dem Anbau ausgebracht.
Auf eine ausreichende und richtige Kalkversorgung ist zu achten!

Stickstoffdüngung

Zeitpunkt: $\frac{1}{2}$ bis $\frac{2}{4}$ vor dem Anbau, Rest in 1 bis 2 Kopfdüngergaben.
Zu hohe Stickstoffgaben beeinflussen die Rübenqualität negativ und sollten vermieden werden. Empfehlungen der Zuckerfabriken sind zu beachten! Die Rübe ist eine borbedürftige Pflanze – Borversorgung beachten!

> **Expertenwissen**
>
> Für die Zuckerrübe ist eine ausreichende Borversorgung essenziell, da Bor die Zellwandstabilität und Zuckertransportprozesse unterstützt.

7.4.7. Bodenvorbereitung

Die Kultur der Zuckerrübe wurde schon immer als die „Hohe Schule des Ackerbaues“ bezeichnet. Dies gilt für die Bodenbearbeitung und Vorbereitung des Saatbettes und hat durch die Verwendung des einkeimigen Saatgutes und den Anbau auf Endabstand noch größere Bedeutung erlangt. Das Ziel muss ein tief bearbeiteter Boden mit einer gleichmäßig abgesetzten Krume sein, die keine Hohlräume und Verdichtungen aufweist. Die Bodenvorbereitung beginnt mit der Stoppelbearbeitung der Vorfrucht. Diese soll zeitgerecht und exakt durchgeführt werden, um eine gute Wasserspeicherung des Bodens zu gewährleisten. Pflug- und Eggenkombination oder mehrmaliger Grubbereinsatz sind zu empfehlen.

0 01–09 Keimung | **10** 11–15 Auflaufen | **20** 21–27 Blattausbildung | **40** 41–49 Schließen des Bestandes | **90** Erntestadium

Die Winterfurche soll zeitgerecht (vor Einsetzen der Fröste) und tief (25 bis 30 cm) gezogen werden. Die Tiefe richtet sich nach der Tiefgründigkeit des Bodens und soll eine gute Ausbildung des Rübenkörpers ermöglichen. Zu beachten ist allerdings, dass kein toter Boden an die Oberfläche kommt.

Die Nachbearbeitung der Pflugfurche ist von Gebiet zu Gebiet und von Boden zu Boden verschieden zu handhaben. Eine Einebnung vor dem Winter darf nur grob erfolgen, da es bei feiner Bearbeitung und höheren Niederschlagsmengen zu Erosion, Verkrustung und Verschlämmung kommen kann.

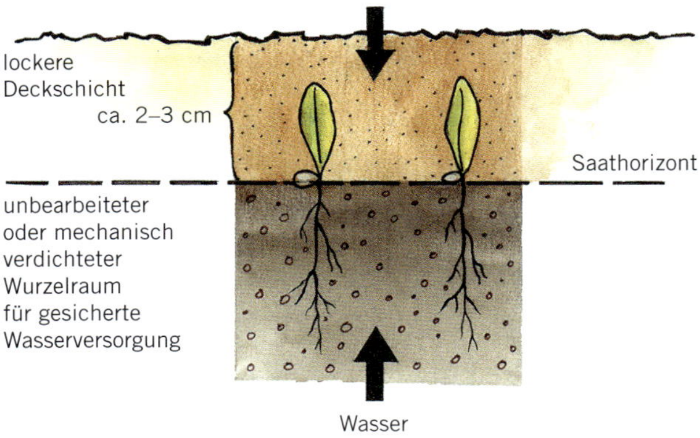

Ideales Saatbett und ideale Saatgutablage.

Die Saatbettvorbereitung im Frühjahr sollte in möglichst wenigen Arbeitsgängen und mit flach arbeitenden Geräten durchgeführt werden. Anzustreben ist eine lockere 2 bis 3 cm tiefe Deckschicht, die Luft und Wärme leicht eindringen lässt. Die darunterliegende Oberkrume sollte durch die Nachlaufgeräte (Krümler) rückverfestigt sein und den kapillaren Wasseraufstieg zum Samenkorn ermöglichen.
Bei fehlendem Bodenschluss ist der Einsatz einer Walze (Profilwalze) zu überlegen.

Expertenwissen

Das Saatbett sollte im Frühjahr flach bearbeitet und rückverfestigt werden, um einen optimalen kapillaren Wasseraufstieg zu gewährleisten. Eine übermäßige Bodenbearbeitung im Frühjahr erhöht die Erosionsgefahr und die Neigung zu Bodenverkrustungen, die für die Rübe schädlich sind.

7.4.8. Saatgut und Sortenwahl

Im Zuckerrübenanbau findet ausschließlich genetisch monogermes, pilliertes Saatgut Verwendung. Natürliches (= mehrkeimiges) Saatgut und Präzisionssaatgut sind in der Praxis nicht mehr gebräuchlich, da sie den modernen Anforderungen an gleichmäßigen Aufgang und Ertragssicherheit nicht entsprechen. Das heute verwendete monogermes Saatgut wird durch Züchtung erblich einkeimig gemacht und durch Pillierung auf eine optimale Form gebracht. Die Pillierung enthält Stoffe gegen pilzliche und tierische Schädlinge sowie düngende Substanzen, die den Aufgang und die Jugendentwicklung fördern.

Sortenwahl

Die Sortenwahl erfolgt bei der Zuckerrübe in Abstimmung zwischen den Fabriken und der bäuerlichen Interessenvertretung (Rübenbauernbund). Neuere Sorten wie die **Conviso-Sorten** haben in den letzten Jahren zunehmend an Bedeutung gewonnen. Diese herbizidtoleranten Sorten erlauben eine gezielte Unkrautbekämpfung, da sie auf spezielle Herbizide abgestimmt sind. Dies reduziert den Einsatz chemischer Mittel insgesamt und unterstützt nachhaltige Anbaupraktiken.

Kriterien für die Sortenwahl:
- **Ertragspotenzial:** Sorten mit hohem Zuckerertrag pro Hektar.
- **Resistenzen:** Krankheitsresistente Sorten (z. B. gegen Rhizoctonia, Cercospora).

- **Standorteignung:** Anpassung an regionale Bedingungen wie Bodenart und Klimaverhältnisse.
- **Herbizidtoleranz:** Verwendung von Conviso-Sorten für integrierte Unkrautmanagementsysteme.

Nennen Sie die in Ihrem Betrieb angebauten Sorten!

....

....

Bei der Futterrübe erfolgt die Sortenwahl nach folgenden Kriterien:

Qualitätstyp:	Massenrübe Mittelrübe Gehaltsrübe Futterzuckerrübe	↓ Trockenmassegehalt steigend

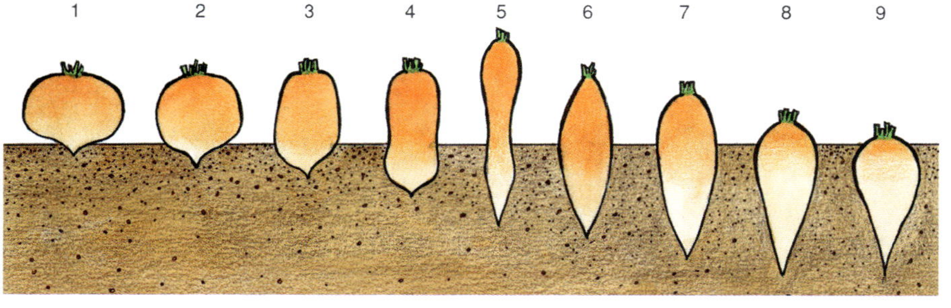

Rübenform und entsprechende Bodenlage.

Nennen Sie die in Ihrem Betrieb verwendeten Futterrübensorten und geben Sie dazu an:

Sorte *Form* *Bodenlage* *Qualitätstyp*

....

....

....

....

Expertenwissen

Für den zeitgemäßen Zuckerrübenanbau wird ausschließlich genetisch monogermes, pilliertes Saatgut verwendet, das im ökologischen Landbau von Vorteil ist, da es die mechanische Unkrautbekämpfung erleichtert. Die Wahl von krankheitsresistenten Sorten, insbesondere Conviso-Sorten, ist für nachhaltige Anbausysteme entscheidend und verringert den Bedarf an chemischem Pflanzenschutz.

7.4.9. Anbau

Die Saatzeit erstreckt sich von Mitte März bis April, wobei die günstigste Bodentemperatur 6 bis 8 °C betragen sollte. Frühe Saattermine bringen meist höhere Erträge, Spätfröste gefährden aber die Bestände.

Auf die günstigste Saattiefe von ca. 3 cm wurde bei der Bodenvorbereitung hingewiesen. Zu tiefe Saat bringt schlechtere Feldaufgangsprozente!
Die Reihenentfernung liegt bei 40 bis 50 cm und richtet sich in der Regel nach den Pflege- und Erntegeräten.
Die Ablageweite in der Reihe ist so zu wählen, dass die optimale Pflanzenanzahl von 90 000 Rüben/ha erreicht werden kann.
Beim Anbau mit späterer Korrekturhacke wird auf halben Endabstand gesät und bei handarbeitsloser Kultur ein Anbau auf Endabstand (18 bis 24 cm Ablageentfernung in der Reihe).
Das Rübensaatgut wird in Einheiten in den Handel gebracht.

1 Einheit (1 U) = Samenpackung mit 100 000 Samen bzw. Pillen

Berechnen Sie den Saatgutbedarf für folgende Angaben:
Reihenweite: 45 cm
Ablagenentfernung in der Reihe: 10 cm
Wie viele Einheiten Saatgut werden benötigt?...

7.4.10. Überprüfung des Rübenbestandes

Spätfröste oder ein schlechter Feldaufgang erzwingen vom Landwirt manchmal die Entscheidung, den Bestand stehen zu lassen oder nach einem Umbruch neu anzubauen.
Als Entscheidungshilfe muss eine Auszählung des Pflanzenbestandes vorgenommen werden. Man misst an zehn gleichmäßig über das Feld verteilten Stellen in der Reihe eine Strecke ab, die jeweils einer Fläche von 10 m^2 entspricht.

Beispiel: 10 m^2 : 0,45 m Reihenentfernung = 22,22 m Messstrecke.

Die Summe der Pflanzen aller 10 Messstrecken × 100 = Pflanzen/ha.

Ergibt sich eine Pflanzenzahl von 50 000 bis 45 000/ha und ist die Jahreszeit noch nicht zu weit fortgeschritten (Mitte Mai), ist meist ein Zweitanbau sinnvoll. Bei sehr spätem Zweitanbau bringt auch ein optimaler Bestand keine höheren Erträge mehr.

Expertenwissen

Um frühzeitig den Zustand des Rübenbestandes zu kontrollieren, können digitale Werkzeuge wie Drohnen und multispektrale Bildgebung eingesetzt werden. Diese Technologien ermöglichen eine präzise Überwachung des Feldes und der Pflanzendichte und tragen zur schnellen Entscheidung bei, ob eine Nachsaat notwendig ist.

7.4.11. Pflege

7.4.11.1. Pflegemaßnahmen mit Korrekturhacke

Die erste maschinelle Hacke erfolgt, wenn die Reihen gut erkennbar sind, wobei das Hackgerät mit Schutzscheiben ausgerüstet wird.
Nach der Ausbildung von 2 bis 4 Laubblättern erfolgt die Korrekturhacke von Hand aus. Je nach der Reihenentfernung (40 bis 50 cm) wird so korrigiert, dass die Abstände in der Reihe 20 bis 25 cm betragen. Nach der Korrekturhacke sollte ein Bestand von 80 000 bis 100 000 Rüben erreicht sein. Durch Bestandesausfälle

bis zur Ernte von 10 bis 15 % würde dann der optimale Bestand von 70 000 bis 80 000 Rüben/ha zur Ernte kommen.
Es folgen noch 1 bis 2 tiefer gehende maschinelle Hackgänge. Vor dem Bestandesschluss (Ende Juni) könnte noch eine Handhacke rund um die Rübe erfolgen.

7.4.11.2. Chemische Unkrautbekämpfung

Die chemische Unkrautbekämpfung hat zwei wichtige Aufgaben zu erfüllen:
Vernichtung der Unkräuter, die als Nährstoff- und Standraumkonkurrenten der Rübe auftreten oder für eine vermehrte Schädlings- und Krankheitsvermehrung dienen können.
Ermöglichung der Vollmechanisierung des Rübenbaues (handarbeitsloser Rübenbau).
Die Ausbringung des Herbizides erfolgt entweder als Flächenspritzung (ganzflächig) oder als Bandspritzung (Bandbreite ist die halbe Reihenentfernung).

Begriffserklärung

VS = Vorsaatanwendung
VA = Vorauflaufanwendung
1. NAK = 1. Nachlaufspritzung im Keimblattstadium der Unkräuter
2. NAK = 2. Nachlaufspritzung im Keimblattstadium der 2. Unkrautgeneration

3. NAK und 3. NAK/L. = Nachlaufspritzung im Keimblatt- und Laubblattstadium der Unkräuter. Alle Empfehlungen beziehen sich auf Flächenspritzung in Menge/ha.

Für die Unkrautbekämpfung nach dem Verfahren der optimierten Aufwandmengen sind die Beraterempfehlungen für Tankmischungen und Spritzfolgen in den Betreuungsgebieten zu berücksichtigen.

Beispiel: ....

....

Expertenwissen

Der chemische Pflanzenschutz im konventionellen Anbau beschränkt sich auf notwendige Herbizidanwendungen, wobei Umweltauflagen der EU-Richtlinien streng zu beachten sind. Der Einsatz von Glyphosat und anderen chemischen Mitteln wird zunehmend kritisch betrachtet und soll, wenn möglich, durch mechanische Verfahren ersetzt werden.

7.4.12. Wichtige Krankheiten im Rübenbau

7.4.12.1. Pilzkrankheiten

Wurzelbrand
Falscher Rübenmehltau
Echter Mehltau
Blattfleckenkrankheit (Cercospora)

Die Erreger sind Pilze, die häufig im Boden überdauern und oft eine lange Lebensdauer aufweisen.
Die Bekämpfung kann nur selten durch die richtigen Kulturmaßnahmen oder durch die Fruchtfolge erfolgen, sondern muss meist durch Einsatz chemischer Mittel durchgeführt werden.

> **Expertenwissen**
> Blattfleckenkrankheiten, insbesondere Cercospora, nehmen durch die steigenden Sommertemperaturen zu. Der Anbau resistenter Sorten und eine ausgewogene Kaliumdüngung mindern das Infektionsrisiko. Im ökologischen Landbau werden zur Bekämpfung von Cercospora Pflanzenstärkungsmittel und biotechnologische Präparate verwendet, die die Abwehrkräfte der Pflanze unterstützen.

7.4.12.2. Mangelkrankheiten

Herz- und Trockenfäule
Schadensursache ist Bormangel! Bekämpfung erfolgt durch Düngung mit Bor-Nitramoncal, Borax oder durch Spritzungen mit Bor-Präparaten (z. B. Solubor).

7.4.12.3. Viruskrankheiten

- **Vergilbungskrankheit:** Der Überträger (= Blattlaus) muss vorbeugend mit chemischen Mitteln bekämpft werden.
- **Viröse Wurzelbärtigkeit (Rizomania):** Übermäßige Nässe ist zu vermeiden; tiefe Bodenlockerung und Einhaltung von Anbaupausen sind wirksame Maßnahmen.
- **Blattvergilbungsviren:** Diese Viren werden durch Blattläuse übertragen und führen zu Ertragsverlusten. Die Bekämpfung erfolgt durch den Einsatz resistenter Sorten und regelmäßige Feldkontrollen, um Blattlauspopulationen rechtzeitig einzudämmen.

7.4.13. Wichtige Schädlinge im Rübenbau

7.4.13.1. Vorwiegend Blattschädlinge

Rübenerdfloh
Rübenaaskäfer
Rüsselkäfer
Rübenfliege
Schwarze Rübenblattlaus

> **Expertenwissen**
> Der Rübenkopfälchen und die Schwarze Rübenblattlaus treten vermehrt auf. Die Bekämpfung dieser Schädlinge erfolgt im ökologischen Landbau mit Nützlingen wie Florfliegenlarven. Die Umsetzung von Fruchtfolgen mit nematodenfeindlichen Pflanzen bleibt der beste langfristige Schutz vor Rübennematoden.

7.4.13.2. Vorwiegend Bodenschädlinge

Moosknopfkäfer, Engerling
Drahtwurm
Rübennematoden (= Älchen)

Schadensschwellen beachten!

Bei einem vermehrten Auftreten von Rübenschädlingen ist, mit Ausnahme der Rübenälchen, eine chemische Bekämpfung zur Sicherung des Bestandes notwendig. In der Bekämpfung der Rübenälchen sind Anbaupausen (mind. 4 Jahre) und der Anbau von Feindpflanzen wirtschaftlich empfehlenswerter als der Einsatz von teuren Nematiziden.

Verwenden Sie zur weiteren Information über Krankheiten und Schädlinge der Rübe sowie zur Übung im Erkennen und Bekämpfen die Broschüre „Krankheiten und Schädlinge der Rübe“.

7.4.14. Ernte und Ertrag

Die Zuckerrübe erreicht eine „technische Reife“, die bestimmt wird durch:

- Höhe des Rübenertrages und
- Übernahme durch die Zuckerfabrik (= Beginn der Kampagne).

Die Haupternte der Rübe erstreckt sich von Mitte Oktober bis 5. November. Ab dem 5. November spricht man von Späternte. Rüben und Blätter sollen gemeinsam geerntet werden, da eine frühere Blatternte und spätere Rübenernte Zuckerverluste verursacht.

Zuckerrübenerträge (in dt/ha)

	20................	20...............	20...............
Österr. Durchschnittserträge:	....	....	....
Erträge im eigenen Betrieb:	....	....	....

Siehe Berichte des Österr. Statistischen Zentralamtes!

Futterrübenerträge (in dt/ha)

	20................	20...............	20...............
Österr. Durchschnittserträge:	....	....	....
Erträge im eigenen Betrieb:	....	....	....

Die Ernteperiode wird zunehmend nach den Anforderungen der Zuckerfabriken und den verfügbaren Verarbeitungsmöglichkeiten ausgerichtet, um Verluste zu minimieren. Ein zeitnaher Abtransport zur Fabrik ist wichtig, um Qualitätsverluste zu vermeiden.

7.4.15. Der Zuckerrübenvertragsanbau

Der Zuckerrübenanbau ist an den Abschluss eines Rübenliefervertrages mit der Zuckerindustrie gebunden (Sugana). Dieser wird jährlich im Rahmen der so gen. Kontrahierungsversammlung abgeschlossen, wobei den Vertragslandwirten ihr Jahreslieferrecht für Zucker in Tonnen zugeteilt wird.

Um eine individuelle Bezahlung der Zuckerrübe in Abhängigkeit vom Zuckergehalt zu ermöglichen, ist eine exakte Probenentnahme erforderlich (6 Proben pro Hektar). Diese werden dann in einem Labor der Zuckerfabrik auf ihren Zuckergehalt geprüft.

Kategorien für Zuckerrüben

Die bisherigen Kategorien für Zuckerrüben (A-, B- und C-Rüben) wurden zugunsten eines neuen, marktorientierten Systems ersetzt. Dieses orientiert sich stärker an den aktuellen Anforderungen der Zuckerindustrie und berücksichtigt regionale sowie internationale Marktentwicklungen. Höhere Prämien für saubere und hochprozentige Zuckerrüben fördern die Effizienz und Produktivität.

Die Einteilung erfolgt in folgende Kategorien:

- Vertragsrübe (Hauptkategorie):
  - Feste Liefermenge gemäß Vertrag.
  - Preis abhängig vom Zuckergehalt (Standard: 16 %, Zuschläge bei höherem Zuckergehalt).
  - Zusätzliche Qualitätsprämien für saubere und gut sortierte Rüben.
- Zusatzrübe:
  - Lieferung über die vereinbarte Menge hinaus möglich, abhängig von der Kapazität der Zuckerfabrik.
  - Reduzierter Preis, jedoch keine Abnahmegarantie.
- Export- oder Industriezweckrübe:
  - Für die Herstellung von Nicht-Zucker-Produkten (z. B. Ethanol).
  - Flexible Preisgestaltung ohne garantierte Abnahme.

Qualitätskriterien für Zuckerrüben (2025)

Parameter	Grenzwerte
Zuckergehalt	Min. 16 %, Prämien ab 18 %
Sauberkeit	Max. 10 % Erdanhang
Sortierung	Min. 90 % über 50 mm Durchmesser
Schwarzbesatz	Max. 1 %
Nitratgehalt	Max. 100 mg/kg Frischmasse

7.4.16. Lagerung der Futterrübe

Die Lagerung der Futterrübe erfordert keine besonderen Investitionen. Sie soll in frostgeschützten Lagerräumen in der Nähe des Stalles durchgeführt werden.

Für eine gute Lagerung günstig sind:

- schonende Ernte (ohne Verletzungen),
- geringe Verschmutzung,
- richtige Lagertemperatur (+3 bis +4 °C) sowie
- harmonische Düngung (Vorsicht bei Stickstoff).

Rübenblätter können grün verfüttert, einsiliert oder zur Rücklieferung von organischer Substanz eingepflügt werden.

Lösen Sie die im Anschluss an dieses Kapitel folgenden Fragen 21 bis 32!

Übungs- und Wiederholungsfragen

1. Nennen Sie die verschiedenen Nutzungsformen bei Mais!

   ....

   ....

2. Zu welcher Pflanzenfamilie gehört der Mais?

   ....

3. Unterscheiden Sie zwischen

Hartmais	Zahnmais
....	....
....	....
....	....

4. Erklären Sie die Stellung des Maises in der Fruchtfolge!

   ....

   ....

5. Wie soll das ideale Saatbett für Mais hergerichtet werden?

   ....

   ....

   ....

6. Erklären Sie die Bedeutung der Reifezahl 260!

   ....

7. Nennen Sie wichtige Daten für den Körnermaisanbau!

   Keimtemperatur: .... Saattiefe: .... cm

   Reihenentfernung: .... cm

8. Was versteht man unter „Inkrustierung“?

   ....

   ....

9. Nennen Sie wichtige Krankheiten bei Mais!

....

....

....

10. Nennen Sie Möglichkeiten der Maissilierung!

....

....

....

11. Nennen Sie die fünf Verwendungsarten der Kartoffel!

....

....

....

12. Zu welcher Pflanzenfamilie gehört die Kartoffel?

....

13. Nennen Sie die Teile einer Kartoffelpflanze!

....

....

14. Die Kartoffel benötigt in den kritischen Zeitspannen

....

....

eine gesicherte Wasser- und Nährstoffversorgung.

15. Zu viel Kalk im Boden begünstigt die ....

16. Beurteilen Sie die Stellung der Kartoffel in der Fruchtfolge!

....

....

17. Nennen Sie frühe bis mittelfrühe Speisekartoffelsorten!

....

....

....

18. Nennen Sie für den Kartoffenanbau:

Saattiefe: .... cm Saattermin: ....

Reihenentfernung: .... cm Entfernung in der Reihe: .... cm

Saatgutbedarf: .... kg/ha

19. Erstellen Sie ein Pflegeprogramm für die Kartoffel!

....

....

....

20. Nennen Sie die Viruskrankheiten der Kartoffel!

....

....

....

21. Zu welcher Pflanzenfamilie gehört die Rübe?

....

22. Was verstehen Sie unter

a) Schossern ....

b) Trotzern ....

23. Welche Böden eignen sich für den Rübenanbau?

....

....

24. Die Rübe erfordert in der Fruchtfolge .... -jährige Anbaupausen, weil es sonst zur Vermehrung der .... kommt.

25. Erklären Sie die Bodenvorbereitung für die Zuckerrübe!

....

....

....

26. Setzen Sie die richtigen Werte für den Anbau der Rückerrübe ein!

Saattiefe: .... cm, Reihenentfernung: .... cm, Abstand in der Reihe bei Vereinzelung: .... cm, Abstand in der Reihe bei Anbau auf Endabstand .... cm.

27. Unterscheiden Sie zwischen folgenden Saatgutformen:

a) Präzisionssaatgut ....

b) Monogermsaatgut ....

28. Nennen Sie die Qualitätstypen der Futterrübe!

....

....

29. Erklären Sie den Vorgang des Auszählens eines Rübenbestandes!

....

....

....

....

30. Vergleichen Sie die Pflegeprogramme:

a) mit Korrekturhacke	b) ohne Korrekturhacke (handarbeitslos)
....	....
....	....
....	....
....	....

31. Nennen Sie die Ausbringungszeitpunkte für chemische Unkrautbekämpfungsmittel!

....

....

32. Zählen Sie die Rübenschädlinge auf!

....

....

....

8. Das Grünland

8.1. Der Begriff „Grünland“

Erklären Sie, was man unter dem Begriff „Grünland“ versteht!

Unter „Grünland“ versteht man artenreiche Pflanzenbestände, die primär aus Gräsern, Leguminosen und Kräutern bestehen und eine dauerhafte Bodenbedeckung gewährleisten. Diese Flächen werden selten oder gar nicht durch den Pflug bearbeitet. Grünland umfasst Wiesen, Weiden und Almflächen. Neben ihrer Bedeutung als Futtergrundlage tragen diese Flächen entscheidend zum Klimaschutz bei, indem sie als Kohlenstoffsenke dienen und die Biodiversität fördern.
Im Kontext der Klimaanpassung sind artenreiche Grünlandbestände widerstandsfähiger gegenüber Trockenheit und extremen Witterungsbedingungen, da sie eine bessere Bodenstruktur und Wasserspeicherung gewährleisten.

8.2. Bedeutung des „Dauergrünlandes“

Österreichs Grünlandflächen

Die Bedeutung des Dauergrünlandes geht über die Produktion hochwertiger Futtermittel hinaus. Dauergrünlandflächen haben wichtige ökologische Funktionen, darunter:

- Kohlenstoffspeicherung und Verringerung von Treibhausgasemissionen,
- Schutz vor Erosion und Verbesserung der Bodenstruktur,
- Förderung der Biodiversität, insbesondere von Insekten, Bodenorganismen und Wildtieren.

Aktuelle Statistiken (Stand 2024) zeigen, dass in Österreich rund 1,9 Mio. Hektar als Dauergrünland klassifiziert werden. Die EU-Förderprogramme im Rahmen der Gemeinsamen Agrarpolitik (GAP) legen großen Wert auf den Erhalt und die nachhaltige Bewirtschaftung dieser Flächen.

Führen Sie eine Webrecherche durch (z. B. Grüner Bericht) und stellen Sie anhand aktueller statistischer Angaben fest, welcher Flächenanteil von Österreichs Grünlandflächen auf die einzelnen Bewirtschaftungsformen entfällt:

- Einmähdige Wiesen
- Mehrmähdige Wiesen
- Streuwiesen
- Almen und Bergmähder
- Kulturweiden
- Hutweiden

8.3. Die Pflanzen des Grünlandes

Bei guter Grünlandbewirtschaftung sollten die drei Pflanzengruppen etwa die folgende Verteilung in Gewichtsprozenten aufweisen:

Nutzungstyp	Gräser (%)	Leguminosen (%)	Kräuter (%)
Wiese	60–70	20–30	10–20
Weidenutzung	65–75	15–25	10–15

Nennen Sie den ⌀ Prozentanteil an Gräsern, Leguminosen und Kräutern, den Wiesen und Weiden aufweisen sollen!

Artenreiche Bestände mit mindestens 30 bis 70 verschiedenen Pflanzenarten verbessern die Futterqualität und erhöhen die Widerstandsfähigkeit des Grünlandes gegen Trockenheit und Krankheiten. Neuere Forschungsergebnisse zeigen, dass ein höherer Anteil an Leguminosen wie Weißklee die Stickstoffbindung im Boden fördert und so die Abhängigkeit von mineralischem Stickstoffdünger verringert.

Aktuelle Tipps finden Sie auf https://www.gruenland-viehwirtschaft.at

Expertenwissen

Eine optimierte Artenzusammensetzung stärkt die Widerstandsfähigkeit des Grünlands gegenüber den Auswirkungen des Klimawandels, wie längeren Trockenperioden oder Starkniederschlägen. Artenreiche Mischungen erhöhen die Bodenstabilität und verbessern die Wasserspeicherung.

Neueste Erkenntnisse (Stand 2024):

1 **Gräser:** Neben herkömmlichen Gräsern wie Wiesenlieschgras *(Phleum pratense)* und Knaulgras *(Dactylis glomerata)* zeigen Trockenheitstolerante Sorten wie Schwingel-Arten *(Festuca spp.)* eine besondere Anpassungsfähigkeit an den Klimawandel.

2 **Leguminosen:** Arten wie Weißklee *(Trifolium repens)* und Hornklee *(Lotus corniculatus)* binden nicht nur Stickstoff, sondern verbessern durch ihre Wurzelausscheidungen die Bodenstruktur und die Wasserhaltefähigkeit.

3 **Kräuter:** Tiefwurzelnde Arten wie Spitzwegerich *(Plantago lanceolata)* und Löwenzahn *(Taraxacum officinale)* haben eine Schlüsselfunktion bei der Stabilisierung der Futtererträge in Trockenjahren.

8.4. Die Gräser

Sie bilden die Hauptmasse in den Pflanzenbeständen des Grünlandes und haben einen entscheidenden Einfluss auf die Ertragssicherheit. Hinsichtlich des Futterwertes bleiben die meisten Gräser jedoch hinter den Leguminosen und manchen Kräutern zurück (Eiweiß- und Mineralstoffgehalt, Schmackhaftigkeit). Sie bevorzugen eine schwach saure Bodenreaktion.

Expertenwissen

Gräser bleiben die produktivste Gruppe im Grünland, erfordern jedoch spezifische Managementansätze zur Anpassung an veränderte Umweltbedingungen.

Ober- und Untergräser (aktualisiert):

1 **Obergräser:** Sorten wie *Festuca arundinacea* (Rohr-Schwingel) werden zunehmend bevorzugt, da sie sowohl bei Trockenheit als auch bei Überflutung stabil hohe Erträge liefern.

2 **Untergräser:** *Lolium perenne* (Deutsches Weidelgras) bleibt ein Hauptbestandteil, jedoch wird eine stärkere Diversifizierung empfohlen, um den hohen Stickstoffbedarf auszugleichen.

Erklären Sie den Begriff „Futterwertzahl"!

Die Futterwertzahlen bilden eine Beurteilungsgrundlage für Grünlandpflanzen. Die Einstufung reicht von 1 bis 8 (wertvollste Futterpflanzen).
Die Futterwertzahl (FWZ) ist weiterhin ein entscheidender Indikator für die Bewertung von Gräsern. Arten mit FWZ ≥ 7 wie Wiesenlieschgras und Deutsches Weidelgras bieten den höchsten Proteingehalt und die beste Verdaulichkeit.

Geben Sie an, nach welchen Gesichtspunkten die Gräser eingeteilt werden könnten!

Die Einteilung der Gräser wird nach folgenden Gesichtspunkten vorgenommen:

Die Süßgräser (auch echte Gräser)

Sie haben einen hohlen, knotigen und runden Halm und sind meist mehrjährig, wachsen in Form von Horsten oder bilden unterirdische Ausläufer.

Die Sauergräser

Sie weisen einen dreieckigen, markhältigen und knotenlosen Halm auf. Wir finden sie hauptsächlich in Streuwiesen und auf Nassstellen. Zu ihnen gehören:

Seggenarten Wollgräser Simsen Binsen

Sie besitzen einen geringen bis sehr geringen Futterwert.

8.4.1. Ober- und Untergräser

Die Süßgräser werden ihrer Wuchsform nach auch in Ober- und Untergräser gegliedert.

Die Obergräser haben einen hohen, kräftigen Halm mit großen Blättern. Man findet sie überwiegend auf Wiesen mit Mähnutzung. Sie neigen zur Verholzung und müssen daher zeitgerecht geerntet werden.

Die Untergräser haben einen feineren, kürzeren Halm mit meist kleineren Blättern, jedoch vielen Seitentrieben.

Nach der Nutzungsintensität können die Ober- und Untergräser in folgende drei Gruppen eingeteilt werden:

Intensivgräser

mit höchstem Futterwert und hohem Ertragsbildungsvermögen. Sie werden durch eine harmonische Düngung gefördert, bilden dichte Pflanzenbestände und können intensiv genutzt werden.

Nennen Sie alle wertvollen Intensivgräser des Grünlandes!

Obergräser solcher Flächen.

◄ **Wiesenschwingel WZ 8**
Auf eher feuchten Wiesen
Blüte: Juni bis Juli

Wiesenlieschgras WZ 8 ►
(Thimothe)
Wertvolles, spätblühendes Gras
Blüte: Juni bis Sept.

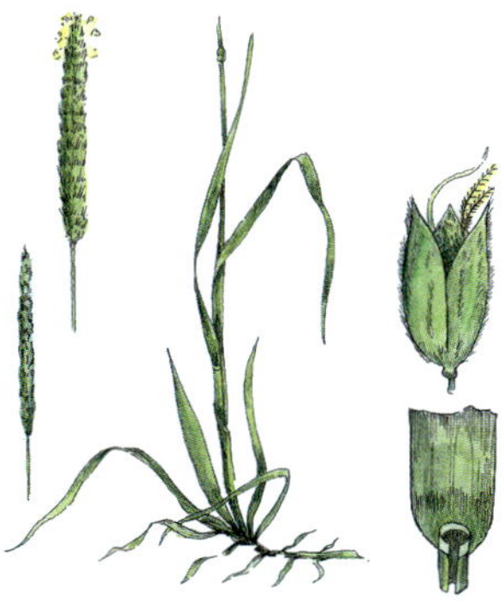

◄ **Fuchsschwanz WZ 7**
Wertvolles Gras auf eher feuchten Wiesen
Blüte: Mai bis Juni

Knaulgras WZ 7 ►
Ertragreiches, aber leichtverholzendes Gras
Blüte: Mai

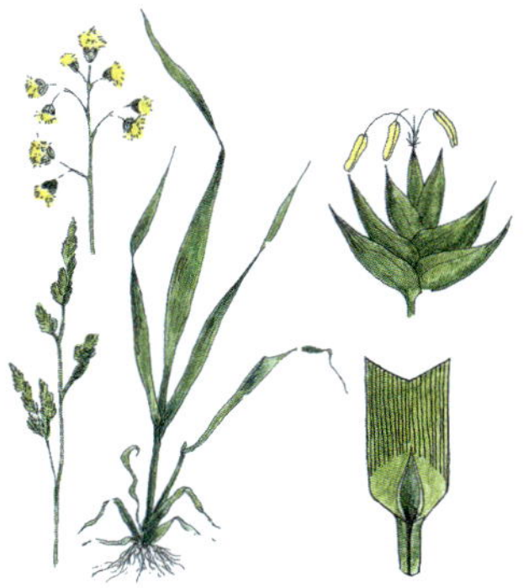

Untergräser solcher Flächen.

◄ **Wiesenrispe WZ 8**
Wertvolles Weide- und Mähweidegras für eher trockene Lagen
Blüte: Mai bis Juni

Deutsches Weidelgras WZ 8 ►
(Engl. Raygras) Sehr wertvoll, dicht wachsend; für Weiden und Mähweiden
Blüte: Mai bis Herbst

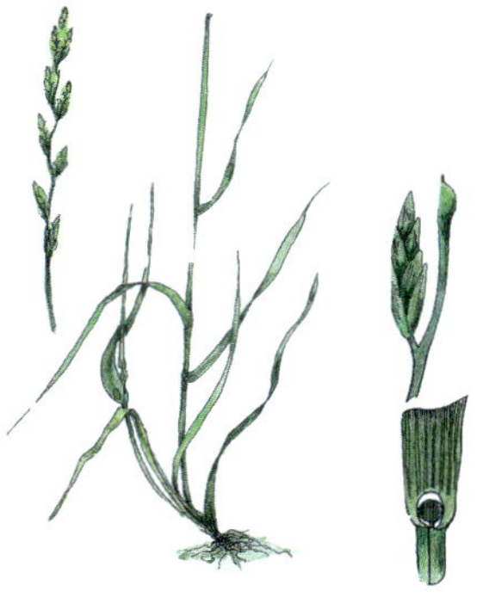

Welsches Weidegras ►

Gräser mittlerer Intensität

Sie sind noch als wertvoll zu bezeichnen, bringen jedoch geringere Erträge als Intensivgräser.

Obergräser solcher Flächen.

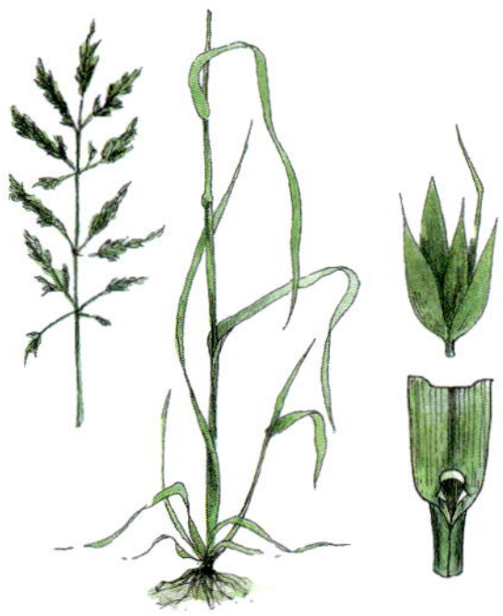

◄ Glatthafer WZ 7
(Franz. Raygras)
Wertvolles Gras auf trockenen Wiesen
Blüte: Juni bis Juli

Goldhafer WZ 7 ►
Wertvolles Gras, das auch Beweidung verträgt; besonders in höheren, niederschlagsreichen Gebieten
Blüte: Mai bis Sept.

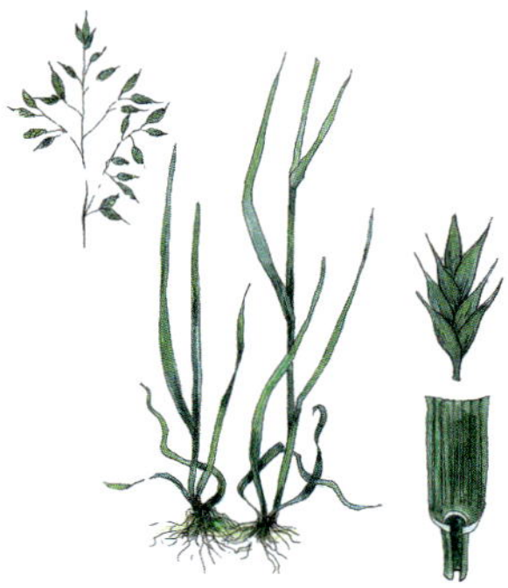

◄ Rotschwingel WZ 5
Unempfindliches, anspruchsloses Gras, besonders auf Weiden
Blüte: Juni bis Juli

Aufrechte Trespe WZ 5 ►
Ertragarmes Gras trockener Standorte
Blüte: Juni

Untergräser solcher Flächen.

◄ Rotes Straußgras WZ 7
Spätes Wiesen- und Weidegras für nasse Standorte
Blüte: Juni bis Aug.

Gemeine Rispe WZ 7 ►
Gutes Wiesen- und Weidegras auf schweren und feuchten Böden
Blüte: Juni bis Juli

◄ **Kammgras WZ 6**
Anspruchsloses, ertragarmes Gras für kühle, feuchte Lagen
Blüte: Juni bis Okt.

Rohrglanzgras ►

◄ **Quecke**

Gräser geringerer Intensität

Trespenarten, Rotschwingel und andere Gräser mit geringem Futterwert vertragen höchstens 2 Nutzungen pro Jahr. Solche Bestände sind auch durch einen besonders hohen Kräuter- und Kleeanteil gekennzeichnet. Sie bilden jedoch in Höhenlagen den Ertrag und sind daher dort als wertvoll zu bezeichnen.

8.5. Die Leguminosen (Schmetterlingsblütler)

Sie sind stickstoffsammelnde Futterpflanzen, die sich durch ihren hohen Eiweiß- und Mineralstoffgehalt sowie durch ihre Schmackhaftigkeit auszeichnen. Weiters verholzen sie weniger stark und schnell wie die Gräser. Der Blattreichtum dieser Pflanzen verursacht jedoch bei der Bodentrocknung hohe Bröckelverluste.

Geben Sie an, durch welche Eigenschaften sich die Leguminosen von den Gräsern unterscheiden!

Die wichtigsten Leguminosen des Grünlandes (s. S. 222/223)

Wiesenrotklee, Weißklee, Gelbklee, Hornklee, Zaunwicke, Vogelwicke und Wiesenplatterbse.

8.6. Die Kräuter

Dazu zählen alle Pflanzen des Grünlandes, die nicht zu den Gräsern und Leguminosen gehören. Auffallend ist ihr hoher Eiweiß- und Mineralstoffreichtum sowie ihr günstiger Einfluss auf die Tiergesundheit. Grundsätzlich sind alle Kräuter wertvoll, mit Ausnahme der giftigen Pflanzen.

Erklären Sie, warum manche wertvolle Kräuter trotzdem zu Unkräutern werden können!

Durch Bewirtschaftungsfehler wie übermäßigen Gülleeinsatz, zu häufige Nutzung und Nutzung zum falschen Zeitpunkt können viele Kräuter überhandnehmen. Sie werden zu Unkräutern, die dann Ertrag und Qualität ungünstig beeinflussen. Schwierigkeiten bei der Konservierung sind ebenfalls zu erwarten (Bröckelverluste, Schimmel- und Fäulnisbildung).

Kräuter mit brauchbarem Futterwert

Spitzwegerich (1), Wiesenkerbel (2), Bärenklau (3), Löwenzahn (4), Pastinak, Kümmel, Schafgarbe, Wiesenkopf, Bibernelle und Wiesenbocksbart.

◄ **Wiesenrotklee WZ 7**

Wertvolle Kleeart in nicht zu intensiv genutzten und gedüngten Wiesen
Blüte: Mai bis Sept.

Weißklee WZ 8 ►

Sehr wertvolle, genügsame Kleeart auf Wiesen und Weiden mit kriechendem Stängel
Blüte: Mai bis Herbst

◄ **Esparsette WZ 7**

Gelbklee WZ 7 ►

In trockenen, kalkhältigen Wiesen sehr wertvoll
Blüte: Mai bis Herbst

◄ **Luzerne WZ 8**
Wertvollste Kleeart des Feldfutterbaus

Wiesenplatterbse WZ 7 ►
Gelbe Blüten, Vorkommen auf nicht zu trockenen Wiesen
Blüte: Juni bis Juli

Zählen Sie die bedeutendsten Leguminosen des Grünlandes auf!

◄ **Zaunwicke WZ 6**
Blaublühend, Stängel mit Ranken; Vorkommen auf nicht zu trockenen Wiesen
Blüte: Mai bis Juli

Schwedenklee WZ 6 ►
Für Kleegrasmischungen

◄ **Hornklee**

Alexandrinerklee WZ 6 ►
Für Feldfutterbau und Brachemischungen

◄ **Perserklee WZ 6**
Verwendung wie Alexandrinerklee

Inkarnatklee WZ 5 ►
Bestandteil des Landsberger Gemenges und für Brachemischungen

Kräuter mit geringem Futterwert

Wiesenschaumkraut, Gänseblümchen, Margerite, Breitwegerich, Ampferarten, Wiesensalbei u. a.

Unkräuter des Grünlandes

Herbstzeitlose, Sumpfschachtelhalm, Klappertopf, Dotterblume, Weißer Germer, Weidedistel, Hauhechel u. a.

Bekämpfungswürdige Problemunkräuter

Dazu zählen folgende Unkräuter:

Stumpfblättrige Ampfer	Bärenklau	Scharfer Hahnenfuß
Löwenzahn	Wiesenkerbel	Schafgarbe

Da diese Pflanzen einen besonders negativen Einfluss auf den Ertrag und die Qualität haben, sind kulturtechnische Maßnahmen wie abwechselnde Mäh- und Weidenutzung, harmonische Düngung, richtiger Erntezeitpunkt und eventuell Einsaat wertvoller Gräsersamen zu überlegen. In vielen Fällen wird man eine chemische Bekämpfung vornehmen müssen, um wieder zu einem leistungsfähigen Pflanzenbestand zu kommen.

Ergänzungen: ....

....

....

Lösen Sie die im Anschluss an das Kapitel „Grünland" folgenden Fragen 1 bis 6!

8.7. Die Nutzung des Grünlandes

Geben Sie die möglichen Nutzungsformen für das Grünland an!

Für die Nutzung des Grünlandes kennen wir drei Möglichkeiten:
- **die Wiese – Mähnutzung zur Gewinnung von Heu oder Silage bzw. Grünfutter für die Sommerstallfütterung;**
- **die Weide – den Tieren wird eine bestimmte Grünlandfläche zur Futteraufnahme zugeteilt und**
- **die Mähweide – abwechselnde Nutzung durch Mähen und Beweiden.**

Werden Wiesen und Weiden ständig als solche genutzt, so sprechen wir auch von Dauergrünland. Unterliegen solchen Flächen jedoch auch einer zeitweiligen Ackernutzung, so spricht man von Wechselgrünland.

8.7.1. Die Nutzung der Wiesen

Das Ziel der Wiesennutzung muss es sein, Futter mit möglichst hohem Eiweiß-, Energie- und Mineralstoffgehalt zu ernten.
Einen besonderen Einfluss auf die Futterqualität hat der richtige Nutzungszeitpunkt.

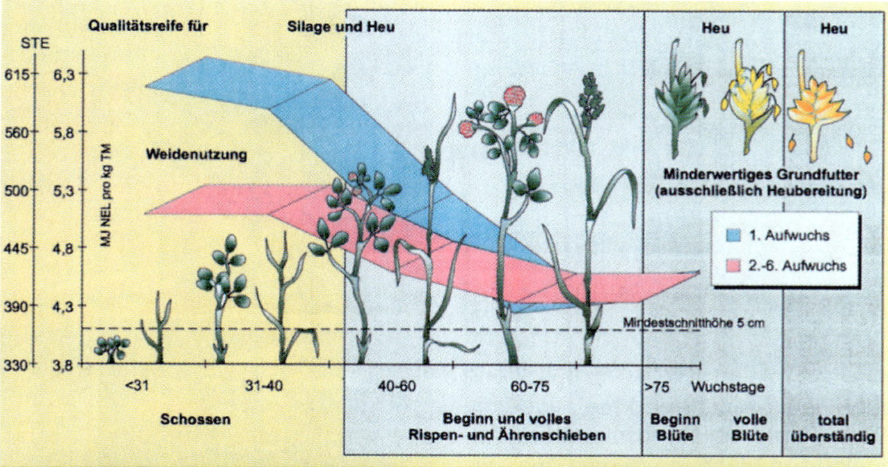

2: *Nutzungsstadium und Energiegehalt des Grünlandfutters.*

Die Nutzungsintensität (Anzahl der Schnitte) ist von verschiedenen Voraussetzungen abhängig, wie z. B. von

- den Bodenverhältnissen (Bodenart, Wasserversorgung),
- der Vegetationsdauer (abhängig von der Seehöhe),
- der Nutzungsart (Grünfutter, Silage, Heu) und
- der Zusammensetzung des Pflanzenbestandes (abhängig von den oben genannten Faktoren).

Geben Sie an, wovon die Nutzungsintensität einer Wiese abhängig ist!

Die meisten Wiesen werden zwei- bis dreimal geschnitten, wobei der erste Schnitt vielfach zu spät erfolgt.
Dadurch erhält man verholztes und schlecht verdauliches Futter.
Da jedoch die Bodentrocknung von jungem Futter zum ersten Schnitt nur in Ausnahmefällen möglich ist, wäre eine Konservierung im Silo bzw. durch Unterdachtrocknung anzustreben.
Grobes oder verregnetes Heu hat oft nur eine Verdaulichkeit von 50 %.

Welche Erträge kann das Grünland erbringen?

Schwach gedüngte Zweischnittwiesen:	**ca. 6 000 kg Heu**
Gut gedüngte Zwei- bis Dreischnittwiesen:	**ca. 8 000 kg Heu**
Sehr gut gedüngte Mehrschnittwiesen:	**bis über 10 000 kg Heu**

Geben Sie an, welchen Ertrag eine gut gedüngte Zwei- bis Dreischnittwiese erbringen kann!

Ergänzungen: ....

....

8.7.2. Die Nutzung der Weide

Das Ziel der Weidebewirtschaftung muss es sein, einem bestimmten Viehbestand Futter in ausreichender Menge und bester Qualität die ganze Wachstumszeit über zur Verfügung zu stellen.

Die Weidenutzung fördert die Tiergesundheit und bringt bei richtiger Weideführung höhere Erträge als die Wiese!

Beachte: Junges Weidegras ist sehr eiweißreich – es ist daher für einen ausreichenden Energieausgleich in der Fütterung zu sorgen!

Die Weidetechnik

Erklären Sie den obersten Grundsatz der Weidenutzung!

Als oberster Grundsatz einer richtigen Weideführung muss gelten:
Die Fresszeit soll kurz und die Ruhezeit zwischen zwei Nutzungen muss genügend lang sein.
Die Weidereife eines Grasbestandes wird bei einer Pflanzenhöhe von 20 bis 25 cm erreicht.

Wir unterscheiden drei Möglichkeiten der Weideführung:

Die Standweide

Die Tiere beweiden vom Frühjahr bis zum Herbst eine nicht weiter unterteilte Weidefläche. Dies führt naturgemäß zu einer anfänglichen Futtervergeudung und späterem Mangel. Die Verunkrautung ist meist sehr stark, da in vielen Fällen auch die Pflegemaßnahmen unterlassen werden. Diese Beweidungsform ist auf guten Weideflächen auf jeden Fall abzulehnen!

Die Koppelweide (Umtriebsweide)

Erläutern Sie das Prinzip der Koppelweide!

Es erfolgt hier eine Unterteilung der Weidefläche, im Idealfall in 12 bis 14 Koppeln, mittels Elektrozaun. Die Größe der einzelnen Flächen hängt vom aufzutreibenden Viehbestand sowie der Besatzzeit ab, die jedoch drei Tage nicht überschreiten soll.

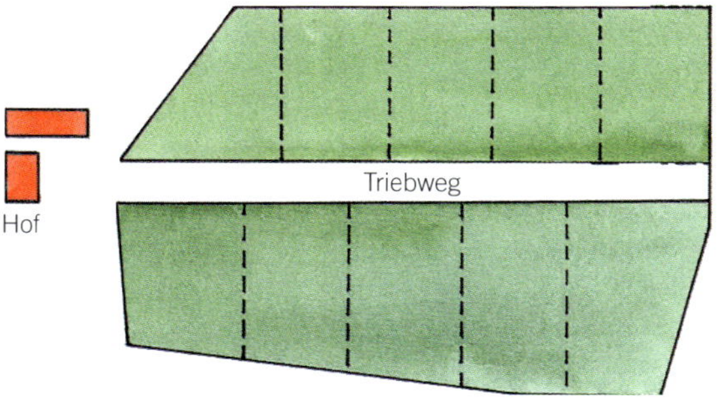

Beispiel für die richtige Einteilung der Weidekoppeln.
—— = fester Zaun
---- = Elektrozaun

Man rechnet, dass der Futterbedarf einer Großvieheinheit pro Tag von einer Weidefläche von 0,75 Ar gedeckt werden kann.

Erläutern Sie das Prinzip der Portionsweide und geben Sie an, wie viel Futterfläche man pro GVE und Tag benötigt!

Die Portionsweide

Hier werden die einzelnen Koppeln durch einen „wandernden Elektrozaun" auf die Größe des Tagesbedarfes unterteilt. Man rechnet mit 0,6 Ar/Kuh bei ganztägiger Beweidung.

Bei dieser Form erzielt man die höchsten Leistungen bei geringstem Futterverlust. Der Arbeitsaufwand ist jedoch höher!

> **Expertenwissen**
> Eine rotierende Portionsweide kann die Futtereffizienz um bis zu 20 % steigern und den Arbeitsaufwand minimieren. Die Integration von Agroforstsystemen (Bäume auf Weideflächen) bietet zusätzliche Vorteile, darunter verbessertes Mikroklima und eine höhere Biodiversität.

Die Kurzrasenweide

Bei dieser Beweidungsmethode bleiben die Tiere über längere Zeiträume auf einer Weidefläche, wobei die Grashöhe durch kontinuierlichen Verbiss auf einem niedrigen Niveau gehalten wird (ca. 4–6 cm). Dadurch wird eine kontinuierliche Futteraufnahme sichergestellt, während gleichzeitig die Nachtriebsfähigkeit der Pflanzen gefördert wird. Diese Methode eignet sich besonders für standortangepasste, trittfeste Weideflächen.

Das Mob Grazing

Dieses Weidesystem ist eine Form der intensiv gemanagten Weideführung. Die Tiere werden in hoher Besatzdichte für kurze Zeiträume auf kleine Flächen getrieben und anschließend weitergeführt, um eine gleichmäßige Beweidung und optimale Nährstoffrückführung zu gewährleisten. Die längeren Ruhezeiten zwischen den Beweidungen fördern eine tiefere Durchwurzelung der Pflanzen, verbessern die Bodenstruktur und erhöhen die Biodiversität auf der Weidefläche.

8.7.3. Die Mähweide

Der Wechsel zwischen Mahd und Beweidung wäre der Idealfall der Grünlandbewirtschaftung, denn die Mahd fördert die wertvollen Obergräser, die Beweidung die Untergräser und den Weißklee. Viele der unerwünschten Kräuter werden verdrängt! Die Mähweide bringt aber auch arbeitswirtschaftliche Vorteile, da sich die Heu- und Grummeternte auf einen längeren Zeitraum erstreckt (Vermeidung von Arbeitsspitzen).

Erläutern Sie, warum die Mähweide eine besonders günstige Form der Grünlandnutzung ist!

Voraussetzungen für die Mähweidennutzung

- ausreichende Niederschläge,
- trittfeste Grasnarbe und
- zusammenhängende Flächen in Hofnähe.

Für die Nutzung der Mähweide gelten alle Richtlinien, die auch schon bei der Wiesen- und Weidenutzung besprochen wurden, wie richtiger Schnittzeitpunkt usw., wie auch die Beachtung der Regeln von Ruhe- und Besatzzeit.

Ergänzungen: ....

....

8.8. Die Düngung des Grünlandes

Bei der Düngung des Grünlandes ist auf einen gezielten Einsatz der Wirtschaftsdünger und, wenn notwendig, auf einen entsprechenden Ausgleich mit Mineraldüngern zu achten.

8.8.1. Die Wirtschaftsdünger

Die im Betrieb anfallenden Düngermengen sollen möglichst gleichmäßig auf die gesamte Bewirtschaftungsfläche verteilt werden, um eine einseitige Nährstoffversorgung und damit im Zusammenhang eine lästige Verunkrautung zu vermeiden.

Stallmist wirkt sich besonders auf Wiesen günstig auf die Zusammensetzung des Pflanzenbestandes aus. Er muss gut verrottet sein, damit er rasch in die Grasnarbe einwachsen kann.
Der günstigste Anwendungszeitpunkt wäre der Herbst, es kann jedoch auch im Frühjahr ein „Stallmistschleier" gegeben werden. Kurz vor Wachstumsbeginn ist der Mist in die Grasnarbe mittels einer Strauchegge o. ä. einzureiben.

Aufwandsmenge: 15 bis 20 Tonnen im drei- bis vierjährigen Turnus.

Jauche wird verdünnt, am besten im Frühjahr, aber auch zu jedem Aufwuchs gegeben. Übermäßige Jauchedüngung führt zum Überhandnehmen lästiger Problemunkräuter und zur Abnahme der Leguminosen.

Aufwandsmenge: 15 bis 20 m^3 unverdünnt.

Gülle hat in den Grünlandgebieten besondere Bedeutung erlangt, da Stroh als Einstreu für die Mistgewinnung meist fehlt. Außerdem werden die Nährstoffe aus der Gülle von den Gräsern besonders gut ausgenutzt. Während der Vegetationszeit ist die Gülle bevorzugt bodennah mittels Schleppschlauch- oder Schleppschuhsystemen auszubringen, um Ammoniakemissionen zu minimieren und die Nährstoffeffizienz zu erhöhen. Dies reduziert die Verluste durch Verdunstung und sorgt für eine bessere Pflanzenaufnahme.

Alternativ zur herkömmlichen Verdünnung kann eine Separierung der Gülle durchgeführt werden. Durch die Trennung in eine feste und eine flüssige Phase kann die Düngewirkung gezielter gesteuert werden. Die flüssige Phase kann emissionsarm ausgebracht werden, während der feste Anteil als organischer Dünger oder Kompostzusatz genutzt werden kann. Dies trägt zur Verbesserung der Bodenstruktur und zur Förderung des Humusaufbaus bei. Die Gülleausbringung außerhalb der Wachstumszeit bringt immer hohe N-Verluste mit sich. (Für genügend Grubenraum sorgen!)

Erklären Sie, warum auf dem Grünland der Einsatz von verdünnter Gülle günstiger ist als der von Vollgülle!

Aufwandsmenge: 15 bis 25 m^3 Vollgülle/ha und Aufwuchs (je nach Verdünnung entsprechend mehr). Die höheren Mengen sind nur auf schweren Böden und bei hohen Niederschlagsmengen zu empfehlen.

Bei der Berechnung der Düngermengen ist auch auf die Ausnutzbarkeit des Stickstoffs aus den Wirtschaftsdüngern Rücksicht zu nehmen (siehe Abschnitt Düngung).

Expertenwissen

Neue Vorschriften der EU (2025) betonen die Reduktion von Ammoniakemissionen durch emissionsarme Ausbringtechniken wie Schleppschlauchsysteme und Schleppschuhverteiler. Nährstoffverluste können durch Separierung der Gülle und die Kombination mit organischen Bodenverbesserern wie Kompost weiter reduziert werden. Die Separierung ermöglicht eine präzisere Stickstoffverwertung und fördert eine nachhaltigere Nutzung der Nährstoffe.

8.8.2. Die Mineraldünger

Da die Nährstoffe aus den Wirtschaftsdüngern meist nicht ausreichen, um hohe Erträge mit guter Qualität sicherzustellen, ist ein Ausgleich mit Mineraldüngern erforderlich.

8.8.2.1. Die Grunddüngung mit Phosphat – Kali nur bei Bedarf

Als Grundlage für die Bemessung der Düngegaben gelten die vom Fachbeirat für Bodenfruchtbarkeit und Bodenschutz herausgegebenen Empfehlungen (siehe Seite 124 ff.).
Die Grundüngung mit P und K kann im Herbst oder Frühjahr durchgeführt werden. Zu beachten ist, dass auf Böden mit zu niedrigem pH-Wert kalkhältige Düngemittel vorzuziehen sind.

Berechnen Sie den Bedarf an Hyperphosphat und 40er Kali für eine Zweischnittwiese! (Siehe Kapitel Düngung!)

Phosphatdünger für die Grünland-Grunddüngung
Thomasphosphat
Hyperkorn
Hyperphosphat (fein)
Superphosphat

Beachte: Kalidünger sollten nur nach vorheriger Bodenanalyse und bei festgestelltem Mangel ausgebracht werden, um eine Überversorgung und unnötige Kosten zu vermeiden!

8.8.2.2. Kalkdüngung

Wenn die Bodenreaktion unter dem für Grünland günstigen Bereich von pH 5 bis 6 liegt, ist eine Kalkung erforderlich. 2 000 kg kohlensaurer Kalk oder kohlensaurer Magnesiakalk, alle drei bis vier Jahre gegeben, haben sich auf Grünland als günstig erwiesen. Liegt der pH-Wert im günstigen Bereich, so kann mit den kalkhältigen Phosphatdüngern das Auslangen gefunden werden.

Expertenwissen

Die gezielte Kalkung gewinnt aufgrund der steigenden Bodenversauerung durch intensive Nutzung an Bedeutung. Empfohlen werden 1–2 t/ha alle drei Jahre, um den pH-Wert im Bereich von 6–6,5 zu halten.

8.8.2.3. Die Stickstoffdüngung

Durch den richtigen Einsatz der N-Dünger werden, ausreichende Phosphat- und Kaliversorgung vorausgesetzt, vom Grünland Höchsterträge erzielt.
Die Höhe der Stickstoffdüngung richtet sich vor allem nach der Nutzungsart und Nutzungsintensität.

Nutzungsart	*Reinstickstoffmengen*
nicht verbesserungswürdige Einschnittwiesen	keine mineralischen N-Dünger
Zweischnittwiesen	40 bis 60 kg N/ha und Aufwuchs aus Wirtschafts- und/oder Mineraldüngern
Mehrschnittwiesen	40 bis 70 kg N/ha und Aufwuchs aus Wirtschafts- oder Mineraldüngern
Umtriebsweiden	30 bis 40 kg N/ha und Aufwuchs, vorwiegend aus Mineraldüngern

Berechnen Sie den Bedarf an Weidenitramoncal für eine Mehrschnittwiese!

Als Grundsatz kann daher gelten:

Zu jedem Aufwuchs, ob Schnitt oder Weide, eine Stickstoffdüngung, sei es in Form von Wirtschaftsdüngern und/oder Mineraldüngern. Bei der Bodentrocknung von Heu sind die niedrigeren Werte anzunehmen.

Erklären Sie den Grundsatz, der für die Stickstoffdüngung des Grünlandes zu beachten ist!

Der Futterertrag kann durch eine gezielte N-Düngung bewusst gesteuert werden. Besondere Bedeutung hat dies im Frühjahr und Herbst.

Der Einsatz von Volldüngern ist auf dem Grünland ebenfalls möglich. Den unterschiedlichen Nährstoffverhältnissen im Boden kann man durch die Auswahl eines entsprechenden Volldüngers Rechnung tragen.

Stickstoffdünger und Volldünger für das Grünland

Nennen Sie die auf dem Grünland üblichen Stickstoffdünger und Volldünger!

Stickstoffdünger	*Volldünger*
Nitramoncal	
Weide-Nitramoncal	DC 37
(Kalkstickstoff)	

Achtung: Die früheren Bezeichnungen „Vollkorn grün" und „Vollkorn gelb" sind nicht mehr gebräuchlich, da sie oft einen unnötig hohen Kaligehalt aufwiesen.

Aktuell empfohlene Stickstoffstrategie:

- **Kombination aus organischen und mineralischen Stickstoffquellen.**
- **Erhöhung der Effizienz durch Urease-Inhibitoren und Splitting der Düngergaben auf 3–4 Zeitpunkte pro Jahr.**

8.9. Die Pflege des Grünlandes

Die gewissenhaft durchgeführten Pflegemaßnahmen sind ebenso ertragsbeeinflussend wie Düngung und Nutzung.

8.9.1. Pflege der Wiesen

Erklären Sie die notwendigen Pflegemaßnahmen auf Wiesen und Weiden!

Räumen von Laub und Zweigen sowie Einebnen von Maulwurfshaufen mittels Strauchegge oder Wiesenegge. Auf leichten, humusreichen Böden ist das Anwalzen vorteilhaft.

Regelmäßiges Abmulchen und Walzen verbessern die Bodenstruktur und die Konkurrenzkraft von Gräsern.

Die Einführung von Robotik zur Unkrautbekämpfung bietet neue Optionen, um chemischen Pflanzenschutz zu reduzieren.

8.9.2. Pflege der Weiden

Im Anschluss an die Beweidung ist ein sofortiges Mähen angezeigt (Geilstellen), um eine Verunkrautung zu unterbinden. Fladen sind zu verteilen.

Beachte: Wird noch vor dem letzten Austreiben gemäht, so wird dieses Futter von den Tieren noch großteils aufgenommen!

8.9.3. Unkrautbekämpfung auf dem Grünland

Da in den meisten Fällen Bewirtschaftungsfehler die Ursachen der Verunkrautung sind, sollten zuerst geeignete Maßnahmen in dieser Richtung ergriffen werden (richtige Nutzung und Düngung).
Mechanische Maßnahmen wie Striegeln und Fräsen werden zunehmend bevorzugt. Chemische Bekämpfung bleibt für invasive Arten wie Ampfer *(Rumex obtusifolius)* notwendig, jedoch sollten Präparate mit geringem Umweltimpact bevorzugt werden.

Geben Sie Gründe an, die eine chemische Unkrautbekämpfung auf dem Grünland rechtfertigen!

Führen Sie eine Webrecherche durch und listen Sie die aktuell im Grünland zugelassenen Herbizide gegen folgende Arten an: Ampfer, Bärenklau, Kerbel, Löwenzahn, Rasenschmiele.

Die Punktbekämpfung ist der Flächenbekämpfung vorzuziehen, um die wertvollen Pflanzenarten zu schonen.

8.10. Bestandesverbesserungen auf dem Grünland

Durch die zunehmende Verunkrautung und den Rückgang der wertvollen, ertragsbildenden Pflanzenarten auf vielen Grünlandflächen wird es immer schwieriger, hohe Erträge und eine gute Futterqualität zu erzielen. Es müssen daher geeignete bestandesverbessernde Maßnahmen ergriffen werden.

Zählen Sie die wichtigsten bestandesverbessernden Maßnahmen auf dem Grünland auf!

8.10.1. Regelung des Wasserhaushaltes

Das Wasser ist einer der wichtigsten Faktoren für die Grünlandnutzung. (Um 1 kg TM zu erzeugen, benötigt das Grünland 600 bis 800 l Wasser.) Wird auf nassen Wiesen eine Entwässerung durchgeführt, so ist darauf zu achten, dass der Wasserspiegel auf Wiesen auf ca. 60 cm und auf Weiden nicht tiefer als etwa 80 cm abgesenkt wird.
Der Einsatz von digitalen Sensoren zur Überwachung von Bodenfeuchtigkeit und Temperatur ermöglicht eine präzisere Steuerung von Bewässerungs- und Entwässerungsmaßnahmen.

Anordnung der Dränagerohre in leichtem Boden (rechts oben) und in schwerem Boden (rechts unten).

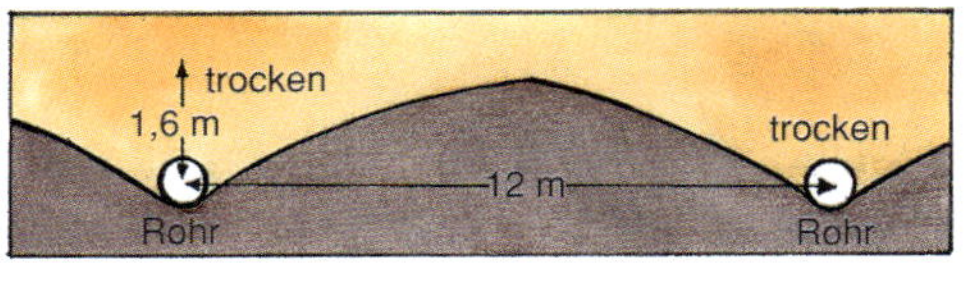

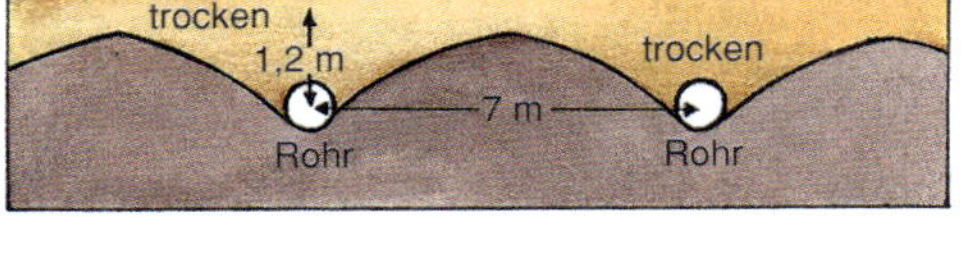

Nach der Entwässerung von Sumpfflächen (wenn angesichts geforderter Renaturierungsmaßnahmen überhaupt sinnvoll) ist eine kurze Ackernutzung, z. B. mit Hafer, angebracht. Im Anschluss daran erfolgt die Einsaat einer geeigneten Wiesen- oder Weidemischung.

Expertenwissen

Die Wasserverfügbarkeit bleibt ein zentraler Faktor für die Ertragsstabilität im Grünland. Neuere Studien zeigen, dass eine gezielte Optimierung des Wasserhaushaltes durch Maßnahmen wie Mikrobewässerungssysteme oder der Einsatz von Mulch zur Reduktion der Verdunstung zunehmend an Bedeutung gewinnt.

Entwässerungsmaßnahmen sollten unter Berücksichtigung von Biodiversitätszielen und Bodenfunktionen geplant werden. In feuchten Gebieten können statt der Entwässerung teils auch angepasste Pflanzenmischungen mit toleranten Arten wie Rohr-Schwingel (*Festuca arundinacea*) oder Quecke (*Elymus repens*) langfristig effektiv sein.

8.10.2. Richtige Düngung und Nutzung

Geben Sie all jene Maßnahmen an, die zu einer richtigen Düngung und Nutzung des Grünlandes führen!

Folgende Maßnahmen sind dann ausreichend, wenn der Pflanzenbestand keine schwer wiegenden Mängel in seiner Zusammensetzung aufweist:

- gleichmäßige Versorgung aller Flächen mit dem anfallenden Wirtschaftsdünger. Die Forschung zeigt, dass der kombinierte Einsatz von Gülle mit festen organischen Düngern wie Kompost zu einer ausgewogenen Nährstoffversorgung beiträgt.
- Förderung der Gräser durch gute Versorgung mit Stickstoff bzw. der Leguminosen durch ausreichende Phosphor-, Kali- und Kalkversorgung,
- Nutzungszeitpunkt richtig wählen und
- Intensivnutzung nur bei geeignetem Pflanzenbestand.
- Moderne Methoden der emissionsarmen Düngung, wie der Einsatz von Nitrifikationsinhibitoren, verbessern die Effizienz und reduzieren Treibhausgasemissionen.
- Weniger ertragreiche Standorte sollten extensiv bewirtschaftet werden, um den Erhalt der Biodiversität und die Bodenqualität zu fördern.

8.10.3. Einsaat (Übersaat)

Erklären Sie, was man unter dem Begriff „Einsaat“ in der Grünlandbewirtschaftung versteht!

Um ein Auslichten der Grünlandbestände zu verhindern, werden jährlich oder bei Bedarf 4 bis 5 kg wertvoller Grassamen mit dem Handelsdünger vermischt und im Frühjahr ausgebracht. Die Einsaat mit einer speziellen Spaltensämaschine ist ebenfalls eine erfolgversprechende Möglichkeit (über Maschinenringe).

Einsaatmischungen sollten zunehmend auf Trockenheitstoleranz ausgerichtet sein. Empfohlene Gräser sind *Festuca arundinacea* und *Lolium perenne*, kombiniert mit tiefwurzelnden Kräutern wie Spitzwegerich und Schafgarbe.

Die Kombination von Übersaat mit gezielter Belüftung des Bodens, z.B. durch Aerifizieren, verbessert die Samen-Kontaktfähigkeit und fördert die Keimung.

Expertenwissen

Der Einsatz von Saatgutbehandlungen wie Beizung mit Mykorrhiza oder wachstumsfördernden Bakterien kann die Keimrate und Etablierung der Pflanzen erhöhen.

8.10.4. Umbruch und Neuansaat

In Gebieten, in denen Ackerbau möglich ist, werden ertragarme Grünlandbestände umgebrochen und 2 bis 3 Jahre als Ackerland genutzt. Anschließend wird eine passende Dauerwiesenmischung in eine Deckfrucht (z. B. Grünhafer) eingesät.
Der Umbruch wird nur empfohlen, wenn langfristig höhere Erträge und eine verbesserte Pflanzenzusammensetzung realisiert werden können. In sensiblen Ökosystemen wie Feuchtgebieten sollte eine extensive Nutzung Vorrang haben.

Expertenwissen

Die Integration von Untersaaten während der Ackerphase kann die Bodenerosion verringern und die Bodengesundheit fördern.

8.10.5. Umbruchlose Neuansaat

Diese Methode eignet sich für Flächen, die nicht gepflügt werden können (steile Hänge). Die alte Grasnarbe wird im Frühjahr mit Round up o. ä. totgespritzt.
Nach 14 Tagen kann nach einem Eggenstrich die Ansaat von ca. 35 kg einer Wiesenmischung erfolgen.

Expertenwissen

Umweltfreundliche Alternativen zur chemischen Totalsanierung wie thermische Verfahren oder biologische Präparate (z. B. auf Essigsäurebasis) gewinnen an Bedeutung.

Für besonders erosionsgefährdete Flächen werden druckfeste und erosionsmindernde Mischungen wie Dauergräser (*Festuca ovina*) empfohlen.

8.10.6. Die Nachsaat

Bei der umbruchlosen Nachsaat wird mit speziellen Nachsaatgeräten in schwachen, lückigen Grünlandbeständen 20 bis 30 kg/ha einer Nachsaatmischung eingesät. Die Durchführung dieser Maßnahme bewährt sich am besten im Herbst oder im Frühjahr, wobei der Herbst in der Praxis oft vorteilhafter ist, da der Boden noch warm und die Konkurrenz durch Altgrasbestände geringer ist. Zudem bietet der Herbst in vielen Regionen ausreichend Feuchtigkeit für eine erfolgreiche Etablierung. Im Frühjahr kann eine Nachsaat bei einem sehr zeitigen ersten Schnitt sinnvoll sein.
Bei der Nachsaat wird ein Saatgutanteil von mindestens 20 % Leguminosen empfohlen, um Stickstoffanreicherung zu fördern und die Biodiversität zu steigern.
Technologien wie Präzisionssämaschinen können den Samenverbrauch um bis zu 30 % reduzieren und eine gleichmäßigere Verteilung gewährleisten.

Beachte: Erprobte Samenmischungen sind für Dauerwiesen und Dauerweiden, abgestimmt auf die verschiedenen Standortverhältnisse, im Samenfachhandel erhältlich.
Es besteht auch die Möglichkeit, Mischungen nach eigenen Angaben herstellen zu lassen.

Ausgewählte Saatgutmischungen der ÖAG (Österr. Arbeitsgemeinschaft für Grünland und Futterbau)

Dauerwiesenmischungen

- **A** für trockene Lagen, bis 3 Nutzungen im Jahr;
- **B** für mittlere Lagen, bis 3 Nutzungen im Jahr;
- **C** für feuchte Lagen, bis 3 Nutzungen im Jahr;
- **D** für raue Lagen, bis 3 Nutzungen im Jahr;
- **OG** ohne Goldhafer, bis 3 Nutzungen im Jahr;
- **VO** für mittlere und feuchte Lagen in Vorarlberg, bis 5 Nutzungen im Jahr.

Dauerweidemischungen

- **G** für milde und mittlere Lagen, auch Vielschnittnutzung;
- **H** für raue Lagen, auch Vielschnittnutzung.

Nach- und Übersaatmischungen

- **Na** für alle Lagen, für Wiesen und Weiden geeignet.

Wechselwiesenmischungen

- **WM** für milde und mittlere Lagen sowie für 3 und mehr Nutzungsjahre;
- **WR** für raue Lagen sowie für 3 und mehr Hauptnutzungsjahre.

Expertenwissen

An den Klimawandel angepasst, werden von der ÖAG regelmäßig neue Empfehlungen für Saatgutmischungen bekannt gegeben.

Trockene Standorte: 30 % *Festuca arundinacea*, 30 % *Lolium perenne*, 20 % Weißklee, 10 % Spitzwegerich, 10 % Schafgarbe.

Feuchte Standorte: 40 % *Lolium perenne*, 30 % Wiesen-Fuchsschwanz, 20 % Rotschwingel, 10 % Vogelwicke.

Lösen Sie die im Anschluss an dieses Kapitel folgenden Fragen 7 bis 14!

Übungs- und Wiederholungsfragen

1. Unter Grünland verstehen wir Pflanzenbestände aus:

   ....

2. Die Futterwertzahl ist eine Beurteilungsgrundlage für ....

   .... Die Einstufung erfolgt von .... bis ....

3. Teilen Sie die Gräser nach ihrer Wuchsform ein in:

   a) ....

   b) ....

4. Einteilung der Gräser nach ihrer Nutzungsintensität (ankreuzen)

Name	*Intensivgras*	*Gräser mittlerer Intensiität*	*Gräser geringer Intensität*
Wiesenschwingel	☐	☐	☐
Glatthafer	☐	☐	☐
Rotschwingel	☐	☐	☐
Gemeine Rispe	☐	☐	☐
Knaulgras	☐	☐	☐
Wiesenlieschgras	☐	☐	☐
Dt. Weidelgras	☐	☐	☐
Aufrechte Trespe	☐	☐	☐
Goldhafer	☐	☐	☐
Fuchsschwanz	☐	☐	☐
W. Straußgras	☐	☐	☐
Wiesenrispe	☐	☐	☐

5. Die Leguminosen unterscheiden sich von den Gräsern durch:

   a) ....

   b) ....

   c) ....

6. Einteilung der Kräuter nach ihrem Wert (Mehrfachnennung möglich)

Name	*guter Futterwert*	*geringer Futterwert*	*Unkräuter*
Löwenzahn	☐	☐	☐
Ampfer	☐	☐	☐
Herbstzeitlose	☐	☐	☐
Kümmel	☐	☐	☐
Margerite	☐	☐	☐
Bärenklau	☐	☐	☐
Wiesenkerbel	☐	☐	☐
Wiesensalbei	☐	☐	☐
Schafgarbe	☐	☐	☐
Hahnenfuß	☐	☐	☐
Spitzwegerich	☐	☐	☐
Klappertopf	☐	☐	☐
Wiesenknopf	☐	☐	☐
Gänseblümchen	☐	☐	☐

7. Welche Nutzungsformen gibt es für das Grasland?

a) ....

b) ....

c) ....

8. Wann ist der günstigste Schnittzeitpunkt für die

a) Bodentrocknung von Heu: ....

b) Silagebereitung: ....

9. Welchen Grundsatz hat man in der Weidetechnik zu beachten?

....

10. Welche Weideformen kennen wir?

a) ....

b) ....

c) ....

11. Welche Probleme kann ein zu hoher Wirtschaftsdüngeraufwand nach sich ziehen?

....

12. Welche Nährstoffmenge benötigt eine gute Zweischnittwiese?

kg N/Aufwuchs	kg P_2O_5	kg K_2O
....	....	....

13. Pflegemaßnahmen auf Grünland:

a) auf Wiesen ....

b) auf Weiden ....

14. Welche Möglichkeiten der Bestandesverbesserung kennt man?

a) ....

b) ....

c) ....

d) ....

e) ....

9. Der Feldfutterbau

9.1. Der Hauptfruchtfutterbau
9.2. Der Zwischenfruchtfutterbau

Unter Feldfutterbau verstehen wir die ganzjährige oder zeitweilige Nutzung von Ackerflächen mit Futterpflanzen, die im eigenen Betrieb verwertet werden.

Zählen Sie die Vor- und Nachteile des Feldfutterbaues auf!

Vorteile:
- zusätzliche Futtergewinnung,
- ständige Bodenbedeckung mit Bodenlockerung,
- Anreicherung des Bodens mit Humus,
- Verlängerung der Grünfutterperiode,
- Erweiterung und Verbesserung der Fruchtfolge sowie
- Nährstoffrückführung aus den unteren Bodenschichten.
- Förderung der Biodiversität – der Anbau von vielfältigen Klee- und Grasmischungen erhöht die Artenvielfalt und verbessert die Bodenökosysteme.
- Erhöhung der Bodenwasserhaltefähigkeit – Studien zeigen, dass Luzerne und Kleearten durch ihre tiefen Wurzelsysteme die Wasserhaltekapazität signifikant verbessern.
- Klimaanpassungspotential – Der gezielte Anbau von dürreresistenten Arten wie Luzerne und Schwedenklee kann den Ertrag auch bei Trockenperioden sichern.

Nachteile:
- höherer Arbeits- und Geldaufwand (Saatgut, Dünger),
- bei Nässe Gefahr von verschmutztem Futter,
- der Futterwechsel kann bei Kühen zu einem Leistungsabfall führen, weiters
- zusätzlicher Wasserverbrauch.

Die Einteilung des Feldfutterbaues

Feldfutterbau
- **Hauptfruchtfutterbau**
  - einjährig
  - überjährig
  - mehrjährig
- **Zwischenfruchtfutterbau**
  - Sommerzwischenfrüchte
  - Winterzwischenfrüchte
  - Zweitfrüchte

Der kurzfristige Feldfutterbau bringt höchste Erträge. Die Saatgut- und Anlagekosten verteilen sich aber nur auf ein bis mehrere Jahre.

9.1. Der Hauptfruchtfutterbau

Die Ernte der Feldfutterpflanzen stellt die Hauptnutzung dar.

Die Einteilung des Hauptfruchtfutterbaues nach der Nutzungsdauer:

Einjährige Nutzung – Ansaat im Frühjahr, Umbruch im Herbst, z. B. Alexandrinerklee, Perserklee, Italienisches Raygras, Rotklee-Reinsaat.
Überjährige Nutzung – Ansaat im Frühjahr bis Sommer, Hauptnutzung im Folgejahr, z. B. Rotklee, überjährige Kleegräser, Gräsermischungen.
Mehrjährige Nutzung – Luzerne und langlebige Gräsermischungen können drei bis fünf Jahre genutzt werden.

9.1.1. Die Pflanzen des Hauptfruchtfutterbaues

Die Kleearten

Rotklee

Rotklee bleibt eine wichtige Kleeart für feuchte Klimagebiete. Er verlangt mittlere bis schwere Böden mit guter Wasserversorgung. Auf leichteren Böden verwendet man tetraploide Sorten. Neuere Sorten wie 'TetraNova' und 'FuturaClova' sind speziell für wärmere Regionen gezüchtet worden und zeigen eine erhöhte Widerstandsfähigkeit gegenüber Kleeälchen und Kleekrebs. Die Ansaat erfolgt von Februar bis Anfang Mai als Einsaat in Winterweizen, Roggen oder Sommergerste oder bis zur ersten Augustwoche in Reinsaat.

Nennen Sie die Einsatzmöglichkeiten des Rotklees!

Saatgutbedarf: 18 bis 21 kg/ha

Rotklee ist eine sehr gute Vorfrucht, darf in der Fruchtfolge aber erst wieder nach sechs Jahren auf das gleiche Feld kommen.
Rotklee ist unter günstigen Verhältnissen sehr ertragreich, er liefert drei bis sechs Schnitte und bis 10 000 kg Heu pro Hektar. Junger Rotklee ist schwer silierbar und kann bei Grünfutter zu Blähungen führen.
Gefährliche Krankheiten und Schädlinge sind Kleekrebs und Älchen sowie die Unkräuter Kleeseide und Kleeteufel. Der Rotklee soll kurz geschnitten in den Winter gehen.

Sorten: Essi, Flamande, Reichersberger Rotklee u. a.

Düngung: 100 kg P_2O_5, 200 kg K_2O

Die Empfehlungen basieren auf Bodenanalysen. Kaliumgaben sollten auf etwa **220 kg K_2O/ha pro Jahr** erhöht werden, um die Trockenmasseerträge zu steigern

Luzerne

Wegen ihres Wertes bezeichnet man die Luzerne auch als „Königin der Futterpflanzen". Sie liebt warmes, trockenes Klima und mittelschwere Böden mit guter Kalkversorgung. Die Aussaat erfolgt Mitte April bis Anfang Mai in Reinsaat.

Nennen Sie die Einsatzmöglichkeiten für die Luzerne!

Saatgutbedarf: 25 bis 30 kg/ha

Sie stellt keine Ansprüche an die Vorfrucht, muss jedoch gegen sich selbst und Rotklee einen Abstand von sechs Jahren einhalten. Nach dem Auflaufen ist ein Reinigungsschnitt durchzuführen (Unkrautbekämpfung). Danach sind weitere drei Schnitte möglich. Luzerne benötigt etwa 800 Liter Wasser pro Kilogramm Trockenmasse, jedoch zeigen moderne Sorten wie 'LucerneMaxeine' höhere Wassernutzungseffizienz.

Geben Sie an, wie lange die Nutzungsdauer von Rotklee und Luzerne ist!

Der Ertrag ist ähnlich wie bei Rotklee. Bei optimalen Bedingungen sind bis zu sechs Schnitte möglich, mit einem jährlichen Heuertrag von 12 bis 15 t/ha Trockenmasse. Einmal jährlich soll der Bestand in die Blüte gehen, um ein Auslichten zu verhindern. Die Luzerne darf nicht zu kurz geschnitten in den Winter gehen.

Nutzungsdauer: drei bis vier Jahre

Die wichtigsten Krankheiten sind Welkekrankheit und Wurzeltöter.
Sorten: Bastardlizernesorten wie Europe, Florimonde, Du Puits und Socheville

Düngung: 120 kg P_2O_5, 250 kg K_2O

Nachhaltigkeit: Die Nutzung von Luzerne in Agroforstsystemen wird zunehmend empfohlen, da die Pflanze durch Stickstoffbindung den Nährstoffbedarf von angrenzenden Kulturen senkt und die CO_2-Bindung im Boden verbessert.

Perserklee

Der Perserklee ist frostempfindlich und stellt keine hohen Ansprüche an den Boden; verträgt Trockenheit schlecht. Von seinem Äußeren ist er dem Rotklee ähnlich. Aussaat nicht vor Mitte April – in kalten Lagen Anfang Mai. Der Perserklee kann alle drei Jahre in der Fruchtfolge stehen. Anbau nur in Reinsaat, eventuell 2 bis 5 kg Westerwoldisches Raygras beimengen.

Saatgutbedarf: 20 kg/ha

Nach dem Auflaufen erfolgt ein Reinigungsschnitt, danach sind weitere drei bis vier Schnitte möglich; überwiegend zur Grünfütterung.

Nutzungsdauer: 1 Jahr

Düngung: wie Rotklee

Alexandrinerklee

Der Alexandrinerklee hat eine Ähnlichkeit mit der Luzerne und stellt höhere Ansprüche an Boden und Klima als der Perserklee; Aussaat Anfang Mai.

Saatgutbedarf: 30 kg/ha

In der Nutzung ist er mit dem Perserklee zu vergleichen.

Düngung: wie Rotklee

Schwedenklee (Bastardklee)

Geben Sie an, wie lange Alexandriner- und Perserklee genutzt werden können!

Wo Luzerne und Rotklee wegen des rauen Klimas oder der schlechten Bodenqualität nicht mehr angebaut werden können, setzt man Schwedenklee ein. Er ist raschwüchsig, muss aber wegen seiner schlechten Standfestigkeit im Gemenge mit Gräsern angebaut werden. Er ist in der Fruchtfolge mit sich selbst und anderen Kleearten verträglich. In aktuellen Studien wird Schwedenklee als klimatisch robusteste Kleeart hervorgehoben. Er ist besonders geeignet für Gebiete mit kalten Wintern und liefert stabile Erträge auch auf leichten Böden. Es wird empfohlen, ihn in Mischungen mit Rotschwingel und Festuca-Arten anzubauen, um die Standfestigkeit zu erhöhen.

Saatgutbedarf: 13 kg/ha – im Gemenge soll er mit weniger als 50 % aufscheinen.

Düngung: wie Rotklee

Weißklee

Der Ackerweißklee (Ladinotyp) ist ein wenig ausläufertreibender Mischungspartner für Kleegrasmischungen. Er ist langlebig und verträgt Vielschnitt. Er bevorzugt niederschlagreiches Klima und ist in Bezug auf den Boden nicht anspruchsvoll. In der Fruchtfolge ist er sehr selbstverträglich.

Geben Sie an, welche Ansprüche und Eigenschaften der Weißklee hat!

Saatgutbedarf: 10 kg/ha in Reinsaat (selten), im Gemenge meist 2 bis 3 kg/ha

Düngung: wie Rotklee

Kleegräser

Rotkleegras

Solche Mischungen gibt es für überjährige und zweijährige Nutzung. Als Mischungspartner für überjähriges Kleegras wird vorwiegend Italienisches Raygras verwendet, für die zweijährige Nutzung länger lebige Obergräser (Wiesenschwingel, Knaulgras). Ist im zweiten Nutzungsjahr der Rotkleeanteil gering, so muss der Graswuchs durch hohe Stickstoffmengen gefördert werden, um den Ertrag zu sichern.

Geben Sie an, welche Nutzungsdauer ein Rotkleegras haben kann!

Rotkleegras ist leicht zu konservieren und in der Fütterung wertvoller als reiner Rotklee. Es ist vorteilhaft, auch beim Rotkleegras die sechsjährigen Anbauabstände einzuhalten.

Luzernegras und Luzerne-Rotkleegras

Letzteres wird auch als Schrittmachergemenge bezeichnet, da es dort angebaut wird, wo der Boden noch nicht luzernefähig ist. Luzernegras-Gemenge sind ebenfalls leichter zu konservieren als reine Luzerne.

Weißkleegras

Bei den Mischungen handelt es sich um grasbetonte Bestände für den mehrjährigen Feldfutterbau. Weißkleegras ist für eine intensive Nutzung und Düngung, auch mit N, dankbar.

Geben Sie die Anwendungsmöglichkeit für Weißkleegras an!

ÖAG-Saatgutmischungen für den Feldfutterbau

Einjährige Mischung – nicht überwinternd

- **EZ** einsömmerige Kleegrasmischung.

Zweijährige Mischungen – einmalige Überwinterung

- **RE** Rotkleegras für milde Lagen;
- **RR** Rotkleegras für mittlere bis raue Lagen;
- **KM** Kleegrasmischung für milde und mittlere Lagen.

Dreijährige Mischungen = zweimalige Überwinterung

- **KR** Kleegrasmischung für raue Lagen;
- **IM** Feldfutter-Intensivmischung für milde Lagen;
- **IR** Feldfutter-Intensivmischung für alle Lagen, bis drei Hauptnutzungsjahre.

Drei- und mehrjährige Mischungen

- **LR** Luzerne-Rotkleegras-Mischung (Schrittmachergemenge), für trockene Lagen;
- **LG** Luzernegrasmischung, für trockene und mittlere Lagen.

Die Gräser des Feldfutterbaues

Italienisches Raygras (Welsches Weidelgras), z. B. Baltmore,
Bastardraygras, z. B. Gumpensteiner, Pitoz,
Einjähriges Weidegras (Westerwoldisches Raygras), z. B. Barwoltra, Lirasand,
Englisches Raygras (Deutsches Weidegras), z. B. Barvestra.
Die Raygräser sind überwiegend in milden Lagen mit ausreichenden Niederschlägen für den Feldfutterbau geeignet. Sie können in Reinsaat oder im Gemenge mit Kleearten angebaut werden. Werden sie rechtzeitig geschnitten, haben sie eine sehr hohe Futterqualität und gute Siliereigenschaften. Ihr N-Bedarf ist hoch.

Zählen Sie Gräser für die mehrjährige Nutzung in Kleegräsern auf!

Gräser für mehrjährige Nutzung in Kleegrasmischungen

Wiesenschwingel
Timothegras (Wiesenlieschgras)
Knaulgras
Glatthafer

Lösen Sie die im Anschluss an das Kapitel „Feldfutterbau" folgenden Fragen 1 bis 4!

9.2. Der Zwischenfruchtfutterbau

Zwischenfrüchte sind Futterpflanzen, welche zwischen zwei Hauptfrüchten gebaut werden.

Die Einteilung des Zwischenfruchtfutterbaues erfolgt nach dem Nutzungszeitpunkt:

Sommerzwischenfrüchte

Der Anbau erfolgt nach der Ernte der Hauptfrucht, die Nutzung noch im Herbst.

Zählen Sie geeignete Pflanzen auf, die für den Sommerzwischenfruchtbau geeignet sind!

Dazu geeignet sind:

Lihoraps	Ölrettich	Grünmais
Sommerraps	Markstammkohl	Sommermischling
Perko PVH	Sonnenblumen	Einjähriges Raygräser

Winterzwischenfrüchte

Der Anbau erfolgt im Spätsommer, die Nutzung im Frühjahr. Sie bringen das erste Grünfutter im Frühjahr, haben aber den Nachteil, dass nur späte Hauptfrüchte, z. B. Silomais, folgen können, wobei auch noch mit einem Minderertrag zu rechnen ist.

Zählen Sie geeignete Pflanzen für den Winterzwischenfruchtbau auf!

Dazu geeignet sind:

Perko PVH	Winterrübsen	Wickroggen
Winterraps	Grünroggen	Landsberger Gemenge

Zweitfrüchte – Hauptfrüchte, die nach Winterzwischenfrüchten angebaut werden, bezeichnet man als Zweitfrüchte, z. B. Silomais oder Kleegräser nach Winterraps.

> **Expertenwissen**
> Zwischenfrüchte gewinnen angesichts der klimatischen Veränderungen zunehmend an Bedeutung. Sie schützen den Boden vor Erosion, erhöhen den Humusgehalt und dienen als Futterquelle in Übergangszeiten. Wissenschaftliche Studien (ÖAG, 2024) zeigen, dass Zwischenfrüchte die Bodenmikrobiota positiv beeinflussen, wodurch die Fruchtbarkeit langfristig gesteigert wird.

9.2.1. Die Pflanzen des Zwischenfruchtfutteranbaues

Leguminosen

Futtererbsen

Sie werden meist in Gemengen angebaut. Erbsen bevorzugen mildes Klima und leichte bis mittlere Böden mit guter Kalkversorgung. Die Aussaat erfolgt vor Ende Juli.

Nennen Sie wertvolle Zwischenfruchtpflanzen, die zu den Leguminosen gezählt werden!

Saatgutbedarf: 160 bis 200 kg/ha (im Gemenge entsprechend weniger)

Wicken

Sie sind anspruchslos, raschwüchsig und daher in Futtergemengen sehr beliebt.
Sommerwicke – für Sommerzwischenfrüchte: Anbau bis Ende Juli; Neue Sorten wie 'ViciaStar' sind ertragreicher und widerstandsfähiger gegen Trockenstress.
Zottelwicke /Winterwicke – für Winterzwischenfrüchte: Anbau bis Anfang September; wird zunehmend in Mischkulturen mit Roggen und Landsberger Gemenge empfohlen, da sie die Winterfeuchte optimal nutzen kann.

Saatgutbedarf: 100 bis 140 kg/ha (im Gemenge entsprechend weniger)

Pferdebohne

Sie wird vorwiegend für Sommerfuttergemenge verwendet. Sie liebt schwere Böden mit guter Wasserversorgung. Die Aussaat erfolgt bis Anfang August.

Saatgutbedarf: 160 bis 200 kg/ha bei Reinsaat

Kreuzblütler

Raps

Die Kreuzblütler bilden eine große Wurzelmasse und haben daher einen ausgezeichneten Einfluss auf die Bodenfruchtbarkeit.
Raps liebt gute, nährstoffreiche Böden und bringt hier hohe Grünfittererträge. Die Nutzung kann nur bis zum Blühbeginn erfolgen, da danach Senföle gebildet werden, die einen nachteiligen Einfluss auf die Milchqualität haben sowie Blähungen verursachen können.

Nennen Sie wertvolle Zwischenfruchtpflanzen, die zu den Kreuzblütlern gezählt werden!

Erklären Sie, warum die Kreuzblütler einen günstigen Einfluss auf die Bodenfruchtbarkeit haben!

Anbautermine: Winterraps – Ende August bis Anfang September;
Sommerraps – Anfang bis Mitte August.

Saatgutbedarf: 6 bis 10 kg/ha

Winterrübsen

Dieser ist noch frostfester als Winterraps und daher für raue Lagen geeignet. Auch der Anbau kann etwas später erfolgen. In Bezug auf Anbau und Nutzung sind Rübsen mit dem Raps zu vergleichen.

Perko PVH

ist eine Kreuzung zwischen Chinakohl und Rübsen. Er kann als Sommer- und Winterzwischenfrucht genutzt werden. Der Anbau erfolgt von Ende Juli bis September. Studien belegen, dass diese Hybridsorte durch ihre tiefe Wurzelbildung die Bodenstruktur signifikant verbessert und den Unkrautdruck reduziert.

Saatgutbedarf: 10 bis 14 kg/ha

Markstammkohl

ist eine sehr frostharte und gerngegressene Futterpflanze, die bis in den Dezember verfüttert werden kann. Der Anbau muss jedoch bis spätestens Mitte Juli erfolgt sein. Die Aussaat erfolgt in Reihen mit 30 bis 40 cm Abstand.

Saatgutbedarf: 1,5 bis 2 kg/ha

Ölrettich

hat ähnliche Ansprüche wie Raps, kann jedoch auch in der Blüte genutzt werden. Der Anbau ist von Juli bis Anfang September möglich. Ölrettich wird als bodenlockernde Zwischenfrucht geschätzt. Moderne Sorten wie 'RettichPro' zeigen eine verbesserte Frosttoleranz und sind auch in höheren Lagen einsetzbar.

Saatgutbedarf: 15 bis 20 kg/ha

Gräser

Grünroggen

ist eine ertragreiche Winterzwischenfrucht, die rein oder im Gemenge angebaut wird. Die Nutzungsdauer beträgt jedoch nur acht bis zehn Tage, da er rasch verholzt und dann nur noch ungern gefressen wird. Die Aussaat erfolgt bis Mitte September.

Saatgutbedarf: 180 bis 200 kg/ha

Futtergräser

Es werden vorwiegend die verschiedenen Abarten des Italienischen Raygrases verwendet (siehe auch Hauptfruchtfutterbau).

Zwischenfruchtgemenge

Nennen Sie die drei Arten von Zwischenfruchtgemengen!

Sommermischlinge

Sie bestehen aus etwa 50 bis 75 % Sommerwicke oder Futtererbse und 25 bis 50 % Pferdebohne, Mais oder Sonnenblume.

Wintermischlinge

Sie bestehen aus 50 bis 75 % Zottelwicke und 25 bis 50 % Roggen.

Landsberger Gemenge

Dies ist ein besonders ertragsreiches Winterzwischenfruchtgemenge. Es besteht aus mindestens 10 % Zottelwicke, 40 % Inkarnatklee und 40 % Italienisches Raygras. Die Aussaat erfolgt in der zweiten Augusthälfte.

Saatgutbedarf: 50 kg/ha

Nennen Sie die Bestandteile des Landsberger Gemenges!

Der Anbau der Zwischenfrüchte hat immer so früh zu erfolgen, dass noch eine entsprechende Massebildung möglich ist. Zu beachten ist weiters, dass bei den Leguminosen der Saatgutaufwand zwar hoch, der Düngeraufwand durch die Einsparung von Stickstoff jedoch gering ist. Bei den Gräsern und Kreuzblütlern verhält es sich umgekehrt!

Erklären Sie, warum beim Anbau von Leguminosen Stickstoffdünger eingespart werden können!

Düngung der Zwischenfrüchte

Zwischenfrucht	*N*	P_2O_5	K_2O
Leguminosen	30 kg	40 kg	80 kg
Gräser (pro Schnitt)	(40–60 kg)	60 kg	120 kg
Kreuzblütler u. a.	60–100 kg	60–80 kg	120–160 kg
Gemenge	40–50 kg	40 kg	130 kg

Die PK-Düngung gibt man bereits zur Hauptfrucht, die Stickstoffdüngung erfolgt nach dem Abernten dieser. Bei Winterzwischenfrüchten gibt man den Stickstoff zu 1/4 im Herbst und zu 3/4 im Frühjahr.

Expertenwissen

Aktuelle Studien empfehlen für ...

- **Leguminosen:** Reduktion der Stickstoffdüngung durch natürliche N-Fixierung. Empfehlung: 30 kg N/ha als Startgabe, danach PK-Düngung je nach Bodenanalyse.
- **Gräser:** Erhöhung der N-Düngung auf 80 kg/ha pro Schnitt in intensiven Anbausystemen.
- **Kreuzblütler:** Phosphor und Kalium sollten in höherem Maß appliziert werden, um die intensive Nährstoffaufnahme auszugleichen.

Vicia villosa im Feldanbau

9.2.2. Begrünungspflanzen – für Einzelanbau und Mischungen

Abfrostende Arten

Alexandrinerklee
Perserklee (bedingt abfrostend)
Erdklee
Sommerwicke
Platterbse
Bitterlupine
Körnererbse
Sonnenblume
Phazelia
Gelbsenf, Weißsenf
Buchweizen
Ölrettich
Malve

Winterharte Arten

Luzerne
Rotklee
Gelbklee
Schwedenklee
Hornklee
Esparsette
Inkarnatklee
Weißklee
Winterwicke
Gräserarten
Winterfutterraps
Perko

Expertenwissen

Neue wissenschaftlich fundierte Empfehlungen zur Fruchtfolgeintegration

Die Fruchtfolge sollte gezielt Leguminosen (z. B. Luzerne, Wicke) und Kreuzblütler (z. B. Ölrettich, Raps) integrieren, um eine ausgewogene Nährstoffversorgung sicherzustellen. In regenarmen Regionen wird empfohlen, dürreresistente Sorten wie Schwedenklee und Bastardraygras in die Zwischenfruchtplanung aufzunehmen.

Lösen Sie die im Anschluss an dieses Kapitel folgenden Fragen 5 bis 7!

Phacelia im Einzelanbau.

© kardosildistock/Shutterstock.com

Übungs- und Wiederholungsfragen

1. In welche zwei Bereiche lässt sich der Feldfutterbau einteilen?

   a) ....

   b) ....

2. Der Hauptfruchtfutterbau wird nach der Nutzungsdauer unterteilt in:

   a) ....

   b) ....

   c) ....

3. Welche Futterpflanzen finden im Hauptfruchtfutterbau Verwendung?

Leguminosen	**Gräser**
....	....
....	....
....	....
....	....
....	....
....	....
....	....
....	....

4. Für den Hauptfruchtfutterbau eignen sich auch Kleegräser ganz vorzüglich. Nennen Sie die drei wichtigsten Arten!

   a) ....

   b) ....

   c) ....

5. Zwischenfrüchte sind Futterpflanzen, die zwischen zwei .... angebaut werden.

6. Nennen Sie wichtige Futterpflanzen, die sich für den Sommerzwischenfruchtbau eignen!

....

....

....

....

....

7. Nennen Sie die wichtigsten Futterpflanzen des Winterzwischenfruchtbaues!

....

....

....

10. Die Futterkonservierung

10.1. Die wirtschaftliche Bedeutung der Futterkonservierung

Angesichts der Herausforderungen durch den Klimawandel und steigender Betriebskosten hat die verlustarme Konservierung von betriebseigenem Futter eine entscheidende Rolle. Gleichzeitig wird die Bedeutung nachhaltiger Konservierungstechniken hervorgehoben, um die Kohlenstoffemissionen zu senken und die Ressourcennutzung zu optimieren. Der wirtschaftliche Erfolg in der Tierhaltung ist ganz wesentlich davon abhängig.

Was soll durch die Konservierung erreicht werden?

Das anzustrebende Ziel ist, den Pflanzentod so schnell wie möglich herbeizuführen. Dies geschieht auf folgende Weise:

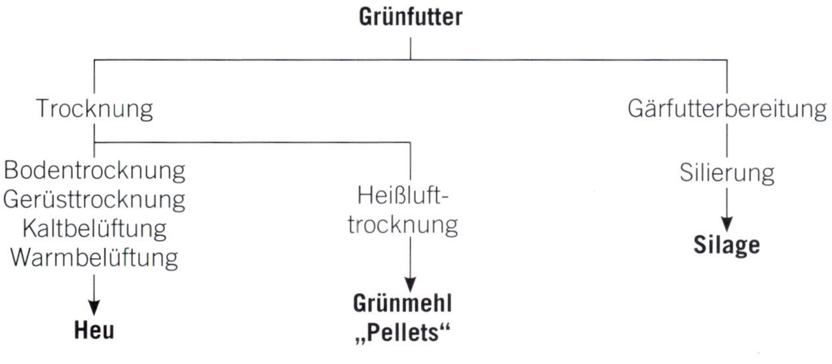

10.2. Die Nährstoffverluste bei verschiedenen Konservierungsverfahren

Um die Nährstoffverluste gering halten zu können, muss man vorerst die Ursachen hiefür kennen.

Nennen Sie verschiedene Konservierungsverfahren und geben Sie die Nährstoffverluste an!

10.2.1. Ursachen für Nährstoffverluste

Verspäteter Schnitt: Mit der Zunahme extremer Wetterereignisse ist der optimale Schnittzeitpunkt wichtiger denn je, um die Nährstoffverluste zu minimieren. Modernste Studien zeigen, dass ein gezieltes Monitoring des Pflanzenwachstums und

Verluste	„keine“	ca. 5 %	10–20 %	15–20 %	20–30 %	30–70%
Konservierungs-verfahren	Grünfutter	Heißluft-trocknung	Gärfutter-bereitung	Unterdach-trocknung	Reuter-Heu-bereitung	Boden-trocknung
Milcherzeugungswert von 1 000 kg gutem Gras (nach Otto)	385 kg Milch	350 kg Milch	325 kg Milch	290 kg Milch	250 kg Milch	110 kg Milch

Die Tabelle zeigt, dass die Nährstoffverluste je nach Konservierungsverfahren, Witterung und Sorgfalt bei der Arbeit in weiten Grenzen schwanken.

der Witterung mittels digitaler Tools die Schnittzeitplanung erheblich verbessert und die Qualität des Futters maximiert.

Atmungsverluste: Die gemähten Pflanzen sterben unter dem Einfluss von Sonne und Wind nur allmählich ab. Solange der Zelltod noch nicht eingetreten ist, werden wertvolle Nährstoffe durch die Atmung verbraucht. Die Beschleunigung der Wasserverdunstung durch Zetten und Wenden des Futters trägt wesentlich zur Verringerung der Atmungsverluste bei.

Nennen Sie den Grund, warum bei der Bodentrocknung Abbröckelungsverluste auftreten!

Abbröckelungsverluste: Diese Verluste treten in größerem Umfang bei der Bodentrocknung von Heu auf, wobei durch die Bearbeitungsgeräte die feinen, nährstoffreichen Blätter abgeschlagen werden. Eine intensive Bearbeitung ist daher nur am ersten Trocknungstag, wenn die feinen Pflanzenteile noch zäh sind, angebracht. An den weiteren Tagen muss möglichst schonend bearbeitet werden.

Auswaschverluste: Durch die Niederschläge kann es ebenfalls zu beträchtlichen Verlusten kommen, da die leicht löslichen Nährstoffe ausgelaugt werden. Diese Verluste können durch Schwadbildung und Gerüsttrocknung teilweise vermieden werden.

Rolle des Aufbereiters: Der Einsatz eines mechanischen Aufbereiters beschleunigt die Trocknung, indem die Wachsschicht der Pflanzen aufgebrochen und die Verdunstung intensiviert wird. Dies reduziert die Atmungsverluste und senkt das Risiko von Gärungsverlusten erheblich. Moderne Walzenaufbereiter schonen zudem blattreiche Futterpflanzen, um Bröckelverluste zu minimieren.

Gärungsverluste: Durch die Tätigkeit von Mikroorganismen macht das Heu in der Scheune eine Gärung durch, wobei es zu einer Erhöhung der Temperatur kommt. Steigt diese auf über 40 °C an, so wird die Eiweißverdaulichkeit stark herabgesetzt. Der Heustock beginnt zu „schwitzen“ und das Futter bekommt einen muffigen Geruch. Im Extremfall kann es sogar zu einer Selbstentzündung kommen.
Um diese Verluste gering zu halten, ist nur wirklich trockenes, sauberes Futter einzubringen!

Welche Gefahr entsteht bei der Erwärmung des Futters am Heustock?

Fehlgärungen: Diese Verluste treten dann auf, wenn ein Gärfutterbehälter nicht luftdicht abgeschlossen wird, das zu konservierende Futter sehr trocken, sehr nass oder stark verschmutzt ist.

Rundballenbelüftung: Eine gezielte Belüftung von Rundballen mit speziellen Belüftungssystemen verbessert die Nachreifung und reduziert das Risiko von Schimmelbildung und Qualitätsverlusten. Besonders in feuchteren Regionen oder bei kritischen Erntebedingungen kann dies einen entscheidenden Vorteil bieten.

Wetterrisiken und ihre Minimierung: Extreme Wetterereignisse wie plötzlicher Starkregen oder längere Dürreperioden haben einen erheblichen Einfluss auf die Konservierungsverfahren. Neue Forschungen zeigen, dass der Einsatz von Wetterprognosemodellen in Kombination mit mobilen Trocknungstechnologien (z. B. portablen Solartrocknern) eine deutliche Reduktion der Nährstoffverluste ermöglicht.

Verbesserte Schutzmaßnahmen bei Heutrocknung: Studien belegen, dass UV-stabilisierte Abdeckfolien und modular aufbaubare Überdachungssysteme die Qualität des Futters schützen können. Besonders in Regionen mit intensiver Sonneneinstrahlung und plötzlichen Regenschauern hat sich dieser Ansatz bewährt.

10.3. Verschiedene Verfahren der Raufuttergewinnung

10.3.1. Die Bodentrocknung

Die Bodentrocknung bleibt eine der einfachsten Trocknungsformen, ist jedoch zunehmend den klimatischen Unsicherheiten ausgesetzt. Neue Methoden wie die Integration von Solarmodulen auf Heutrocknungsanlagen reduzieren Abhängigkeiten von fossilen Brennstoffen und senken Emissionen.

Vorteile: geringer Arbeits- und Kostenaufwand,
leicht mechanisierbar;

Nachteil: hohes Wetterrisiko und damit verbunden möglicherweise große Nährstoffverluste.

Arbeitsablauf bei der Bodentrocknung (im Idealfall)

1. Tag: Mähen am Morgen – sofort zetten – zweimal wenden – am späten Nachmittag schwaden.

2. Tag: Streuen der Schwaden, zweimal wenden – schwaden – einbringen.

oder:

3. Tag: Schwaden streuen – wenden – schwaden – einbringen.

Die Gerüsttrocknung ist praktisch nicht mehr zeitgemäß, wird aber in manchen touristisch interessanten Regionen noch durchgeführt. Ein Info-Blatt dazu finden Sie auf der buchbegleitenden Website unter https://fachbuch.cadmos.de/geruesttrocknung/

10.3.2. Die Unterdachtrocknung (Kaltlufttrocknung)

Bei dieser Trocknungsform wird das Futter auf der Wiese bis zu einem Wassergehalt von 35 bis 30 % vorgetrocknet. Die Resttrocknung erfolgt in der Scheune oder in einem Heuturm. Die Trocknungsanlage, bestehend aus einem Gebläse und einem Holzkanal, bläst Außenluft (die möglichst trocken sein soll) durch den Heustapel.

Beschreiben Sie die Vor- und Nachteile der Unterdachtrocknung von Heu!

Vorteile: Verringerung des Wetterrisikos durch kürzere Bodentrocknungszeit,
geringe Abbröckelungsverluste,
bessere Futterqualität, da rechtzeitiger Schnitt möglich,
voll mechanisierbar.

Nachteile: höhere Anschaffungs- und Betriebskosten.

Arbeitsablauf:
1. Tag: mähen (nur so viel, wie man am nächsten Tag einbringen kann) – zetten – zweimal wenden – schwaden.
2. Tag: Schwaden streuen – wenden – einfahren.

Bei der Beschickung des Stapels ist unbedingt zu beachten,

- dass das Futter möglichst gleichmäßig und locker aufgebracht wird;
- dass der Heustapel möglichst nicht begangen wird;
- bereits während der Beschickung mit dem Belüften zu beginnen und die Nacht über fortzusetzen;
- bei Schlechtwetter immer nur kurzfristig einzuschalten (Kühlung);
- die ständige Temperaturüberwachung mit einem Stechthermometer.
- Der Stapel ist dann trocken, wenn die Temperatur 20 °C nicht mehr übersteigt.

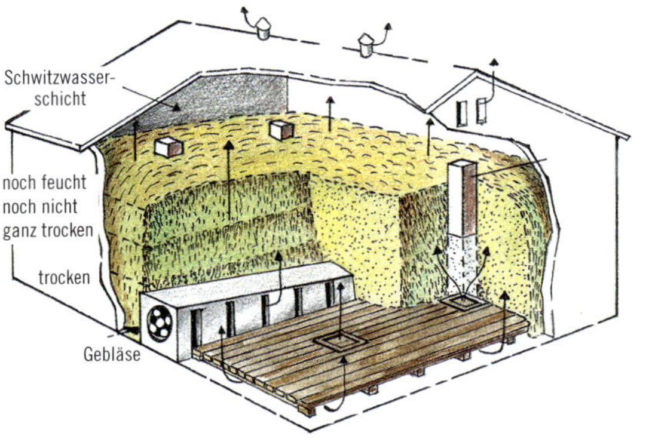

Beispiel einer Unterdachtrocknung.

Expertenwissen

Energieeffiziente Trocknungsverfahren:
Neben der Unterdachtrocknung mit Abwärmenutzung wird zunehmend auch die sogenannte „Hybridtrocknung“ erforscht, die erneuerbare Energien (Solarthermie) mit konventionellen Belüftungssystemen kombiniert. Diese Verfahren sind besonders für kleinere Betriebe eine wirtschaftlich tragfähige Lösung.

10.3.3. Die künstliche Trocknung

Das Futter, z. B. Luzerne, junges Grünfutter, wird durch Heißluft vollständig getrocknet. Man erhält dadurch Grünmehl, welches für Kraftfuttermischungen verwendet wird. Diese Art der Konservierung kann jedoch nur in Großanlagen durchgeführt werden.

Merke: Raufutter wird in der Tierernährung auch weiterhin benötigt werden. Auf Grund der höheren Nährstoffverluste wäre jedoch in manchen Betrieben zu überlegen, ob nicht die Silagebereitung weiter ausgedehnt werden sollte.

Lösen Sie die im Anschluss an das Kapitel „Futterkonservierung" folgenden Fragen 1 bis 4!

10.4. Die Gärfutterbereitung

Silage bleibt eine der wichtigsten Formen der Futterkonservierung. Aufgrund der gesteigerten Anforderungen an Umweltverträglichkeit und Lebensmittelsicherheit gewinnen additivefreie Silierverfahren und alternative Siliermittel wie biologische Präparate oder Pflanzenextrakte an Bedeutung.

Vorteile:

- geringere Nährstoffverluste als bei der Heuwerbung;
- intensive Grünlandnutzung durch Vielschnitt möglich;
- Pflanzen, die durch Trocknung nicht haltbar gemacht werden können (z. B. Silomais und Rübenblätter), lassen sich silieren;
- arbeitswirtschaftlich voll mechanisierbar.
- Siloschlauchtechnik als flexible und kosteneffiziente Alternative zu stationären Silos.

Nachteile:

- hohe Investitionskosten durch den Silobau;
- in manchen Hartkäsereigebieten dürfen Silagen nicht verfüttert werden.

10.4.1. Wie entsteht Gärfutter?

Einfluss auf die Silierung haben

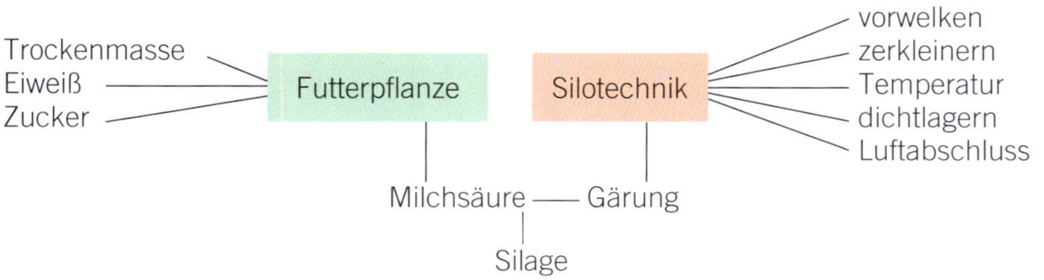

Die in die Gärfutterbehälter eingebrachten Futterpflanzen machen, wenn bestimmte Voraussetzungen erfüllt werden, eine Gärung durch. Durch die Tätigkeit verschiedener Mikroorganismen bilden sich organische Säuren, die das Futter für längere Zeit haltbar machen. Die größte Bedeutung hat hier die Milchsäure. Aber auch das bei der Gärung entstehende Kohlendioxid (CO_2), welches die unerwünschte Luft aus dem Silofutter verdrängt, ist entscheidend für das Gelingen einer guten Silage.

Nennen Sie zwei Verbindungen, die entscheidend für das Gelingen der Silagen sind!

Vorsicht! Kohlendioxid ist für den Menschen lebensgefährlich. Hochsilos sind daher vor dem Betreten gut zu lüften.

Geben Sie an, wie man sich vor dem gefährlichen CO_2 beim Betreten eines Hochsilos schützen kann!

Die Vermeidung von Gärschädlingen wie Hefepilzen und Fäulnisbakterien wurde durch präzisere Analysetools und Siliertechniken optimiert. Studien zeigen, dass digitale Überwachungs- und Steuerungssysteme für Fahrsilos die Fehlgärungsraten signifikant reduzieren.

Milchsäurebakterien

Diese benötigen zu ihrem Gedeihen Kohlenhydrate (Zucker und Stärke). Sie bilden daraus die für die Konservierung wichtige Milchsäure, die aber auch selbst als Nährstoff für die Tiere dient.
Der Gärverlauf wird von verschiedenen Bakterienarten und Pilzen beeinflusst.

Nennen Sie die für die Vergärung wertvollen und ungünstigen Bakterien und Pilze!

Alle kohlenhydratreichen Futterpflanzen sind daher leicht vergärbar. Da sich die Milchsäurebekaterien am kräftigsten bei Sauerstoffmangel entwickeln, muss für eine luftdichte Lagerung des Futters und für eine gute Abdeckung des Behälters gesorgt werden. Die Milchsäurebakterien lieben weiters einen sauren pH-Bereich und Temperaturen unter 25 °C.
Gärschädlinge sind: Colibakterien, Buttersäurebazillen, Fäulnisbakterien, Hefepilze und Schimmelpilze.

Colibakterien

Nennen Sie die Säure, die von den Colibakterien gebildet wird!

Sie sind luftliebend, benötigen als Nahrung Zucker sowie Eiweiß und bilden daraus vorwiegend Essigsäure.
Geringe Mengen Essigsäure sind in der Silage nicht unerwünscht. Größere Mengen verleihen dem Futter jedoch einen scharfen Geruch, welcher zu einer verringerten Fresslust bei den Tieren führt.

Gegenmaßnahmen: den Silo gut abdichten,
kein schmutziges oder nasses Futter silieren und für den Abfluss des Sickersaftes sorgen.

Buttersäurebazillen

Sie benötigen zu ihrer Entwicklung Zucker, bauen aber auch die Milchsäure ab. Sie sind ausgesprochen luftfeindlich und lieben höhere Temperaturen. Die Buttersäure führt schließlich zu einer Eiweißzersetzung, welche sich durch einen üblen Geruch bemerkbar macht.

Die Qualität von Milch und Milchprodukten wird dadurch sehr stark verschlechtert!

Gegenmaßnahmen: für eine rasche Milchsäurebildung sorgen und das Futter gut anwelken.

Fäulnisbakterien

Diese zersetzen ebenfalls das Eiweiß und sie gedeihen mit und ohne Sauerstoff. Die Voraussetzungen für eine Fäulnis werden meist durch eine vorangegangene Buttersäurebildung geschaffen. Solcherart verdorbenes Futter darf nicht verfüttert werden!

Gegenmaßnahmen: die Milchsäurebildung fördern und nur sauberes Futter silieren.

Hefepilze

Erläutern Sie, wann die durch Hefepilze hervorgerufene Nachgärung häufig auftritt!

Sie verbrauchen Zucker und Milchsäure.
Zu einer starken Hefevermehrung kommt es oft erst nach dem Öffnen der Silos. Dies macht sich durch eine starke Erwärmung des Futters sowie durch einen „hefigen“

Geruch bemerkbar (Nachgärung). Solcherart verdorbenes Futter führt zu Verdauungsstörungen und Fressunlust.

Gegenmaßnahmen: die Silos rasch befüllen,
luftdichte Lagerung (Festtreten, Walzen),
den Silo nach jeder Futterentnahme verschließen und
täglich mindestens 10 cm entnehmen.

Schimmelpilze

Sie benötigen zu ihrer Entwicklung unbedingt Sauerstoff. Sie verbrauchen die Milchsäure und beeinträchtigen dadurch die Haltbarkeit der Silagen. Verpilztes Futter ist giftig. Es darf daher nicht oder nur in geringen Mengen verfüttert werden!

Erklären Sie, warum man verschimmeltes Futter nicht verfüttern soll!

Gegenmaßnahmen: dichte Lagerung des Futters und kein zu starkes Vorwelken.

10.4.2. Der erwünschte Gärverlauf

10.4.2.1. Die natürliche Gärfähigkeit der Futterpflanzen

Die natürliche Gärfähigkeit der Futterpflanzen

Diese ist umso besser, je höher der Zucker- und TS-Gehalt der Pflanzen ist. Der Rohproteingehalt soll jedoch möglichst niedrig sein. Ein weiterer wichtiger Faktor für die Gärqualität ist die richtige Schnitthöhe. Eine zu tiefe Mahd führt zu einem höheren Rohaschegehalt und erhöht das Risiko der Verschmutzung durch Bodenpartikel, was Fehlgärungen begünstigt. Eine empfohlene Schnitthöhe von 6 bis 8 cm trägt zur Optimierung der Silagequalität bei.

Einteilung der Futterpflanzen nach ihrer Gärfähigkeit

Gruppe I *leicht gärfähig*	*Gruppe II* *mittel gärfähig*	*Gruppe III* *schwer gärfähig*
Silomais (teigreif)	Wiesengras	Mähweidegras
Rübenblätter mit Köpfen	Futtergräser	Kleearten und Luzerne
Kartoffeln (gedämpft)	Kleegras	Leguminosengemenge
Feuchtgetreide und Körnermais	Hafer (Milchreife)	Landsberger Gemenge
	Gemische von Pflanzen aus I. und III. Gruppe	Futterroggen
	angewelkte Pflanzen aus der III. Gruppe	Pferdebohnen
		Wicken, Erbsen
		Raps, Rüben, Senf
		Wiesenfutter, welches im Herbst anfällt

10.4.2.2. Die Silierreife der Futterpflanzen

Beschreiben Sie die ideale Silierreife der Gräser, der Kleearten und des Silomaises!

Futterpflanze	*Silierreife*
Gräser	bis zum Beginn des Ähren-(Rispen-)schiebens
Rotklee, Luzerne	in voller Knospe bis Blühbeginn
Silomais	in der Teigreife (25 bis 30 % TS)
Körnermais	Vollreife (über 60 % TS)
Pferdebohnen	Teigreife
Hafer	Milchreife

10.4.2.3. Die richtige Siliertechnik

Die natürliche Gärfähigkeit der Futterpflanzen muss durch eine richtige Siliertechnik unterstützt werden. Alle Maßnahmen der Siliertechnik zielen darauf ab, die Milchsäuregärung zu fördern. Dazu zählen:

Gewinnung von sauberem Futter

Jede Verschmutzung erhöht das Risiko einer Fehlgärung. Jedes unnötige Liegenlassen des Futters führt ebenfalls zu einer Vermehrung der Gärschädlinge und zu einer Erwärmung.

Anwelken des Futters

Nennen Sie die Vorteile, die durch das Anwelken der Futterpflanzen erreicht werden!

Dies führt zu einer Erhöhung der Zuckerkonzentration und einer Hemmung in der Entwicklung der Buttersäurebazillen.

Weitere Vorteile: Verringerung der Nährstoffverluste;
die Tiere fressen mehr;
die Sickersaftbildung wird verhindert;
heuarme Fütterung ist möglich und
auf Zusätze kann verzichtet werden.

Nachteile: größeres Wetterrisiko sowie
erhöhte Gefahr der Schimmelbildung und Nachgärung.

Häckseln des Futters

Das Futter möglichst kurz häckseln – es kommt dadurch zu einer rascheren Milchsäurebildung, da die Bakterien schneller an den zuckerhältigen Pflanzensaft kommen. Gehäckseltes Futter lagert auch wesentlich dichter.

Rasche Befüllung der Silos

fördert ebenfalls die Milchsäurebakterien. Fahrsilos sollten innerhalb von zwei Tagen zur Gänze, Hochsilos zu zwei Drittel gefüllt sein.

Luftsauerstoff entfernen

Die Entfernung des Luftsauerstoffes aus dem Silo ist eine der wichtigsten siliertechnischen Maßnahmen, denn Sauerstoff im Silo bedeutet größere Atmungsverluste, Erwärmung des Futters und Fehlgärungen.

Je nach Bauform des Silos gibt es folgende Möglichkeiten:

Festtreten des Futters (auch im Hochsilo günstig),
Verwendung eines Pressdeckels – bei Hochsilos,
Ausnützung des Eigendruckes – bei Hochsilos sowie
Befahren des Futterstockes mit schwerem Traktor – beim Fahrsilo.

Abdichten der Silos

Um den Luftsauerstoff fernzuhalten, bedient man sich folgender Möglichkeiten:

Folienabdeckung mit Randbeschwerung – beim Fahr- und Hochsilo,
Tauchdeckelverschluss – für hohe und halbhohe Silos,
Bau gasdichter Hochsilos – z. B. Harvestore, Kunststoffsilos sowie
luftdichtes Verschließen der Luken bei Hochsilos.

Verwendung von Silierzusätzen

Dies sollte die letzte Möglichkeit sein, die Gärfähigkeit des Futters zu verbessern. Die Wirkung dieser Mittel ist nur dann zufriedenstellend, wenn sie in der vorgeschriebenen Menge und gleichmäßig verteilt gegeben werden.

> **Expertenwissen**
>
> **Biotechnologische Silierzusätze:**
>
> Aktuelle Entwicklungen im Bereich der Silagezusätze konzentrieren sich auf den Einsatz von biotechnologischen Präparaten. Diese enthalten spezifische Bakterienstämme, die gezielt gegen Fehlgärungen wirken, ohne die Umwelt zu belasten. Der Einsatz solcher Präparate hat in Vergleichsstudien die Futterqualität und Lagerstabilität deutlich verbessert.

Man unterscheidet vier Gruppen von Zusätzen:

Siliermittel	*Wirkung*	*Anwendungsbereich*
• Silierzucker	Nahrung für Milchsäurebakterien	schwer silierfähiges Futter 10 kg/m³ Zusatz
• Organische Säuren (z. B. Propcorn, Ameisensäure)	Senkung des pH-Wertes	schwer silierfähiges, nasses Futter (> 20 % TM)
• Salze (Sila Sil, Kofasil plus)	Verringerung von TM-Verlusten	Anwelksilagen
• Bakterienpräparate (Pioneer 1122, Bonsilage Biomax, Sil ADD, ...)	Erhöhung des Milchsäuregehaltes und pH-Wert-Senkung	zur Qualitätssicherung in allen Silagen

10.4.3. Die Gärfutterbehälter

Die Auswahl der richtigen Siloform kann den unterschiedlichen betrieblichen Voraussetzungen angepasst werden, wie z. B. Futterart, Platzbedarf, Schlagkraft, finanzielle Möglichkeiten.

Siliersysteme:

Der Fahrsilo

Er ist billig in der Errichtung, erfordert jedoch eine hohe Schlagkraft des Betriebes (rasche Befüllung). Gut geeignet für Mais- und Zuckerrübenblattsilage und wenig angewelkte Grassilage.

Beschreiben Sie die Eigenschaften des Fahrsilos!

Der Hochsilo

Höhere Anschaffungskosten werden durch einen geringeren Platzbedarf kompensiert. Eignung zur Befüllung im Einmann-Verfahren. Offene Hochsilos aus Beton oder Holz sind für Grassilagen, geschlossene Hochsilos für Mais- und Anwelksilagen geeignet. Sie bestehen aus Beton, Kunststoff oder Metall.

Nennen Sie die zwei unterschiedlichen Bauformen des Hochsilos!

Der Siloschlauch

Eine moderne Alternative mit flexibler Lagerkapazität, die geringe Investitionskosten erfordert und sich besonders für wechselnde Mengen eignet.

Die Rundballensilage

Das angewelkte Futter wird mit einer Rundballenpresse verdichtet und anschließend mit einem Wickelgerät (siehe Abbildung) luftdicht mit einer Kunststofffolie konserviert. Für Maissilage ist dieses Verfahren derzeit in Erprobung.

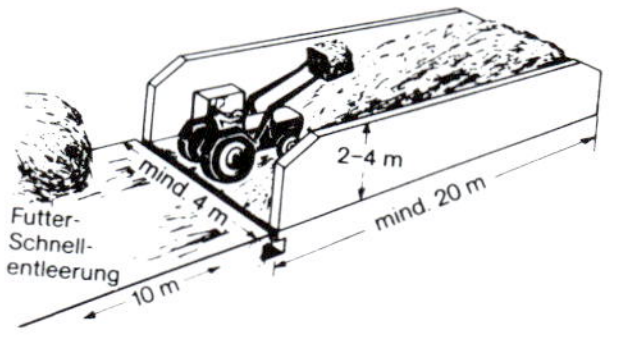

Flachsilo

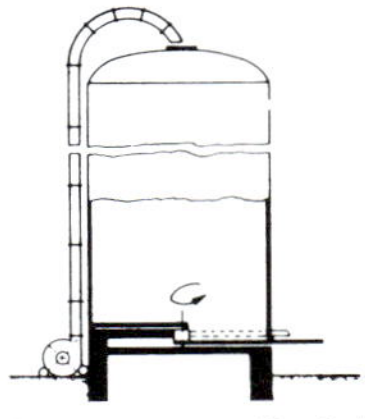

Geschlossener Hochsilo

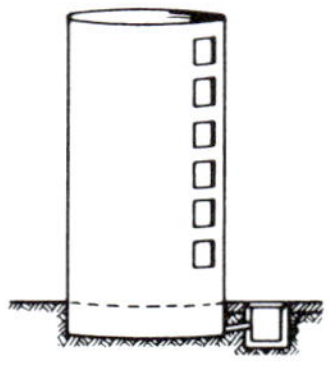

Offener Hochsilo

Entscheidend für möglichst geringe Verluste bei der Silagebereitung ist weniger die Siloform als vielmehr die Sorgfalt beim Silieren. Die Fahrsilos stellen an die Siliertechnik größere Anforderungen als die Hochsilos.

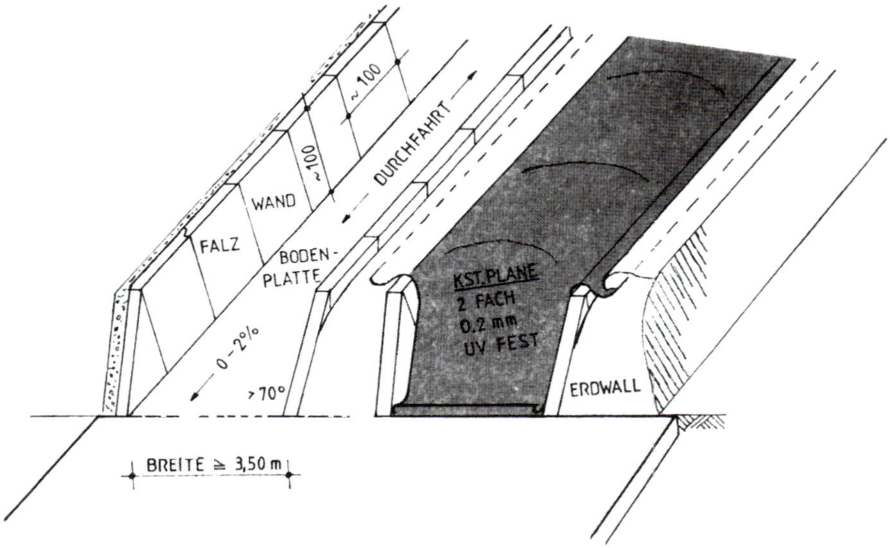

Traunsteiner Silo.

> **Expertenwissen**
>
> **Fermentationskontrolle durch Sensorik:**
>
> Moderne Fahrsilos und Hochsilos sind zunehmend mit Sensoren ausgestattet, die den pH-Wert, die Temperatur und die CO_2-Konzentration kontinuierlich überwachen. Solche Systeme ermöglichen eine frühzeitige Erkennung von Fehlgärungen und eine gezielte Nachbesserung der Siliertechnik.

Folienwickelgerät für Rundballensilage.

10.4.4. Vorbereiten der Silos

Die Wände der Gärfutterbehälter müssen vor jedem Befüllen von anhaftenden Silageresten gereinigt werden. Bei Betonsilos ist bei Bedarf auch der säurefeste Innenanstrich zu erneuern.
Ebenso ist für eine luftdichte Abschließung zu sorgen (Dichtungen, Folien). Besondere Bedeutung hat auch der geregelte Abfluss des Sickersaftes, der jedoch keinesfalls in Gewässer gelangen darf.

Zählen Sie vier Maßnahmen auf, die vor dem Befüllen eines Silos zu bedenken sind!

10.4.5. Die Futterentnahme

Gärfutter ist frühestens 6 Wochen nach dem Befüllen zu verfüttern. Bevor man in einen Hochbehälter steigt, ist mit einer Kerze zu prüfen, ob genügend Sauerstoff vorhanden ist – erlischt sie, besteht **Lebensgefahr!**
Bei der Entnahme ist darauf zu achten, dass täglich ca. 10 cm entnommen werden, um eine Nachgärung zu unterbinden. Der Anschnitt soll möglichst glatt sein.

Lösen Sie die im Anschluss an das Kapitel „Futterkonservierung" folgenden Fragen 5 bis 12!

Expertenwissen

Alternative Silierverfahren:
In ökologischen Betrieben wird der Einsatz von Pflanzenextrakten (z. B. aus Kräutern oder Raps) als umweltfreundlicher Silierzusatz erforscht. Diese haben eine antioxidative Wirkung und können die Gärstabilität von schwer vergärbaren Pflanzen erhöhen.

10.5. Die Beurteilung der Heu- und Silagequalität

Neben pH-Wert und Gärsäuren wird auch der Gehalt an bioaktiven Substanzen (z. B. Polyphenole, Carotinoide) als Indikator für die Qualität herangezogen. Diese Substanzen wirken antioxidativ und können die Gesundheit der Tiere fördern.

10.5.1. Beurteilung der Heuqualität

10.5.1.1. Sinnenprüfung

Beschreiben Sie die Eigenschaften, die eine gute Silage nach der Sinnenprüfung aufweisen muss!

Aussehen	natürliche Heufarbe etwas verfärbt schwach gebleicht grau, stark ausgebleicht gebräunt schwarzbraun, teilw. verschimmelt oder verschmutzt stark verschimmelt oder verschmutzt	+ ↓ –
Geruch	guter Heugeruch fad bis geruchlos schwach brandig oder Fremdgeruch stark brandig, muffig oder faulig stark muffig, stark faulig	+ ↓ –
Griff	(speziell für einzelne Heuarten) weich und zart – blattweich etwas hart – wenig Stängel rau – sehr blattarm, viele harte Stängel sperrig – sehr viel verholzte Stängel klamm – durch Feuchtigkeit sehr klamm bis nass	+ ↓ –
Verunreinigungen (Erde, Staub, Mist, Federn ...)	frei von Verunreinigungen wenig Verunreinigungen viel Staub, wenig Schimmel stark verunreinigt, viel Schimmelstaub, Staubläuse sehr stark verunreinigt, sehr viel Schimmelstaub viele Milben und Staubläuse	+ ↓ –

10.5.1.2. Botanische Untersuchung

Schnittzeitpunkt, Bestandeszusammensetzung, Abzüge für schädliche Pflanzenarten, Abzüge für minderwertige Arten

10.5.2. Beurteilung der Silagequalität

10.5.2.1. Sinnenprüfung

Beschreiben Sie die Eigenschaften, die gutes Heu nach der Sinnenprüfung aufweisen muss!

Geruch	frei von Buttersäuregeruch, angenehm säuerlich, fruchtartig, brotartig; schwacher Buttersäuregeruch, schwacher Röstgeruch bei Anwelksilagen mäßiger Buttersäuregeruch oder deutlicher, stechender Röstgeruch oder muffig; starker Buttersäuregeruch oder Ammoniakgeruch, sehr schwacher Säuregeruch; Fäkalgeruch, faulig, starker Schimmelgeruch, kompostähnlich.	+ ↓ –

Gefüge	Gefüge der Blätter und Stängel erhalten; Gefüge der Blätter angegriffen; Gefüge der Blätter und Stängel stark angegriffen, schmierig, schleimig, leichte Schimmelbildung oder leichte Verschmutzung; Blätter und Stängel verrottet, starke Schimmelbildung oder starke Verschmutzung.	+ ↓ –
Farbe	dem Ausgangsmaterial entsprechende Farbe, auch leichte Bräunung bei Anwelksilage; Farbe wenig verändert, leicht gelb bis bräunlich; Farbe stark verändert, giftig grün oder hellgelb entfärbt oder starke Schimmelbildung.	+ ↓ –

10.5.2.2. Chemische Beurteilung

Neben den traditionellen Qualitätskriterien wie pH-Wert (günstig unter pH 4) und Gärsäuregehalt werden in modernen Betrieben zunehmend auch Nachhaltigkeitsindikatoren herangezogen. Diese beinhalten den CO_2-Fußabdruck der Konservierungsmethoden und den Erhalt der mikrobiellen Diversität.

10.5.2.3. Schnelle Qualitätstests

Portabel einsetzbare Nahinfrarotspektroskopie (NIRS)-Geräte ermöglichen eine schnelle und präzise Analyse von Futterqualitätsparametern wie Rohprotein-, Faser- und Zuckeranteilen direkt vor Ort. Diese Technik wird zunehmend für die Qualitätskontrolle von Heu und Silage eingesetzt.

10.6. Klimaschutz und Nachhaltigkeit in der Futterkonservierung

10.6.1. CO_2-Reduktion bei der Konservierung

Die Optimierung der Energiebilanz von Konservierungsverfahren hat an Bedeutung gewonnen. Klimaneutrale Verfahren wie Solartrocknung oder der Einsatz von Abwärme aus Biogasanlagen reduzieren die CO_2-Emissionen erheblich und sind förderfähig im Rahmen von EU-Programmen (z. B. GAP 2023-2027).

10.6.2. Kreislaufwirtschaft

Eine nachhaltige Futterkonservierung integriert Reststoffe aus der Futterverarbeitung, z. B. Trester oder überschüssiges Sickersaftwasser, in den Betriebskreislauf als Dünger oder Biogassubstrat.

10.7. Zukunftstrends in der Futterkonservierung

Mit der fortschreitenden Digitalisierung und technologischen Entwicklung in der Landwirtschaft gewinnen automatisierte und nachhaltige Verfahren der Futterkonservierung zunehmend an Bedeutung. Die Integration moderner Technologien ermöglicht eine effizientere und ressourcenschonendere Umsetzung der Konservierungsprozesse.

1 **Automatisierung und Robotik in der Futterkonservierung:**
KI-gesteuerte Maschinen und Roboter könnten zukünftig das Monitoring und Management der gesamten Konservierungskette übernehmen. Hierzu gehören automatische Systeme zur Feuchtigkeitsmessung, Fermentationsüberwachung und Qualitätssicherung. Diese Technologien reduzieren den menschlichen Arbeitsaufwand und ermöglichen eine konsistente Qualität.

2 **Drohnenbasierte Überwachung:**
Drohnen mit multispektralen Kameras ermöglichen eine präzise Ermittlung des Erntezeitpunkts durch Analyse von Pflanzenreife und Nährstoffgehalt. Diese Technologie trägt zur Optimierung der Ernteprozesse bei und minimiert Verluste.

3 **Biotechnologische Fortschritte:**
Neue Silierzusätze, die auf genetisch optimierten Mikroorganismen basieren, fördern die gezielte Steuerung der Gärprozesse. Diese Innovationen reduzieren Fehlgärungen, verbessern die Nährstofferhaltung und sind besonders für schwer silierfähige Pflanzen geeignet.

4 **Blockchain-Technologie für Rückverfolgbarkeit:**
Blockchain-Systeme schaffen Transparenz über den gesamten Prozess der Futterkonservierung. Dies umfasst Informationen über Erntezeitpunkte, verwendete Siliertechniken und Qualitätsprüfungen. Besonders in der biologischen Landwirtschaft könnte dies das Vertrauen der Verbraucher stärken.

5 **Klimafreundliche Konservierung:**
Die Nutzung erneuerbarer Energien wie Solar- und Windkraft in Trocknungssystemen senkt den Energieverbrauch und die CO_2-Emissionen. Solche Anlagen sind bereits in Pilotprojekten erfolgreich getestet worden und könnten zukünftig zum Standard werden.

10.8. Nachhaltigkeitsbewertung von Konservierungsverfahren

Die Nachhaltigkeitsbewertung der Futterkonservierung umfasst ökologische, ökonomische und soziale Aspekte. Angesichts des Klimawandels und der zunehmenden Anforderungen an nachhaltige Produktionssysteme rückt die Bewertung der gesamten Prozesskette in den Fokus.

1 **Ökologische Bewertung:**
Nachhaltige Verfahren reduzieren die Treibhausgasemissionen, indem sie energieeffiziente Technologien einsetzen und organische Zusätze verwenden, die die Umweltbelastung minimieren. Lebenszyklusanalysen (LCA) bieten eine umfassende Methode, um den CO_2-Fußabdruck und die Auswirkungen auf die Biodiversität zu quantifizieren.

2 **Energieeffizienz und Ressourcenschonung:**
Systeme, die erneuerbare Energien nutzen, wie etwa solarbetriebene Trocknungsanlagen oder energieeffiziente Belüftungssysteme, zeigen deutliche Vorteile. Sie senken den Energieverbrauch und schonen gleichzeitig Ressourcen.

3 **Sozialverträglichkeit:**
Automatisierung entlastet Landwirte physisch, erfordert jedoch eine intensive Schulung im Umgang mit neuen Technologien. Bildungsprogramme sind essenziell, um die Integration digitaler und automatisierter Lösungen zu unterstützen.

4 **Agrarökologische Auswirkungen:**
Konservierungsverfahren, die den Einsatz von Chemikalien minimieren und die Bodenfruchtbarkeit fördern, haben positive Auswirkungen auf die Biodiversität und die langfristige Produktivität der landwirtschaftlichen Flächen.

5 **Langfristige Planung und Kosten-Nutzen-Bewertung:**
Neben ökologischen Faktoren müssen auch die wirtschaftlichen Aspekte bewertet werden. Während automatisierte Systeme in der Anschaffung teurer sein können, gleichen sie dies durch geringere Betriebskosten und reduzierte Verluste langfristig aus.

Rundballensilage und Hochsilo

Übungs- und Wiederholungsfragen

1. Welche Maßnahmen führen zur Konservierung von Futterpflanzen?

   a) .... b) ....

2. Welche Ursachen für Nährstoffverluste kennt man?

   a) .... d) ....

   b) .... e) ....

   c) .... f) ....

3. Welche Verfahren der Raufuttergewinnung sind möglich?

   a) .... c) ....

   b) .... d) ....

4. Aus welchen Elementen besteht eine Unterdachtrocknung?

   a) .... b) ....

5. Zählen Sie die vier wesentlichen Vorteile der Silierung auf!

   a) .... c) ....

   b) .... d) ....

6. Tragen Sie in die nachstehende Tabelle die Lebensbedingungen der Milchsäurebakterien und der Gärschädlinge ein!

Art	*Nahrung*	*Sauerstoff ja–nein*	*Erzeugung von*
Milchsäurebakterien	....	....	....
Colibakterien	....	....	....
Buttersäurebazillen	....	....	....
Fäulnisbakterien	....	....	....
Hefepilze	....	....	....
Schimmelpilze	....	....	....

7. Ordnen Sie folgende Pflanzen nach ihrer Vergärbarkeit (ankreuzen)!

Pflanzen	*leicht vergärbar*	*mittel vergärbar*	*schwer vergärbar*
Wiesengras	□	□	□
Rübenblätter	□	□	□
Kleegras	□	□	□
Raps, Senf	□	□	□
Silomais	□	□	□
Kleearten	□	□	□

8. Welche Maßnahmen unterstützen die natürliche Gärfähigkeit der Futterpflanzen?

a) .... e) ....

b) .... f) ....

c) .... g) ....

d) ....

9. Nennen Sie fünf Vorteile, die sich aus dem Anwelken des Futters ergeben!

1. ....
2. ....
3. ....
4. ....
5. ....

10. Welche Gruppen von Silierzusätzen kennt man?

a) .... c) ....

b) .... d) ....

11. Welche drei Silogrundformen kennen Sie?

1. .... 2. .... 3. ....

12. Welche Maßnahmen sind bei der Silofutterentnahme zu beachten?

a) .... c) ....

b) .... d) ....

11. Alternativer, Ökologischer und Biologischer Landbau

11.1. Allgemeines

Die Landwirtschaft hat sich in den letzten Jahrzehnten durch Spezialisierung, Technisierung, den Einsatz moderner Züchtungsverfahren und intensive Forschung stark verändert. Diese Fortschritte führten zu gesteigerten Erträgen, jedoch auch zu Herausforderungen wie Umweltbelastungen und Verlust von Biodiversität. Als Reaktion darauf wurden verschiedene Ansätze entwickelt, die auf eine nachhaltigere und umweltschonendere Landwirtschaft abzielen. Dabei ist es wichtig zu beachten, dass „alternativer“, „ökologischer“ und „biologischer“ Landbau keine gleichwertigen Synonyme für die „biologische Landwirtschaft“ sind, sondern spezifische Unterschiede aufweisen:

- **Alternativer Landbau:** Umfasst eine breite Palette von Anbaupraktiken, die von nachhaltigen konventionellen Methoden bis hin zu ökologischen Systemen reichen. Dieser Begriff ist weniger klar definiert und dient häufig als Oberbegriff.
- **Ökologischer Landbau:** Bezieht sich auf Anbaupraktiken, die nach den Vorgaben der EU-Öko-Verordnung (EU 2018/848) erfolgen. Diese umfassen den Verzicht auf chemisch-synthetische Betriebsmittel und die Förderung natürlicher Kreisläufe.
- **Biologischer Landbau:** In Österreich synonym zum ökologischen Landbau verwendet und durch die Bio-Verordnung 2020 (BGBl. II Nr. 99/2020) geregelt.

Neue Entwicklungen wie regenerative Landwirtschaft und Agrarökologie und Mischkulturen ergänzen diese Ansätze. Sie legen einen stärkeren Fokus auf Bodenaufbau, Kohlenstoffbindung und Biodiversitätsförderung, was in Zeiten des Klimawandels immer relevanter wird. Alternative Systeme setzen auf Resilienz durch Fruchtfolgen, den Einsatz von Leguminosen, die Förderung des Bodenlebens und die Integration von Agroforstsystemen.

11.2. Ziele des alternativen Landbaus

Die Ziele des alternativen Landbaus orientieren sich an den Prinzipien der ökologischen Nachhaltigkeit, Ressourcenschonung, Förderung der Biodiversität und Anpassung an die Herausforderungen des Klimawandels. Neben der Produktion qualitativ hochwertiger und gesunder Nahrungsmittel verfolgt der alternative Landbau auch folgende spezifische Ziele:

1 Erhöhung der Bodenfruchtbarkeit und des Humusgehalts
- Förderung des Bodenlebens durch Einsatz organischer Dünger wie Kompost, Gülle und Mist.
- Förderung von regenerativen Anbaumethoden, die den Humusaufbau aktiv unterstützen, z. B. minimalinvasive Bodenbearbeitung und Gründüngung.

2 Verzicht auf chemisch-synthetische Betriebsmittel
- Einsatz biologischer Präparate zur Schädlingsbekämpfung (z. B. Neem, Pyrethrum) und organischer Dünger statt mineralischer Düngemittel.
- Implementierung von präventivem Pflanzenschutz durch Fruchtfolgen, Mischkulturen und resistente Sorten.

3 Kreislaufwirtschaft und Ressourceneffizienz
- Nutzung betriebsinterner Ressourcen, z. B. Wirtschaftsdünger, Zwischenfrüchte, und Rückführung organischer Substanz in den Boden.
- Reduktion des betrieblichen CO_2-Fußabdrucks durch regenerative Energiequellen und emissionsarme Produktionsmethoden.

4 Klimaschutz und Klimaanpassung
- Förderung von Anbausystemen mit hoher Resilienz gegenüber Extremwetterereignissen, z. B. Agroforstsysteme.
- Anpassung der Kulturarten und Sortenwahl an lokale klimatische Bedingungen.

5 Förderung der Biodiversität
- Erhalt von Hecken, Streuobstwiesen und Ackerrandstreifen als Lebensraum für bestäubende Insekten und andere Nützlinge.
- Schutz von gefährdeten Nutzpflanzen- und Tierrassen.

6 Nachhaltige Produktionsweise gemäß EU- und österreichischen Vorgaben
- Einhaltung der EU-Öko-Verordnung (EU 2018/848) und der österreichischen Bio-Verordnung (BGBl. II Nr. 99/2020).
- Sicherstellung der Transparenz und Nachverfolgbarkeit in der Lebensmittelproduktion durch zertifizierte Verfahren.

11.3. Systeme des alternativen Landbaus

11.3.1. Biologisch-dynamische Wirtschaftsweise

Die biologisch-dynamische Wirtschaftsweise, begründet durch den Österreicher Rudolf Steiner, basiert auf einer besonderen Weltanschauung (Anthroposophie). Ihr Ziel ist ein geschlossener Betriebskreislauf, der auf den Einsatz chemisch-synthetischer Betriebsmittel verzichtet. Besonderer Wert wird auf kosmische Kräfte gelegt, weshalb Anbau, Düngung und Pflegemaßnahmen nach bestimmten Mondphasen erfolgen.

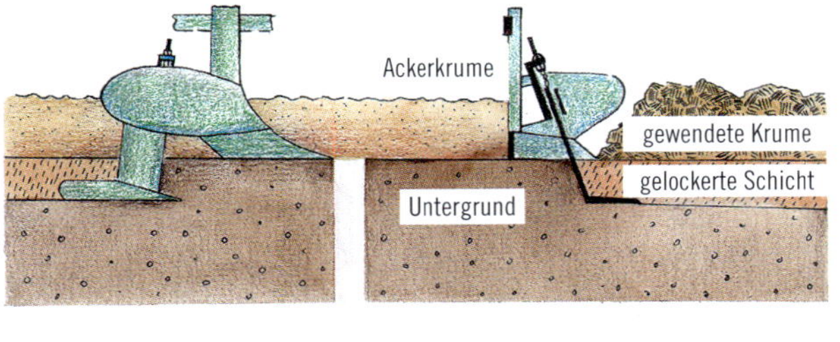

Arbeitsweise des Zweischichtenpfluges. Seitenansicht (a) und Sicht von hinten (b).

Fruchtfolge: Vielfältige Fruchtfolgen mit besonderer Betonung von Leguminosen als Stickstoffsammler.

Bodenbearbeitung: Flache Bodenbearbeitung zur Erhaltung der natürlichen Bodenschichtung, unterstützt durch Spezialgeräte wie den Zweischichtpflug.

Düngung: Hauptsächlich organische Düngung mit Kompost, ergänzt durch Präparate wie Hornmist, Hornkiesel, Algen, Rohphosphate, Gesteinsmehle und Kalk.

Pflanzenschutz: Verzicht auf chemisch-synthetische Pflanzenschutzmittel; stattdessen mechanische Maßnahmen (Abflammen), Mischkulturen, sowie der Einsatz pflanzlicher Präparate wie Brennnesseljauche und Pyrethrum.

Neue Entwicklungen:

- Ergänzung traditioneller Präparate um mikrobiologische Präparate zur Förderung des Bodenlebens.
- Integration regenerativer Praktiken, wie Agroforstsysteme und Direktsaat, zur Anpassung an Klimaveränderungen. Moderne Methoden wie **KI-gestützte Bodenanalysen** und **Fermentationsverfahren zur Nährstoffaufbereitung** kommen zum Einsatz.
- Wissenschaftliche Nachweise zur Wirksamkeit von biodynamischen Präparaten haben ihre Akzeptanz in der EU-weiten Bio-Zertifizierung gestärkt (EU-Verordnung 2018/848).

11.3.2. Organisch-biologischer Landbau

Die organisch-biologische Wirtschaftsweise, entwickelt von Dr. Hans Müller in der Schweiz, legt den Fokus auf die Förderung der Bodenfruchtbarkeit durch organische Düngung und den Verzicht auf chemisch-synthetische Betriebsmittel. Im Gegensatz zur biologisch-dynamischen Wirtschaftsweise liegt hier keine Weltanschauung zugrunde, weshalb kosmische Rhythmen und spezielle Präparate nicht verwendet werden.

Kernelemente des organisch-biologischen Landbaus:

- **Bodenbearbeitung:** Flache Bodenbearbeitung, um die natürliche Schichtung des Bodens zu erhalten und die Bodenflora zu fördern.
- **Fruchtfolge:** Vielseitige Fruchtfolgen mit Leguminosen-Zwischenfrüchten zur Stickstofffixierung und Verbesserung der Bodenstruktur.
- **Düngung:** Organische Düngemittel wie Kompost, aerobe Gülle, Stallmist sowie mineralische Ergänzungen wie Thomasphosphat und Patentkali.
- **Pflanzenschutz:** Mechanische und thermische Methoden (Abflammen) zur Unkrautregulierung; Einsatz biologischer Mittel wie Netzschwefel und Kräuterextrakte gegen Schädlinge.
- **Neue Entwicklungen:**
  - Präzisionslandwirtschaft: Sensoren und KI-basierte Überwachung von Bodenfeuchtigkeit und Nährstoffverfügbarkeit zur Optimierung der Ressourcennutzung.
  - Einführung aerober Kompostierungsverfahren zur Reduktion von Treibhausgasen und zur Steigerung der Düngewirkung.
  - Vermehrter Einsatz von Fermentationsprodukten wie Effektiven Mikroorganismen (EM) zur Unterstützung des Bodenlebens.

11.3.3. Der integrierte Pflanzenbau

Der integrierte Pflanzenbau kombiniert ökologische und konventionelle Methoden und fokussiert sich auf die Erhaltung der Bodenfruchtbarkeit, den sparsamen Einsatz von Betriebsmitteln und eine umweltfreundliche Produktion.

Kernelemente des integrierten Pflanzenbaus:

- **Fruchtfolge:** Vielgestaltige Fruchtfolgen mit Einbindung von Leguminosen und Gründüngungspflanzen.
- **Bodenbearbeitung:** Flache Bodenbearbeitung und Mulchsysteme zur Förderung der Bodenstruktur und zum Erosionsschutz.
- **Düngung:** Schwerpunkt auf Humuswirtschaft mit ergänzender mineralischer Düngung, die jedoch auf stark treibende Mineraldünger verzichtet.
- **Pflanzenschutz:** Einsatz des integrierten Pflanzenschutzes mit Kombinationen aus biologischen, mechanischen und chemischen Verfahren. Verwendung von weniger persistenten Akariziden und Fungiziden, die Umwelt und Nützlinge schonen.
- **Neue Entwicklungen:**
  - Einführung von GPS-gestützter Düngung zur Minimierung von Überdüngung und Nährstoffverlusten.
  - Kombination von Agroforstsystemen mit Direktsaat zur Steigerung der Resilienz gegenüber Extremwetterereignissen.
  - Weiterentwicklung der nachhaltigen Intensivierung („Sustainable Intensification“) zur Ertragssteigerung bei gleichzeitiger Schonung der Ressourcen.

11.3.4. Gesetzliche Anerkennung des biologischen Landbaues

Der biologische Landbau ist in der Europäischen Union und in Österreich durch spezifische Rechtsvorschriften geregelt, die kontinuierlich aktualisiert werden, um den neuesten wissenschaftlichen Erkenntnissen und gesellschaftlichen Anforderungen gerecht zu werden.

Europäische Union:

Die zentrale Rechtsgrundlage bildet die Verordnung (EU) 2018/848 des Europäischen Parlaments und des Rates vom 30. Mai 2018 über die ökologische/biologische Produktion und die Kennzeichnung von ökologischen/biologischen Erzeugnissen. Diese Verordnung trat am 1. Januar 2022 in Kraft und ersetzte die vorherige Verordnung (EG) Nr. 834/2007. Sie legt umfassende Regeln für die gesamte Produktionskette fest, einschließlich:

- **Produktionsvorschriften:** Detaillierte Anforderungen an die landwirtschaftliche Produktion, Verarbeitung, Lagerung und den Transport von Bio-Produkten.
- **Kennzeichnung und Kontrolle:** Vorgaben zur Verwendung des EU-Bio-Logos und zur Durchführung von Kontrollmaßnahmen durch akkreditierte Stellen.
- **Importregelungen:** Bestimmungen für die Einfuhr von Bio-Produkten aus Drittländern, um sicherzustellen, dass diese den EU-Standards entsprechen.

Die Verordnung zielt darauf ab, die Transparenz und das Vertrauen der Verbraucher in Bio-Produkte zu stärken und einen fairen Wettbewerb innerhalb des Binnenmarktes zu gewährleisten.

Österreich:

In Österreich erfolgt die Umsetzung der EU-Vorgaben durch nationale Rechtsakte. Die maßgebliche Regelung ist die Bio-Verordnung 2020 (BGBl. II Nr. 99/2020), die spezifische Bestimmungen für die biologische Produktion und Kennzeichnung in Österreich festlegt. Diese Verordnung ergänzt die EU-Vorgaben und berücksichtigt nationale Besonderheiten.

Wesentliche Inhalte der österreichischen Bio-Verordnung umfassen:

- **Kontrollsystem:** Festlegung der Zuständigkeiten und Verfahren für die Kontrolle und Zertifizierung von Bio-Betrieben durch autorisierte Kontrollstellen.
- **Sanktionen:** Definition von Maßnahmen bei Verstößen gegen die Bio-Vorschriften, um die Integrität des Bio-Sektors zu schützen.
- **Fördermaßnahmen:** Informationen zu nationalen Unterstützungsprogrammen für Bio-Landwirte, die den Übergang zur ökologischen Produktion erleichtern sollen.

Die kontinuierliche Anpassung der gesetzlichen Rahmenbedingungen spiegelt die dynamische Entwicklung des Bio-Sektors wider und stellt sicher, dass die Produktion ökologischer Lebensmittel höchsten Qualitätsstandards entspricht.

Aktuelle Entwicklungen:

Seit dem Inkrafttreten der Verordnung (EU) 2018/848 wurden mehrere delegierte Verordnungen und Durchführungsverordnungen erlassen, um spezifische Aspekte der Bio-Produktion zu regeln. Diese betreffen unter anderem:

- **Detaillierte Produktionsvorschriften:** Erweiterte Regelungen für die ökologische Produktion von Sprossen, Chicoréesprossen und Futtermitteln für bestimmte Aquakulturtiere.
- **Kontrollverfahren:** Spezifische Kriterien für die Prüfungen der Dokumentation im Rahmen der amtlichen Kontrollen und für die Kontrollen von Unternehmergruppen.
- **Zertifizierung:** Aktualisierte Muster für Zertifikate zur Bestätigung der Einhaltung der Bio-Vorschriften.

Diese Ergänzungen dienen der Präzisierung und Erweiterung der bestehenden Regelungen und tragen zur weiteren Harmonisierung der Bio-Standards innerhalb der EU bei.

Quellen:

- Verordnung (EU) 2018/848 des Europäischen Parlaments und des Rates vom 30. Mai 2018 über die ökologische/biologische Produktion und die Kennzeichnung von ökologischen/biologischen Erzeugnissen.

  EUR-Lex

- Bio-Verordnung 2020 (BGBl. II Nr. 99/2020).

Verbraucherwesundheit

- Delegierte Verordnung (EU) 2021/716 vom 9. Februar 2021 zur Änderung des Anhangs II der Verordnung (EU) 2018/848 hinsichtlich der Vorschriften für die ökologische/biologische Produktion von Sprossen und Chicoréesprossen, für Futtermittel für bestimmte Aquakulturtiere und für die Parasitenbehandlungen in der Aquakultur.

  Delegierte Verordnung (EU) 2021/771 vom 21. Januar 2021 zur Ergänzung der Verordnung (EU) 2018/848 durch Festlegung spezifischer Kriterien und Bedingungen für die Prüfungen der Dokumentation im Rahmen der amtlichen Kontrollen in der ökologischen/biologischen Produktion und die amtlichen Kontrollen von Unternehmergruppen.

- Delegierte Verordnung (EU) 2021/1006 vom 12. April 2021 zur Änderung der Verordnung (EU) 2018/848 hinsichtlich des Musters des Zertifikats zur Bestätigung der Einhaltung der Vorschriften für die ökologische/biologische Produktion.

Aktuelle Entwicklungen (2025):

- Anpassung der EU-Verordnung für bessere Kontrolle der Bio-Importe.
- Stärkere Förderung von Agroforstsystemen und CO_2-Speicherung.
- Erweiterung der Bio-Regelungen auf urbane Landwirtschaft.

Jede Wirtschaftsweise muss sich biologischer Maßnahmen bedienen und darf die Umwelt nicht vernachlässigen. Die Einheit dieses Systems Boden – Pflanze – Tier – Mensch und Umwelt muss im Vordergrund stehen.

Die alternativen Systeme des Landbaus stellen bewährte Ansätze wie den biologisch-dynamischen und organisch-biologischen Landbau in den Kontext moderner wissenschaftlicher Erkenntnisse und technologischer Innovationen. Besonders die Integration von Digitalisierung, KI-gestütztem Management und regenerativen Praktiken bietet Potenzial, den ökologischen Landbau weiter zu stärken und an die Herausforderungen des Klimawandels anzupassen.

Steirische Ölkürbisse in Bio-Kultur.

Übungs- und Wiederholungsfragen

1. Nennen Sie die Ziele des ökologischen Landbaues!

   ....

   ....

2. Zählen Sie die Systeme des ökologischen Landbaues auf!

   ....

   ....

3. Nennen Sie ein Spezialgerät des ökologischen Landbaues!

   ....

4. Nennen Sie die Ziele des organisch-biologischen Landbaues!

   ....

   ....

   ....

12. Übersicht über den Anbau von Alternativkulturen, Öl- und Eiweißpflanzen

12.1. Alternativkulturen
- Buchweizen
- Hanf

12.2. Ölhaltige Pflanzen
- Raps
- Ölkürbis
- Lein (Flachs)
- Saflor
- Mohn
- Sonnenblumen

12.3. Eiweißpflanzen
- Körnererbsen
- Pferdebohne, Ackerbohne
- Sojabohne

12.1. Alternativkulturen

Die Frage des Alternativpflanzenanbaues wurde durch die Überproduktion und die damit verbundenen Absatzschwierigkeiten der letzten Jahre besonders aktuell. Sie steht ebenso im Zusammenhang mit den Problemen der Bodenfruchtbarkeit, da von diesen Pflanzen ein günstiger Einfluss zu erwarten ist.

Buchweizen

Ansprüche an Boden und Klima

Buchweizen gedeiht am besten auf **leichten, warmen Böden** mit einem **pH-Wert zwischen 5,3 und 7,0**. Für Böden mit geringer Fruchtbarkeit oder sandigen Untergründen eignet sich Buchweizen gut, da er nur mäßige Ansprüche an die Nährstoffversorgung stellt. Staunässe oder schwere Böden sollten jedoch vermieden werden. Die Pflanze ist **frostempfindlich**, weshalb sie erst nach den letzten Frösten angebaut werden sollte. Sie zeichnet sich durch eine kurze Vegetationszeit von **6 bis 9 Wochen** aus und benötigt eine Kombination aus **viel Wärme und moderater Feuchtigkeit** für optimale Entwicklung. Aktuelle Forschungen zeigen, dass Buchweizen auf wärmer werdende Klimabedingungen positiv reagiert und daher eine zunehmend attraktive Kultur in Mitteleuropa darstellt.

Fruchtfolge

Buchweizen eignet sich als **Körnerfrucht, Zwischenfrucht** oder **Gründüngungspflanze**. Als Vorfrucht kommen früh räumende Kulturen wie **Getreide** infrage, die genügend

Zeit für die Bodenbearbeitung lassen. Buchweizen selbst hinterlässt eine lockere Bodenstruktur und bietet eine gute Vorfruchtwirkung, da er die Unkrautunterdrückung begünstigt und die Bodenfruchtbarkeit verbessert.

Aufgrund seiner Empfindlichkeit gegenüber **Sklerotinia** und anderer bodenbürtiger Krankheiten wird ein Anbauintervall von **4 bis 5 Jahren** empfohlen, wenn Buchweizen oder verwandte Kulturen wie Raps in der Fruchtfolge enthalten sind.

Düngung

Buchweizen hat einen **geringen Nährstoffbedarf**, weshalb Überdüngung zu vermeiden ist, da sie die Reife verzögern und die Kornqualität mindern kann.

Düngungsempfehlung für Buchweizen (bei Gehaltsstufe C)	*Phosphat (P_2O_5)* in kg/ha	*Kali (K_2O)* in kg/ha
Niedriges Ertragsniveau	20	70
Mittleres Ertragsniveau	30	70
Hohes Ertragsniveau	40	90

- **Stickstoff:** Wirtschaftsdünger wie Stallmist (10–20 t/ha) oder Gülle (10–15 m³/ha) decken den Bedarf. Mineralische Stickstoffdüngung sollte bei Buchweizen vermieden werden, da eine übermäßige Stickstoffzufuhr das vegetative Wachstum fördert und die Kornbildung beeinträchtigt.
- **Mikronährstoffe:** Bei Bedarf kann eine Bor- oder Kalziumversorgung die Blüten- und Fruchtbildung unterstützen.

Anbau

Bodenbearbeitung: Nach dem Getreidedrusch empfiehlt sich eine flache Schälfurche mit anschließender Feinarbeitung des Saatbetts durch Eggen. Ein gut abgesetztes, feinkrümeliges Saatbett ist notwendig, um eine gleichmäßige Keimung zu gewährleisten.

Saatzeit: Gemäß der traditionellen Bauernregel zwischen **4. Juli („Ulrich") und 17. Juli („Irmgard")**, jedoch an die aktuelle Klimasituation angepasst, sollte die Aussaat erfolgen, sobald keine Spätfröste mehr zu erwarten sind.

Saatmenge: 70–100 kg/ha, abhängig vom Tausendkorngewicht.

Saattiefe: 2–3 cm.

Reihenweite: Buchweizen wird meist mit Drillsämaschinen angebaut; bei einer breiteren Reihenweite kann mechanische Unkrautbekämpfung einfacher durchgeführt werden.

Unkrautbekämpfung

Buchweizen wächst schnell und bildet eine **dichte Bodenbedeckung**, die das Wachstum von Unkraut unterdrückt. Daher ist eine chemische Unkrautbekämpfung meist nicht erforderlich. Mechanische Pflegemaßnahmen wie Striegeln oder Hacken können in den frühen Entwicklungsphasen durchgeführt werden, sind aber oft nicht notwendig.

Krankheiten und Schädlinge

Krankheiten:

- **Sklerotinia-Fäule** (Weißstängeligkeit) und andere pilzliche Erkrankungen.
- **Falscher Mehltau** kann bei hoher Feuchtigkeit auftreten.

Schädlinge:

- **Blattläuse** und **Spinnmilben** treten in warmen und trockenen Jahren vermehrt auf.

Verwendung und Ernte

Reife: Die Reife ist erkennbar, wenn die Körner sich hart anfühlen und eine dunkle Färbung angenommen haben. Frühfröste können jedoch zu erheblichem Kornausfall führen.

Ernte:

- Die Ernte erfolgt mit einem **Mähdrescher**, wobei der Dreschkorb weit eingestellt und die Trommeldrehzahl auf ca. **600 U/min** reduziert werden sollte, um Verluste zu minimieren.
- Das Erntegut sollte einen Wassergehalt von **14 % oder weniger** aufweisen, um eine anschließende Trocknung zu vermeiden.

Verwertung: Buchweizen ist vielseitig nutzbar, z. B. in der **Lebensmittelproduktion** (z. B. Buchweizenmehl, Teigwaren) oder als Gründüngungspflanze zur Bodenverbesserung.

Nachhaltigkeitsaspekte

- **Biodiversität:** Buchweizen blüht über mehrere Wochen und bietet **wichtige Nahrungsquellen für Bestäuber** wie Bienen.

- **Klimaanpassung:** Aufgrund seiner kurzen Vegetationszeit und geringen Ansprüche eignet sich Buchweizen besonders für **Standorte mit wechselhafter Wasserversorgung** und als Alternative in Trockenjahren.

Buchweizen in Vollblüte

Hanf

Ansprüche an Boden und Klima

Hanf stellt hohe Anforderungen an Boden und Klima:

- **Bodenansprüche:** Bevorzugt **tiefgründige, nährstoffreiche Böden** mit **neutraler bis leicht alkalischer Bodenreaktion** (pH 6,5–7,5). Der Boden sollte **gut durchlüftet und feucht** sein. **Staunässe** und **verdichtete Tonböden** sind ungeeignet.
- **Klima:** Hanf ist relativ robust gegenüber Klimaschwankungen. Ein **gemäßigtes, feuchtes Klima** unterstützt das Wachstum. **Längere Trockenperioden**, insbesondere während der Blüte, können den Ertrag deutlich mindern.

Fruchtfolge

- **Ansprüche an die Vorfrucht:** Hanf ist anpassungsfähig und gedeiht gut nach **Hackfrüchten, Leguminosen** oder nach einem **Grünlandumbruch**. Vorfrüchte wie **Getreide** sorgen oft für optimale Bedingungen.
- **Nachfruchtwirkung:** Als **Tiefwurzler** hinterlässt Hanf durch sein Wurzelsystem **gut durchlüftete Böden** und bietet eine wertvolle Grundlage für nachfolgende Kulturen.
- **Anbaupause:** Hanf ist **selbstverträglich**, sodass auch wiederholter Anbau möglich ist. Dennoch wird empfohlen, Anbaupausen von 3–4 Jahren einzuhalten, um Nährstoffressourcen nachhaltig zu nutzen und potenzielle Krankheitsübertragung zu vermeiden.

Düngung

Düngungsempfehlung für Hanf (bei Gehaltsstufe C)	*Stickstoff (N) in kg/ha*	*Phosphat (P_2O_5) in kg/ha*	*Kali (K_2O) in kg/ha*
Niedriges Ertragsniveau	60	40	120
Mittleres Ertragsniveau	80	50	140
Hohes Ertragsniveau	100	60	160
Sehr hohes Ertragsniveau	120	70	180

- **Besonderheiten:**
  - **Stallmist:** Wird gut verwertet (30–40 t/ha), sollte jedoch bereits im Herbst ausgebracht werden, um Stickstoffüberversorgung zu vermeiden.
  - **Kopfdüngung:** Bei Stickstoffdüngung ist Vorsicht geboten, da zu hohe Gaben **Lagerneigung** und Blattverbrennungen begünstigen können.
  - **Kalkung:** Sicherstellen, dass der Boden neutral bis alkalisch bleibt.
  - **Gülle:** Aufgrund der Empfindlichkeit von Hanf gegenüber Gülle sollte auf deren Einsatz verzichtet werden.

Anbau

- **Bodenbearbeitung:**
  - Das Saatbett sollte **feinkrümelig, gut abgesetzt und unkrautfrei** sein. Bodenverdichtungen müssen vermieden werden, da Hanf auf verdichteten Stellen mit einem Wachstumsrückstand reagiert, der nicht mehr aufgeholt wird.

- **Aussaat:**
  - **Zeitpunkt:** Mitte April bis Mitte Mai; bei Bodentemperaturen von mindestens **8–10 °C**.
  - **Saattiefe: 2–3 cm.**

- **Saatstärke und Reihenweite:**
  - Die Saatstärke variiert je nach Nutzungsart:
    - **Fasernutzung:** Höhere Saatstärken (ca. **40–50 kg/ha**) mit engem Reihenabstand (15–20 cm).
    - **Samennutzung:** Niedrigere Saatstärken (ca. **20–30 kg/ha**) mit Reihenweiten von **30–45 cm**.
  - Eine Anpassung an die Nutzungsrichtung ist entscheidend für den Erfolg.

Unkrautbekämpfung

- **Mechanische Maßnahmen:**
  - Hack- und Striegelarbeiten während der frühen Wachstumsphase sind effektiv.
  - Aufgrund des schnellen Wachstums und des raschen Reihenschlusses unterdrückt Hanf die meisten Beikräuter von selbst.

- **Chemische Maßnahmen:**
  In Österreich gibt es derzeit keine zugelassenen Herbizide für Hanf.

Krankheiten und Schädlinge

- *Krankheiten:*
  - **Botrytis cinerea** (Grauschimmel).
  - **Sclerotinia sclerotiorum** (Weißstängeligkeit).
  - **Fusarium spp.** (Fusarienfäule).

- *Schädlinge:*
  - Wildverbiss, **Maiszünsler, Schneckenfraß, Vogelfraß**.

- Hinweis: Mit wachsender Anbaufläche könnten neue Schadbilder auftreten; regelmäßige Feldkontrollen sind unerlässlich.

Der Anbau von Kulturhanf zur Fasergewinnung ist in mehreren Ländern erlaubt

Verwendung und Ernte

- **Vegetationszeit:** Abhängig von der Nutzungsrichtung, zwischen **100 und 150 Tagen**.
- **Ernte:**
  - **Samennutzung:**
    - Ernte mit Mähdrescher, angepasst an die Samenempfindlichkeit (reduzierte Trommeldrehzahl, angepasste Dreschkorbeinstellung).
    - Samenertrag: **8–10 dt/ha**, Ölanteil ca. **30 %**.
  - **Fasernutzung:**
    - Langfaser: Geerntet mit Mähbalken oder speziellen Erntemaschinen.
    - Kurzfaser: Verwendung von Häckselmaschinen.
    - Strohertrag: **6–15 t/ha**, Faseranteil ca. **20–30 %**.
- **Nutzung:**
  - **Samen und Öl:** Verwendung in **Lebensmitteln, Kosmetik** und als **technisches Öl**.
  - **Kurzfaser:** Einsatz in **Papier, Dämmstoffen, Baumaterialien**.
  - **Langfaser:** Für die **Textilindustrie**.

Spezielle Hinweise für den Anbau in Österreich

- **Regulatorische Aspekte:**
  - Hanf darf nur mit genehmigten Sorten angebaut werden, die im EU-Sortenkatalog zugelassen sind und **weniger als 0,3 % THC enthalten**.
  - Der Anbau muss der zuständigen **Landwirtschaftskammer** und der **Agrarmarkt Austria (AMA)** gemeldet werden.
- **Kontrollen:**
  - Regelmäßige THC-Kontrollen der Pflanzen sind verpflichtend, um sicherzustellen, dass die Grenzwerte eingehalten werden.
- **Beratungsstellen:**
  - Für den Anbau wird empfohlen, vorab Informationen bei spezialisierten Institutionen wie dem **Österreichischen Hanfinstitut** oder der **AMA** einzuholen.

12.2. Ölhaltige Pflanzen

Raps

Ansprüche an Boden und Klima

Raps bevorzugt **mittelschwere bis schwere, tiefgründige Böden** mit einer guten Wasserhaltekapazität und einem neutralen bis leicht alkalischen pH-Wert (6,5 bis 7,5). Eine gleichmäßige Wasserversorgung während der Keimung und frühen Vegetationsphase ist entscheidend für eine gute Etablierung. **Extrem saure Böden (pH < 5,5)** sollten durch Kalkung aufbereitet werden.
Winterraps zeigt eine gute Frosthärte und ist an die klimatischen Bedingungen Mitteleuropas gut angepasst. In den letzten Jahren hat sich die Züchtung auf **trockenheitstolerantere Sorten** verstärkt, um die Kultur besser an den Klimawandel anzupassen. Sommertrockenheit in der Blütephase kann die Erträge jedoch deutlich reduzieren.

Fruchtfolge

Raps sollte nicht häufiger als alle **vier Jahre** auf derselben Fläche angebaut werden, um die Gefahr von **Krankheiten** wie Sklerotinia (Weißstängeligkeit) und Schädlingen wie Nematoden zu minimieren. Eine Fruchtfolge mit Zuckerrüben oder Leguminosen wie Sojabohne oder Sonnenblume ist aufgrund ähnlicher Krankheitsrisiken ebenfalls kritisch.

Geeignete Vorfrüchte:
- Winterweizen
- Sommergerste
- Kartoffeln (bei gutem Bodenzustand)

Nach Raps sollten Kulturen angebaut werden, die den im Boden verbleibenden Stickstoff optimal ausnutzen, z. B. Wintergetreide.

Düngung

Raps hat einen **hohen Nährstoffbedarf**, insbesondere an Stickstoff, Phosphor und Kalium. Eine **gezielte und nachhaltige Düngung** ist erforderlich, um Ertrag und Qualität zu sichern und Umweltbelastungen zu minimieren.

Nährstoffbedarf von Winterraps (bei Gehaltsstufe C)	*Stickstoff (N) in kg/ha*	*Phosphat (P_2O_5) in kg/ha*	*Kali (K_2O) in kg/ha*
Niedriges Ertragsniveau	120	60	140
Mittleres Ertragsniveau	150	80	160
Hohes Ertragsniveau	170	100	200

- **Stickstoffdüngung:**
  - 1. Gabe (im zeitigen Frühjahr, Vegetationsbeginn): 90–110 kg N/ha.
  - 2. Gabe (kurz vor der Blüte): 40–60 kg N/ha.
  - Eine organische Düngung mit **Stallmist oder Gülle** kann den Stickstoffbedarf teilweise abdecken.
- **Phosphat und Kalium:** Diese Nährstoffe sollten bereits im Herbst vor der Saat oder durch Grunddüngung eingebracht werden.
- **Schwefelbedarf:** Raps hat einen hohen Schwefelbedarf (30–40 kg S/ha). Dies ist besonders wichtig für die Ölqualität und die Proteinsynthese.
- **Magnesium und Bor:** Eine gezielte Zufuhr von Mikronährstoffen ist bei nachgewiesenem Mangel erforderlich.

Anbau

Saatzeit: Mitte August bis Anfang September. Bis zum Winter sollten 8 bis 10 Laubblätter ausgebildet sein.
Saatstärke: 40–60 Körner/m² (je nach Tausendkorngewicht, meist 4–6 kg/ha).
Saattiefe: 2–3 cm.
Reihenabstand: 12,5–25 cm (Drillsaat oder Bandsaat).

Raps ist auch eine wichtige Trachtpflanze für Honig- und Wildbienen.

Sollte Winterraps auswintern, kann ein Umbruch erfolgen, sofern der Pflanzenbestand unter **20 Pflanzen/m²** liegt. Sommerraps ist als Ersatz nur bei sehr früher Aussaat möglich, erreicht aber nicht die Erträge von Winterraps.

Sorten:

a) Ölsonnenblumen – ....

....

b) Futtersonnenblumen – ....

....

Unkrautbekämpfung

Bei geringem Unkrautdruck reicht eine mechanische Bekämpfung durch **Striegeln** im Herbst und Frühjahr.
Bei höherem Druck können selektive **Herbizide im Vor- und Nachauflaufverfahren** eingesetzt werden, jedoch nur bei nachgewiesenem Bedarf.

Krankheiten und Schädlinge

Krankheiten:

- **Sklerotinia** (Weißstängeligkeit): Vorbeugend durch längere Anbaupausen und resistente Sorten minimierbar.
- **Phoma** (Schwarzbeinigkeit): Regelmäßige Fruchtwechsel und gezielte Fungizidmaßnahmen bei Befallsdruck.
- **Verticillium-Welke:** Vermeidung durch resistente Sorten und Fruchtfolgegestaltung.

Schädlinge:

- **Rapserdfloh:** Besonders kritisch in der Jugendphase. Gelbschalenüberwachung und Bedarfsbekämpfung.
- **Rapsglanzkäfer:** Schädlingsschwellen beachten, um unnötige Pflanzenschutzmaßnahmen zu vermeiden.
- **Kohlgallenrüßler, Kohltriebrüßler und Kohlschotenrüßler:** Integrierter Pflanzenschutz mit spezifischen Maßnahmen.

Verwendung und Ernte

Erntezeitpunkt: Direktdrusch bei einer Feuchtigkeit unter 9 % (später Juli bis Anfang August).
Österreichische Durchschnittserträge: 30–40 dt/ha (je nach Standort und Sortenwahl).
Körnerraps wird hauptsächlich für die **Ölproduktion** verwendet (z. B. Speiseöl oder Biodiesel). Pressrückstände (Rapsschrot) sind wertvolle Eiweißfuttermittel.

Reifekennzeichen sind:

- Blütenkorb braun verfärbt;
- Blüten der befruchteten Kerne fallen von selbst ab;
- die Kerne liegen frei;
- die unteren und mittleren Blätter am Stängel sind abgetrocknet.

Adaptierung des Mähdreschers:

- Montage spezieller Auffangbleche („Schiffchen"),
- Abdecken der Haspelzinken,
- möglichst hohe Schnittstelle des Mähbalkens,
- Reduzierung der Dreschtrommel (400 bis 500 Umdrehungen) und
- Dreschkorb weit öffnen.

Nachhaltigkeitsaspekte

- **Förderprogramme:** Rapsanbau wird durch EU-Flächenprämien und nationale Umweltprogramme gefördert, insbesondere bei der Verwendung in Biodiesel- und Biokraftstoffprojekten.
- **Klimaanpassung:** Trockenheitstolerante Sorten und innovative Fruchtfolgen spielen eine entscheidende Rolle bei der Sicherung des Anbaus in Mitteleuropa.

Ölkürbis

Ansprüche an Boden und Klima

Der Ölkürbis bevorzugt **sandige Lehm- bis Sandböden** mit hohem Humusgehalt und guter Durchlüftung. Staunässe wird schlecht vertragen, wohingegen die Kultur **sonnige Lagen** bevorzugt. Der Anbau ist besonders für Regionen mit **warmem Klima und gleichmäßiger Wasserversorgung** geeignet.
Durch die Anpassung an **klimatische Veränderungen** wurden neue Sorten entwickelt, die **trockenheitstoleranter** sind und somit auch in marginaleren Gebieten angebaut werden können.

Fruchtfolge

Der Ölkürbis stellt geringe Ansprüche an die Vorfrucht. **Getreidearten und Leguminosen** eignen sich besonders gut. Bei Vorfrüchten wie **Mais oder Zuckerrüben** sollten mindestens 6-jährige Anbaupausen eingehalten werden, um die Ansammlung von Pathogenen, insbesondere **Sklerotinia** und anderen Pilzkrankheiten, zu vermeiden.
Wegen der Übertragungsgefahr von **Viruskrankheiten** sind Kürbis und Gurken als Vorfrüchte weniger geeignet. Leguminosen können als Vorfrucht eingesetzt werden, jedoch ist die Stickstoffdüngung entsprechend anzupassen.

Düngung

Die Düngung des Ölkürbisses sollte sich an der Bodenversorgung und dem angestrebten Ertragsniveau orientieren. Wirtschaftsdünger (z. B. **Mist und Gülle**) sind besonders vorteilhaft und sollten bereits im Herbst oder vor der Vorfrucht eingearbeitet werden.

Nährstoffbedarf des Ölkürbisses (bei Gehaltsstufe C)	*Phosphat (P_2O_5) in kg/ha*	*Kali (K_2O) in kg/ha*
Niedriges Ertragsniveau	50	100
Mittleres Ertragsniveau	70	130
Hohes Ertragsniveau	90	160

© David Irlweg_sh/Shutterstock.com

Ölkürbisse fertig zur Ernte

- **Stickstoffdüngung:**
  - 40–60 kg N/ha, aufgeteilt in Start- und Kopfdüngung, ist in der Regel ausreichend.
  - Wirtschaftsdünger kann den Stickstoffbedarf teilweise oder vollständig decken.
- **Mikronährstoffe:**
  - Eine ausreichende **Kalzium- und Borversorgung** ist notwendig, um Fruchtbildungsstörungen zu vermeiden.

Anbau

Saatzeit: Der optimale Zeitpunkt liegt in der **ersten Mai-Dekade**, wenn die Bodentemperatur in 5 cm Tiefe konstant bei mindestens **10–12 °C** liegt. Spätfröste sind zu vermeiden.

Saatstärke: 5–8 kg/ha bei einem Tausendkorngewicht von 190–200 g.

Saattiefe: 2–3 cm.

Reihenabstand: Langtriebige alte Populationssorten benötigen einen Rehenabstand von 210 cm. Moderne Hybridsorten werden in 70 oder 140 cm Reihenabstand gesät, sie sind kurztriebiger.

Saatgutbehandlung: Eine **Beizung des Saatgutes** gegen bodenbürtige Krankheiten und Schädlinge ist obligatorisch.

Unkrautbekämpfung

Mechanische Verfahren:

- Eggen oder Grubbern zwischen den Reihen zur Bodendurchlüftung und Unkrautbekämpfung.
- Sobald die Reihen schließen, endet die mechanische Pflege, da die Kürbispflanzen die Bodenoberfläche vollständig bedecken.

Chemische Unkrautbekämpfung:

- Aufgrund von Rückstandsproblemen nur eingeschränkt möglich. Mechanische Verfahren sind zu bevorzugen.

Krankheiten und Schädlinge

Krankheiten:

- **Viren:** Verschiedene Viruskrankheiten, die häufig über Blattläuse übertragen werden.
- **Pilzerkrankungen:** Blattfleckenkrankheit, Echter Mehltau.

Schädlinge:

- **Blattläuse** und **Gurkenkäfer** können Schäden verursachen. Eine regelmäßige Bestandskontrolle ist erforderlich

Verwendung und Ernte

Reifeanzeichen: Die Blätter und Ranken sterben ab, und die Kürbisse verfärben sich gelb. Die Kerne des schalenlosen Ölkürbisses sind dunkel gefärbt und zeigen eine gute Ausreife.

Erntezeitpunkt: Nach vollständiger Ausreife im Spätsommer bis Frühherbst.

Verarbeitung: Ölkürbisse werden für die **Gewinnung von Kürbiskernöl** und die Vermarktung von Speisekernen verwendet.

Nachhaltigkeitsaspekte

- **Klimaanpassung:** Ölkürbisse sind gut an wärmere Bedingungen anpassbar und bieten Potenzial zur Erweiterung des Anbaugebiets.
- **Förderprogramme:** In Österreich wird der Anbau von Ölkürbis durch regionale Programme unterstützt, die die Herstellung von Qualitätsprodukten, insbesondere Kürbiskernöl, fördern.

Lein (Flachs)

Unterscheidung von Sorten

Lein (Flachs) wird in zwei Haupttypen unterteilt:

1 Öllein: Hauptsächlich für die Ölgewinnung aus den Samen angebaut.

2 Faserlein: Genutzt für die Gewinnung von Textilfasern aus den Stängeln.

Ansprüche an Boden und Klima

Lein ist eine **anpassungsfähige Kultur**, die auf **getreidefähigen Böden** gut gedeiht.

- **Boden:** Die ideale Bodenreaktion liegt bei einem **pH-Wert von 6,2 bis 7,0**. Böden mit guter Struktur und gleichmäßiger Wasserversorgung sind optimal.
- **Witterung:**
  - **Feuchtigkeit:** Lein benötigt **moderate Feuchtigkeit** bis zur Blüte, gefolgt von **trockenem Wetter** ab Juli.
  - **Temperatur:** Frühjahrsfröste bis **–4 °C** werden gut vertragen. Extreme Trockenheit und übermäßige Nässe beeinträchtigen jedoch das Wachstum.
- **Ungeeignete Gebiete:** Die pannonischen Trockengebiete sowie alpines Klima mit hohen Sommerniederschlägen sind weniger geeignet.

Fruchtfolge

Lein ist eine **gute Vorfrucht** aufgrund seiner tiefen Wurzeln, die die Bodenstruktur verbessern. Gleichzeitig ist er mit sich selbst **unverträglich** und sollte nur alle **6 bis 8 Jahre** auf demselben Feld angebaut werden.

- **Empfohlene Vorfrüchte: Hackfrüchte, Getreidearten** und Kulturen, die ein unkrautfreies Feld hinterlassen.
- **Nicht empfohlene Vorfrüchte:** Kulturen, die Rückstände von bodenbürtigen Krankheiten wie Flachsanthraknose hinterlassen.

Düngung

Düngungsempfehlung für Lein (bei Gehaltsstufe C)	*Stickstoff (N) in kg/ha*	*Phosphat (P_2O_5) in kg/ha*	*Kali (K_2O) in kg/ha*	*Kalk (CaO) in kg/ha*
Niedriges Ertragsniveau	20	40	60	50
Mittleres Ertragsniveau	30	60	80	50
Hohes Ertragsniveau	40	80	100	50

- **Faserlein:**
  - Eine ausreichende **Kaliumversorgung** ist entscheidend für die **Fasermenge** und -qualität.
  - **Chlorhaltige Kalidünger** sollten bereits im Herbst ausgebracht werden, um die Verträglichkeit für die Pflanzen zu verbessern.
  - **Stallmist** und **Jauche** sind für Faserlein ungeeignet, da sie die Lagergefahr und die Qualität der Fasern negativ beeinflussen.
- **Öllein:** Verträgt organische Düngemittel wie Stallmist und Gülle, solange sie gut verteilt und eingearbeitet werden.

Anbau

- **Aussaat:**
  - Zeitpunkt: **Bis Mitte April** für optimale Ergebnisse.
  - Temperatur: Keimtemperaturminimum bei 1 °C, gut frostresistent.
- **Saat:**
  - Saatmenge: **70–90 kg/ha**, abhängig vom Tausendkorngewicht.
  - Saattiefe: **2–3 cm**.
  - Reihenweite: **15–20 cm** für mechanisierte Pflege.

Lein, oder auch Flachs genannt, blüht zart blau

- **Bodenbearbeitung:** Ein **feinkrümeliges Saatbett** ist erforderlich. Bei trockenem Frühjahr kann ein Walzen des Saatguts vorteilhaft sein.

Unkrautbekämpfung

Lein benötigt eine unkrautfreie Vorfrucht. Bei Bedarf sind mechanische Maßnahmen wie **Striegeln** oder **Hacken** möglich. Der Einsatz chemischer Herbizide ist begrenzt, da nur wenige zugelassene Mittel verfügbar sind.

Krankheiten und Schädlinge

Krankheiten:

- **Flachsanthraknose** und **Welkekrankheit**.
- **Leinrost** und **Stängelbruchkrankheit** treten häufig auf, vor allem bei zu hoher Luftfeuchtigkeit.
- **Leinmüdigkeit** bei häufigem Anbau auf denselben Flächen.

Schädlinge:

- **Erdflöhe, Thripsarten** und **Flachsknotenwickler**. Mechanische oder biologische Maßnahmen sind vorzuziehen.

Verwendung und Ernte

Öllein:

- **Reife:** Die Mähdruschreife ist erreicht, wenn die Kapseln braun und die Stängel gelb sind.
- **Ernte:**
  - Feuchtigkeit des Ernteguts sollte **unter 12 %** liegen, um Lagerprobleme wie Ranzigkeit oder Schimmel zu vermeiden.
  - Trocknung kann erforderlich sein, falls die Feuchtigkeit höher liegt.
- **Verwendung:** Ölproduktion und Ernährung (z. B. Leinöl, Leinsamen).

Faserlein:

- **Reife:** Optimal, wenn die Stängel gelbgrün sind, die unteren Blätter abgefallen und einige Kapseln braun sind.
- **Ernteverfahren:**
  - **Raufen:** Der Lein wird mitsamt der Wurzel gezogen, um gleichmäßiges Rösten der Fasern zu gewährleisten.
  - Nach dem Raufen erfolgt die **Röstung** auf dem Feld, um die Fasern vom holzigen Kern zu trennen.
- **Verwendung:** Textilindustrie (Leinen), technischer Einsatz (z. B. Verbundmaterialien).

Nachhaltigkeitsaspekte

- **Biodiversität:** Lein fördert durch seine Blütenvielfalt Bestäuberpopulationen.
- **Klimaanpassung:** Aufgrund seiner geringen Wärme- und Bodenansprüche kann Lein in klimatisch variierenden Regionen gut angebaut werden.

Saflor ist auch als Färberdistel bekannt

Saflor

Ansprüche an Boden und Klima

Saflor (Färberdistel) ist eine **wärmeliebende und trockenheitstolerante Kultur**, die vor allem auf **leichteren Böden** gute Ergebnisse liefert.

- **Bodenansprüche:** Bevorzugt **sandige Lehm-, Löß- und Schotterböden** mit guter Durchlüftung und mäßigem Humusgehalt. **Schwere Böden** mit hohem Tonanteil eignen sich nur in trockenen Regionen. **Saure Böden** (pH-Wert < 6,5) sind ungeeignet.
- **Klimatische Anforderungen:**
  - Ideale Anbauregionen sind **sommerwarme und trockenere Klimate** mit gleichmäßiger Wasserversorgung.
  - Niederschlagsreiche Lagen mit hoher Luftfeuchtigkeit sind für Saflor nicht geeignet, da dies Krankheiten wie Botrytis begünstigt.
  - Frostresistenz: Spätfröste bis **–5 °C** im Jungpflanzenstadium werden gut vertragen.

Fruchtfolge

Saflor ist eine **anspruchslose Fruchtfolgekomponente**:

- **Ansprüche an die Vorfrucht:** Kann nach den meisten Kulturen angebaut werden, oft zwischen Getreide in der Fruchtfolge.
- **Nachfruchtwirkung:** Saflor hinterlässt durch sein tiefes Wurzelsystem einen **garen und gut durchlüfteten Boden**, wodurch er eine **gute Vorfrucht** darstellt.
- **Anbaupause:** Um bodenbürtige Krankheiten und Schädlingsansammlungen zu vermeiden, sind **Anbaupausen von mindestens 6 Jahren** erforderlich.

Düngung

Düngungsempfehlung für Saflor (bei Gehaltsstufe C)	*Stickstoff (N) in kg/ha*	*Phosphat (P_2O_5) in kg/ha*	*Kali (K_2O) in kg/ha*
Niedriges Ertragsniveau	30	40	100
Mittleres Ertragsniveau	40	50	120
Hohes Ertragsniveau	50	60	150
Sehr hohes Ertragsniveau	60	70	180

- **Besonderheiten:**
  - Eine gute **Kalkversorgung** (pH-Wert ≥ 7) ist essentiell, insbesondere auf sauren Böden.
  - **Stallmist und Gülle** sind weniger geeignet, da schwer einschätzbare Stickstoffgehalte zu Reifeverzögerungen führen können.
  - **Kali** spielt eine entscheidende Rolle für die Samenausbildung und Ölqualität.
  - Die Düngung sollte **mindestens zwei Wochen vor der Aussaat** abgeschlossen sein.

Anbau

- **Aussaat:**
  - **Zeitpunkt:** Mittelfrüh, zwischen **20. März und 10. April,** wenn die Bodentemperaturen 5–7 °C betragen.
  - **Saatbett:** Wassersparend vorbereitet, feinkrümelig und frei von Verdichtungen.
  - **Saatgutbedarf:** Je nach Korngröße **15–30 kg/ha**; bei Einzelkornsaat kann die Menge reduziert werden.
  - **Saattiefe:** 2 cm, auf leichten Sandböden bis 6 cm.
  - **Reihenweite:** Bei Drillsaat **15–30 cm**, bei Einzelkornsaat **30–45 cm**.
  - **Bestandesdichte: 20.000–25.000 Pflanzen/ha** für optimale Ergebnisse.
- **Pflege:** Saflor ist **unkrauttolerant**, doch mechanische Maßnahmen wie **Hacken** fördern die Bodendurchlüftung und reduzieren Konkurrenzdruck.

Unkrautbekämpfung

Mechanische Maßnahmen wie **zweimaliges Hacken** reichen in der Regel aus, da in Österreich keine registrierten Herbizide für Saflor verfügbar sind. Ein unkrautfreies Saatbett ist empfehlenswert.

Krankheiten und Schädlinge

Häufige Krankheiten:
- **Botrytis** (Köpfchenfäule), insbesondere in feuchten Klimaregionen.

Häufige Schädlinge:
- **Distelfliege:** Kann zu Schäden an den Blütenköpfen führen. Eine genaue Feldbeobachtung ist entscheidend, da chemische Bekämpfungsmöglichkeiten begrenzt sind.

Verwendung und Ernte

- **Reife:** Saflor ist reif, wenn Blütenköpfe, Stängel und Blätter vollständig getrocknet und braun sind. Die Samen sollten bei einer Feuchtigkeit von **8–9 %** geerntet werden.
- **Ernte:**
  - Erntezeit: **August bis September**, abhängig von Standort und Sorte.
  - **Mähdruschtechnik:**
    - Trommeldrehzahl: **500–700 U/min**.
    - Dreschkorb: Weiter als bei Getreide einstellen, um Bruchkörner zu vermeiden.
    - Wind: Halboffen, um taube Körner und Pflanzenreste zu entfernen.
    - Haspelgeschwindigkeit reduzieren, um Samenausfall zu minimieren.
  - Bei Feuchtigkeiten über **9 %** ist eine **Nachtrocknung** erforderlich, um Qualitätseinbußen zu verhindern.
- **Verwendung:** Saflor wird hauptsächlich zur **Ölgewinnung** genutzt. Das Öl ist reich an mehrfach ungesättigten Fettsäuren und findet Anwendung in Lebensmitteln, Kosmetik und Industrie.

Nachhaltigkeitsaspekte

- **Wasserverbrauch:** Saflor zeigt eine **hohe Toleranz gegenüber Dürre**, was ihn für trockenere Regionen geeignet macht.
- **Bodenstruktur:** Das tiefe Wurzelsystem verbessert die **Bodenbelüftung** und fördert die **Humusanreicherung**.
- **Biodiversität:** Saflorblüten ziehen Bestäuber an, wodurch die ökologische Vielfalt unterstützt wird.

Mohn

Ansprüche an Boden und Klima

Mohn stellt moderate Ansprüche an Boden und Klima und ist anpassungsfähig, wenn einige grundlegende Bedingungen erfüllt sind:

- **Bodenansprüche:** Bevorzugt **milde Lehmböden und Lößlehmböden** mit gutem Wasserhaushalt und einem **neutralen bis leicht alkalischen pH-Wert** (6,5–7). **Bodenverdichtungen** und **stauende Nässe** sind zu vermeiden.

- **Klima:** Mohn verträgt in der Jugendentwicklung niedrige Temperaturen, benötigt aber in der Hauptvegetations-, Blüte- und Reifezeit **warme und stabile Witterungsbedingungen**. Regionen mit **ausgeglichener Niederschlagsverteilung** und **sommerlicher Wärme** bieten ideale Voraussetzungen.

Fruchtfolge

Mohn ist flexibel in der Fruchtfolge:
- **Ansprüche an die Vorfrucht:** Keine besonderen Anforderungen, bevorzugt jedoch **unkrautfreie und nährstoffreiche Felder**. Vorfrüchte wie **Getreide** oder **Leguminosen** sind geeignet, solange keine Rückstände chemischer Pflanzenschutzmittel vorliegen.
- **Nachfruchtwirkung:** Aufgrund seines tiefreichenden Wurzelsystems und der hinterlassenen Bodenstruktur ist Mohn eine **wertvolle Vorfrucht**.
- **Anbaupause:** Um Krankheitsdruck zu reduzieren, sollte Mohn **nicht häufiger als alle 4–5 Jahre** auf derselben Fläche angebaut werden.

Düngung

Düngungsempfehlung für Mohn (bei Gehaltsstufe C)	*Stickstoff (N) in kg/ha*	*Phosphat (P_2O_5) in kg/ha*	*Kali (K_2O) in kg/ha*	*Bor (B) in g/ha*
Niedriges Ertragsniveau	40	50	100	200
Mittleres Ertragsniveau	50	60	120	300
Hohes Ertragsniveau	60	70	150	400
Sehr hohes Ertragsniveau	70	80	180	500

- **Besonderheiten:**
  - **Stickstoff:** Etwa 2/3 des Stickstoffs vor der Aussaat und 1/3 in der Vegetationsphase ausbringen. Eine Überdüngung sollte vermieden werden, da sie Lagerneigung und Krankheitsanfälligkeit erhöht.
  - **Kalkversorgung:** Sicherstellen, dass der Boden einen optimalen pH-Wert aufweist.
  - **Bor:** Mohn hat einen hohen Borbedarf; eine gezielte Bordanreicherung ist notwendig, insbesondere auf borarmen Böden.
  - **Stallmist:** Sollte nicht direkt vor der Aussaat ausgebracht werden, um die Stickstoffverfügbarkeit besser kontrollieren zu können.

Anbau

- **Aussaat:**
  - **Zeitpunkt:** Mitte März bis Anfang April, sobald die Bodentemperatur mindestens **+3 °C** beträgt.

- **Saatbett:** Gut abgesetzter, feinkrümeliger Boden ohne Verkrustungen. Tiefbearbeitungen vermeiden, um die kapillare Wasserführung nicht zu stören.
- **Saatmenge: 0,35–0,4 kg/ha** bei einem TKG von ca. **0,5 g**; angestrebt wird ein Bestand von **50 Pflanzen/m²**.
- **Reihenweite: 5–10 cm**.
- **Saattiefe: 2–3 cm**, flach und gleichmäßig.

- **Hinweis:** Eine Bodenverkrustung nach der Saat sollte vermieden werden. Walzen ist nur bei trockenen Bedingungen zu empfehlen.

Unkrautbekämpfung

- **Mechanische Maßnahmen:**
  - Dreimalige Hackgänge mit Rübenhackgeräten oder Bürstenhackgeräten haben sich bewährt:
    - Erster Hackgang: Beim Sichtbarwerden der Reihen.
    - Zweiter Hackgang: Im **4-Blatt-Stadium**.
    - Dritter Hackgang: Kurz vor Reihenschluss; leichtes Anhäufeln kann die Standfestigkeit verbessern.
- **Manuelle Bearbeitung:** In stark verunkrauteten Beständen kann die Verwendung von Handhacken erforderlich sein.

Krankheiten und Schädlinge

Krankheiten:
- **Virosen:** Rübenmosaikvirus, Gelbes Bohnenmosaikvirus.
- **Pilzkrankheiten:** Falscher Mehltau, Wurzelbrand.

Schädlinge:
- **Mohnkapselrüßler:** Schädlingsbekämpfung durch rechtzeitige Feldbeobachtung und gezielten Einsatz biologischer Mittel.
- **Mohnfliege, Mohngallmücke.**

Mohnfelder in Österreich finden wir je nach Art mit violetten, rosa und weißen Blüten

Verwendung und Ernte

- **Reife:**
  - Der Mohn ist erntereif, wenn die Samen in den Kapseln rascheln und einen Feuchtigkeitsgehalt von **8 %** erreicht haben.
- **Ernte:**
  - Anpassung der Mähdruschtechnik, um Samenbruch und Qualitätsverluste zu vermeiden:
    - **Motordrehzahl reduzieren.**
    - **Dreschkorb öffnen**, sodass die Kapseln gerade noch zerquetscht werden.
    - **Trommeldrehzahl** auf ca. **500–600 U/min** einstellen.
    - **Reinigungssystem** so einstellen, dass Kapselbruchstücke die Samen nicht beschädigen.
  - Direktharvest ist möglich, wenn keine Kapselnutzung erfolgt.
- **Nutzung:** Mohn findet breite Anwendung in der **Lebensmittelproduktion**, insbesondere in Backwaren und als Ölquelle.

Nachhaltigkeitsaspekte

- **Ressourcenschonung:** Mohn zeigt gute Anpassung an mäßig nährstoffreiche Böden und benötigt relativ wenig Wasser.
- **Biodiversität:** Die blühende Kultur bietet Bestäubern eine zusätzliche Nahrungsquelle und unterstützt die Agrarbiodiversität.

Sonnenblume

Anforderungen an Boden und Klima

Sonnenblumen sind anspruchslose Kulturen, die auf einer Vielzahl von Böden gedeihen können. Sie bevorzugen jedoch tiefgründige, gut durchlüftete und durchlässige Böden mit einem neutralen bis leicht alkalischen pH-Wert (6,5–7,5). Staunässe und seichtgründige Standorte sollten vermieden werden, da sie das Wurzelwachstum einschränken.

Sonnenblumenfeld im Burgenland

Klimatisch sind Sonnenblumen wärmeliebende Pflanzen, die gut an trocken-warme Bedingungen angepasst sind. Sie benötigen während der Blüte- und Kornfüllungsphase eine gleichmäßige Wasserversorgung, sind jedoch relativ trockenheitstolerant.

Fruchtfolge

Sonnenblumen sollten nicht häufiger als alle **6 Jahre** auf derselben Fläche angebaut werden, um den Befall mit Krankheiten wie **Sklerotinia (Weißstängeligkeit)** zu vermeiden. Geeignete Vorfrüchte sind **Getreide** oder **Leguminosen**, die den Boden in einem guten Kulturzustand hinterlassen. Sonnenblumen selbst sind eine gute Vorfrucht, da sie durch ihr tiefes Wurzelsystem den Boden lockern und Nährstoffe aus tieferen Bodenschichten verfügbar machen.

Düngung

Sonnenblumen haben einen mittleren bis hohen Nährstoffbedarf. Die Nährstoffversorgung sollte auf Bodenuntersuchungsergebnissen basieren:

Nährstoffbedarf

	Reinnährstoff in kg/ha
Stickstoff (N)	40–100 (je nach Bodengehalt)
Phosphor (P_2O_5)	40–70
Kali (K_2O)	60–120
Magnesium (MgO)	20–40

- **Stickstoff:** Der Bedarf ist in der Jugendphase höher, weshalb eine Startgabe empfohlen wird. Eine Überdüngung ist zu vermeiden, da sie das Lager-Risiko erhöht.
- **Phosphor und Kalium:** Diese Nährstoffe fördern die Wurzelentwicklung und die Kornbildung.
- **Organische Dünger:** Stallmist kann vor der Aussaat ausgebracht werden, sollte aber gut eingearbeitet sein.
- **Kalkung:** Auf sauren Böden sollte eine Kalkung erfolgen, um den pH-Wert zu optimieren.

Anbau

- **Saatzeit:** Mitte April bis Anfang Mai, wenn die Bodentemperaturen **8–10 °C** betragen.
- **Saatgutbedarf:** Abhängig vom Tausendkorngewicht (TKG) beträgt die Aussaatstärke **6–8 kg/ha**.
- **Saattiefe:** 3–5 cm, auf leichten Böden auch tiefer.
- **Reihenweite:** 50–75 cm.
- **Standraum:** 20.000–30.000 Pflanzen/ha.

Ein gut abgesetztes, feinkrümeliges Saatbett fördert eine gleichmäßige Keimung. Der Anbau erfolgt meist mit Einzelkornsaat.

Unkrautbekämpfung

Sonnenblumen schließen ihre Reihen spät, weshalb eine mechanische oder chemische Unkrautbekämpfung in der Jugendphase notwendig ist. **Mechanische Maßnahmen** wie Striegeln oder Hacken können zur Bodenbelüftung und Unkrautkontrolle beitragen. **Herbizide** sollten nur gezielt eingesetzt werden, um Rückstände zu minimieren.

Krankheiten und Schädlinge

Krankheiten:
- **Sklerotinia (Weißstängeligkeit):** Befallene Pflanzen sollten entfernt werden, längere Fruchtfolgen sind wichtig.
- **Alternaria (Blattfleckenkrankheit).**
- **Falscher Mehltau.**

Schädlinge:
- **Drahtwürmer** und **Schnecken** können die Jungpflanzen schädigen.
- **Sonnenblumenmotte:** Kann zu Ertragsverlusten führen, Monitoring mit Pheromonfallen wird empfohlen.

Verwendung und Ernte

Sonnenblumen dienen sowohl der Ölgewinnung als auch der Futtermittelproduktion:
- **Erntezeitpunkt:** Sobald die Rückseite der Blütenköpfe gelblich-braun wird und die Samen hart sind.
- **Feuchtigkeit des Ernteguts:** Sollte unter 9 % liegen, um Lagerfähigkeit zu gewährleisten.
- **Erntemethoden:** Direktdrusch mit dem Mähdrescher, Anpassungen an Dreschkorb und Wind erforderlich, um Bruchkörner zu vermeiden.

Ölerträge: 40–50 % der Samenerträge. Nebenprodukte wie Presskuchen sind hochwertige Futtermittel.

Nachhaltigkeit und Perspektiven

Sonnenblumen sind wertvolle Kulturen für die Bioenergieproduktion und tragen durch ihre tiefreichenden Wurzelsysteme zur Bodenlockerung bei. Sie bieten zudem Lebensraum für Insekten und fördern die Biodiversität in Fruchtfolgen. In Österreich wird der Anbau von Sonnenblumen im Rahmen von Nachhaltigkeitsprogrammen gefördert, insbesondere in Regionen mit trocken-warmem Klima.

12.3. Eiweißpflanzen

Körnererbsen

Ansprüche an Boden und Klima

Körnererbsen gedeihen am besten auf leichten bis mittelschweren Böden mit guter Wasserdurchlässigkeit und einem neutralen pH-Wert (6,5–7,5). Böden mit pH-Werten unter 6,0 hemmen die Aktivität der Knöllchenbakterien und sollten durch gezielte Kalkung verbessert werden. Staunässe und verdichtete Böden sind unbedingt zu vermeiden, da diese das Wurzelwachstum und die Stickstofffixierung beeinträchtigen.
Die Erbse bevorzugt ein warmes Frühjahr und einen mäßig feuchten, kühlen Sommer. Während die Pflanze Spätfröste bis –4 °C verträgt, können anhaltend kühle oder nasse Bedingungen die Abreife verzögern und Krankheitsanfälligkeit erhöhen. Einheitliche Bodenverhältnisse fördern eine gleichmäßige Abreife, was besonders in mechanisierten Betrieben von Vorteil ist.

Fruchtfolge

Körnererbsen eignen sich hervorragend für die Integration in nachhaltige Fruchtfolgen. Da sie Stickstoff binden, hinterlassen sie eine verbesserte Nährstoffbilanz im Boden, was sie zu einer idealen Vorfrucht für Wintergetreide macht. Aufgrund möglicher Krankheitsübertragungen (z. B. durch Brennfleckenkrankheit oder Falschen Mehltau) sollten Anbaupausen von mindestens fünf bis sechs Jahren eingehalten werden. Bei Saatgutvermehrung ist eine noch längere Pause empfehlenswert.
Die Vorfrucht sollte möglichst unkrautfrei sein, um die Konkurrenz für die Keimlinge zu minimieren. Winterungen, wie Winterweizen, nutzen den von der Erbse hinterlassenen Stickstoff optimal aus.

Düngung

Körnererbsen haben einen geringen Stickstoffbedarf, da sie durch Knöllchenbakterien Stickstoff aus der Luft fixieren können. Der Fokus der Düngung liegt daher auf Phosphor (P) und Kalium (K), um das Wachstum und die Ertragsbildung zu unterstützen. Die Nährstoffbedarfstabelle zeigt den Phosphat- und Kaliumbedarf für Körnererbsen je nach Ertragsniveau:

Ertragsniveau	*Phosphat (P_2O_5) [kg/ha]*	*Kalium (K_2O) [kg/ha]*
Niedrig	50	70
Mittel	60	90
Hoch	70	110
Sehr hoch	80	130

- **Magnesium:** Der Bedarf liegt bei **40 bis 60 kg MgO/ha** und sollte anhand einer Bodenanalyse angepasst werden. Magnesium fördert die Fotosynthese und die Aktivität der Knöllchenbakterien.
- **Startstickstoffgabe:** Nur auf Böden mit niedrigen Stickstoffreserven ist eine geringe Startgabe von ca. **30 kg N/ha** ratsam, um das anfängliche Wachstum zu fördern.

Empfehlungen für den ökologischen Anbau

Im ökologischen Anbau ist die Verwendung von organischen Düngemitteln wie **Kompost, Mist** oder **Gründüngung** sinnvoll, um die Bodenfruchtbarkeit langfristig zu erhalten. Phosphat kann durch den Einsatz von **Rohphosphaten** ergänzt werden, während Kalium aus natürlichen Quellen wie **Kainit** oder **Patentkali** bereitgestellt wird. Magnesium kann durch Dolomitkalk ergänzt werden, der auch zur pH-Wert-Optimierung beiträgt.

Bedeutung der gezielten Düngung

Eine ausgewogene Düngung ist entscheidend, um Nährstoffverluste zu vermeiden und gleichzeitig die Ertragspotenziale der Körnererbse auszuschöpfen. Die Rückführung von Pflanzen-

Blüte der Körnererbse *Pisum sativum* var. *arvense*

resten nach der Ernte unterstützt die Humusbildung und schließt Nährstoffkreisläufe, was besonders in nachhaltigen Anbausystemen relevant ist.

Anbau

Die Aussaat erfolgt zwischen März und Anfang April, um der Pflanze ausreichend Zeit für die vegetative Entwicklung zu geben. Die empfohlene Pflanzenanzahl beträgt 70–90 Pflanzen/m², was einer Saatmenge von 200–300 kg/ha (je nach Tausendkorngewicht) entspricht.

- **Saattiefe:** 4–6 cm
- **Reihenweite:** 10–15 cm

Drillsämaschinen mit Nockenrädern sind wegen ihrer schonenden Handhabung der empfindlichen Samen zu bevorzugen. Zur Förderung der Knöllchenbakterienaktivität kann eine Impfung des Saatguts mit spezifischen Rhizobienstämmen sinnvoll sein.

Derzeit verwendete Sorten: ....

Unkrautbekämpfung

Eine mechanische Unkrautbekämpfung ist bis zum Auflaufen der Pflanzen möglich. Nach dem Auflaufen sind chemische oder mechanische Maßnahmen zu vermeiden, da die Erbse empfindlich auf Wachstumsstörungen reagiert. Die Unkrautunterdrückung erfolgt im ökologischen Landbau primär durch Fruchtfolgegestaltung und Zwischenfrüchte.

Krankheiten und Schädlinge

Körnererbsen sind anfällig für verschiedene Krankheiten und Schädlinge, darunter:

- *Krankheiten:* Brennfleckenkrankheit, Falscher und Echter Mehltau, Erbsenrost, Botrytis, Keimlings- und Auflaufkrankheiten.
- *Schädlinge:* Erbsenblattlaus, Erbsenkäfer, Erbsenwickler und Blattrandkäfer.

Der Einsatz resistenter Sorten, eine weite Fruchtfolge und eine gute Feldhygiene minimieren das Risiko. Für den ökologischen Anbau sind biologische Bekämpfungsmittel und pflanzenstärkende Präparate zu empfehlen.

Verwendung und Ernte

Körnererbsen werden hauptsächlich als hochwertiges Eiweißfuttermittel in der Rinder-, Schweine- und zunehmend auch in der Geflügelhaltung verwendet. Sie stellen zudem eine wichtige Proteinquelle für pflanzliche Lebensmittel dar, beispielsweise in Form von Erbsenprotein für Fleischersatzprodukte.

Die Ernte erfolgt zur gleichen Zeit wie Sommergerste. Um Bruch und Verluste zu vermeiden, sollte der Mähdrescher sorgfältig eingestellt werden:

- **Trommeldrehzahl:** 450–600 U/min
- **Dreschkorb:** weit stellen
- **Lamellensiebe:** steil stellen
- **Wind:** ausreichend stark zur Reinigung

Die Ernte sollte bei einem Feuchtigkeitsgehalt von 14–16 % erfolgen, um eine sichere Lagerung zu gewährleisten.

Bedeutung für Österreich

In Österreich gewinnen Körnererbsen aufgrund ihrer Klimaanpassung, ihres geringen Düngemittelbedarfs und ihrer positiven Fruchtfolgewirkung an Bedeutung. Sie tragen zur Reduktion von Importsoja bei und bieten Landwirten eine Alternative in nachhaltigen Anbausystemen.

Pferdebohne, Ackerbohne

Ansprüche an Boden und Klima

Pferdebohnen bevorzugen tiefgründige, bindige Böden mit guter Wasser- und Nährstoffversorgung. Besonders geeignet sind feuchtkühle Klimagebiete, da die Pflanze auf Trockenperioden aufgrund ihrer langen Vegetationsdauer und der großen Blattmasse empfindlich reagiert. Optimal ist ein pH-Wert des Bodens zwischen **6,8** und **7,2**; bei einem pH-Wert unter **6** sollte eine Kalkung vorgenommen werden. Neue Erkenntnisse zeigen, dass eine pH-optimierte Bodenpflege den Ertrag und die Knöllchenbakterienbildung wesentlich unterstützt. Aufgrund ihrer Anfälligkeit gegenüber Bodenschadverdichtungen sind regelmäßige Bodenanalysen und eine standortspezifische Bodenbearbeitung entscheidend.

Fruchtfolge

Die Pferdebohne eignet sich ideal zur Auflockerung enger Fruchtfolgen. Ein Anbau nach **Getreide oder Mais** ist günstig, während Hafer als Vorfrucht vermieden werden sollte, da er als Wirtspflanze für Nematoden dient, die auch die Pferdebohne befallen können. Um Krankheiten und Schädlinge zu reduzieren, sollte die Anbaupause mindestens **4 bis 6 Jahre** betragen. Wintergetreide als Nachfrucht kann den von der Pferdebohne fixierten Stickstoff optimal nutzen und so den Boden nachhaltig fruchtbar halten. Im ökologischen Landbau wird der Anbau in Mischkulturen, beispielsweise mit Erbsen, empfohlen, um die Bodenfruchtbarkeit weiter zu fördern.

Düngung

Die gezielte Düngung der Pferdebohne ist essenziell, um Ertrag und Qualität nachhaltig zu sichern. Aufgrund ihrer Symbiose mit Knöllchenbakterien trägt die Kultur zur Stickstofffixierung bei, was die Anforderungen an Stickstoffgaben reduziert. Im ökologischen Anbau stehen organische Düngemittel und natürliche Methoden im Vordergrund.

Nährstoffbedarf von Pferdebohnen (bei Gehaltsstufe C)	*Phosphat (P_2O_5) in kg/ha*	*Kali (K_2O) in kg/ha*
Niedriges Ertragsniveau	50	70
Mittleres Ertragsniveau	60	90
Hohes Ertragsniveau	70	110
Sehr hohes Ertragsniveau	80	130

Magnesiumbedarf

Der Magnesiumbedarf liegt zwischen **40 und 60 kg MgO/ha** und sollte anhand von Bodenuntersuchungsergebnissen angepasst werden. Auf magnesiumarmen Böden ist eine gezielte Zufuhr empfehlenswert, um die Photosyntheseleistung und die Pflanzengesundheit zu fördern.

© Esin Deniz/Shutterstock.com

Blütenstand der Pferdebohne.

Startstickstoffgabe

Eine **Startstickstoffgabe** ist nur auf Böden mit sehr geringen Stickstoffreserven notwendig. Hierbei sollten nicht mehr als **30 kg Reinstickstoff/ha** appliziert werden, um die Stickstofffixierung der Knöllchenbakterien nicht zu hemmen.

Empfehlungen für den ökologischen Anbau

- Organische Düngemittel wie Kompost, gut verrotteter Stallmist oder Gülle sollten bevorzugt werden.
- Gründüngung vor der Aussaat, z. B. mit Leguminosen oder Phacelia, kann die Bodenfruchtbarkeit fördern.
- Im Rahmen der Fruchtfolge sorgt der Anbau von Pferdebohnen für eine nachhaltige Stickstoffversorgung der Nachfrucht und trägt zur Humusbildung bei.

Nachhaltigkeitsaspekte

- Die Düngung sollte im Hinblick auf die Bodengesundheit und den Klimaschutz optimiert werden. Eine Überdüngung ist zu vermeiden, um Stickstoffverluste und Ammoniakausgasung zu minimieren.
- In ökologischen Betrieben wird die Verwendung von Rohphosphaten und Kaliumsulfat empfohlen, um die Nährstoffkreisläufe zu schließen.

Anbau

Die Aussaat sollte so früh wie möglich, idealerweise von **Ende Februar bis Anfang April**, erfolgen, da jede Verzögerung eine Ertragsminderung bewirken kann. Die Pferdebohne besitzt eine **gute Frostresistenz bis –4 °C** im Jungpflanzenstadium. Ziel ist ein Bestand von **40 bis 50 Pflanzen/m²**, wofür eine Saatmenge von **160 bis 240 kg/ha** (abhängig vom Tausendkorngewicht) notwendig ist.

Empfohlene Saatparameter:

- **Saattiefe:** 4–6 cm
- **Reihenabstand:** 20–30 cm

Neue Sorten sind resistenter gegen Krankheiten wie **Pferdebohnenrost** und zeichnen sich durch kürzere Vegetationsperioden aus, wodurch sie besser an den Klimawandel angepasst sind.

Derzeit verwendete Sorten: ....

....

Unkrautbekämpfung

Eine mechanische Unkrautbekämpfung, etwa mit Striegel oder Rauwalze, ist bis zum Auflaufen der Pflanzen möglich. Ab dem **3. Blattpaar** ist eine zweite mechanische Bearbeitung durch Hackgeräte empfehlenswert. Im ökologischen Landbau wird die Kombination von mechanischen Maßnahmen und einer standortspezifischen Fruchtfolgegestaltung bevorzugt. Chemische Mittel dürfen nur gemäß gesetzlicher Vorgaben und umweltverträglich eingesetzt werden.

Krankheiten und Schädlinge

- *Krankheiten:* Brennfleckenkrankheit, Fusarium-Fäule, Braunfleckenkrankheit, Pferdebohnenrost, bakterielle Schwarzbeinigkeit und Virosen.
- *Schädlinge:* Schwarze Bohnenblattlaus, Blattrandkäfer, Pferdebohnenkäfer und Thripse.

Zur Prävention wird die Förderung von Nützlingen und der Anbau resistenter Sorten empfohlen. Innovative Pflanzenschutzsysteme, wie der Einsatz von Drohnen zur Schädlingsüberwachung, sind zukunftsweisend.

Verwendung und Ernte

Die Ernte erfolgt, sobald sich die Hülsen dunkel verfärbt haben, meist **Mitte August bis Anfang September**. Die Stängel können zu diesem Zeitpunkt noch grün sein.

Empfehlungen für die Mähdruschernte:
- **Trommeldrehzahl:** 450–600 U/min
- **Dreschkorb:** weit öffnen, bei Bedarf leicht schließen
- **Maximaler Wind:** für optimale Reinigung

Das Erntegut muss bei einem Feuchtigkeitsgehalt über 14 % umgehend getrocknet werden, um Verluste zu vermeiden.

Nutzung

Die Pferdebohne ist ein **hochwertiges Eiweißfuttermittel** für Rinder- und Schweinehaltung und wird zunehmend in der menschlichen Ernährung verwendet (z. B. als pflanzliche Proteinquelle in Fleischalternativen). Die Silierung der Gesamtpflanze ist möglich und eine klimafreundliche Alternative zur herkömmlichen Futterproduktion. Zudem spielt die Pferdebohne eine bedeutende Rolle im europäischen Markt als Beitrag zur Reduktion der Sojaimporte.

Sojabohne

Ansprüche an Boden und Klima

Die Sojabohne bevorzugt **lockere, gut durchlüftete Böden** mit einer hohen Wasserspeicherfähigkeit und einem pH-Wert im **schwach sauren bis neutralen Bereich (6,5 bis 7,5)**. Staunässe oder sehr trockene, seichtgründige Böden sind für den wirtschaftlichen Anbau ungeeignet.

Feuchtwarme Klimagebiete, wie sie in den südöstlichen und östlichen Regionen Österreichs vorkommen, bieten die besten Voraussetzungen für den Sojabohnenanbau. Mit der Entwicklung **trockenheitstoleranter Sorten** wird die Kultur jedoch zunehmend auch in weniger optimalen Regionen etabliert, um die Anpassung an den Klimawandel zu fördern.

Fruchtfolge

Sojabohnen stellen geringe Ansprüche an die Vorfrucht und werden häufig nach Getreide angebaut. Aufgrund ihres **Stickstoffsammlerpotenzials** und ihres gut entwickelten Wurzelsystems sind sie selbst eine wertvolle Vorfrucht, insbesondere für nachfolgende Getreidekulturen.

Besonderheiten:

- Wegen der Pilzkrankheit **Sklerotinia (Weißstängeligkeit)** sollten längere Anbauintervalle von 5 bis 6 Jahren eingehalten werden.
- Kulturen wie Bohnen, Sonnenblumen, Paprika und Raps, die ebenfalls anfällig für Sklerotinia sind, sollten in der Fruchtfolge vermieden werden.

Düngung

Die Sojabohne hat durch ihre Symbiose mit Knöllchenbakterien einen **hohen Stickstoffbedarf**, der überwiegend durch Luftstickstoff gedeckt wird.

Nährstoffbedarf der Sojabohne (bei Gehaltsstufe C)	*Phosphat (P_2O_5) in kg/ha*	*Kali (K_2O) in kg/ha*
Niedriges Ertragsniveau	50	70
Mittleres Ertragsniveau	60	90
Hohes Ertragsniveau	70	110
Sehr hohes Ertragsniveau	80	130

- **Stickstoffdüngung:**
  - Eine **Startgabe von 20–30 kg N/ha** kann bei Böden mit geringer Stickstoffversorgung sinnvoll sein.
  - Zu hohe Stickstoffgaben hemmen die Knöllchenbakterien und können Reifeverzögerungen verursachen.
- **Mikronährstoffe:**
  - Ein **ausreichendes Angebot an Bor und Molybdän** ist für die Knöllchenbildung entscheidend.
  - Eine **Impfdüngung** mit Knöllchenbakterien ist bei erstmaligem Anbau zwingend notwendig, um die Symbiose zu etablieren.

Anbau

Saatzeit: Mitte April bis Anfang Mai, sobald die Bodentemperatur in 5 cm Tiefe konstant **mindestens 10 °C** beträgt.

Saatstärke: 40–60 Pflanzen/m²; je nach Tausendkorngewicht (130–160 g) liegt die Saatmenge bei 70–90 kg/ha.

Saattiefe: 3–4 cm (auf leichten, schnell austrocknenden Böden bis 5 cm).

Reihenweite: 25–30 cm (Drillsaat oder Einzelkornsaat).

Walzen: Bei sehr lockerem Boden ist ein Anwalzen nach der Saat sinnvoll, um einen guten Bodenschluss zu gewährleisten.

Tragen Sie derzeit verwendete Sorten mit ihrer zugehörigen Reifegruppe ein!

Sorten: ....

....

Unkrautbekämpfung

Mechanische Maßnahmen, wie **Striegeln oder Hacken**, fördern die Bodendurchlüftung und unterstützen die Knöllchenbakterien.

Chemische Unkrautbekämpfung kann mit **Vorauflaufherbiziden oder Nachauflaufherbiziden** erfolgen. Eine bedarfsgerechte Anwendung gemäß aktuellen EU-Richtlinien wird empfohlen.

Krankheiten und Schädlinge

Krankheiten:

- **Sklerotinia (Weißstängeligkeit):** Erhöhtes Risiko bei feuchten Witterungsbedingungen. Vorbeugend sind längere Anbaupausen wichtig.
- Weitere relevante Krankheiten: **Falscher Mehltau, Brennfleckenkrankheit, Pustelkrankheit, Fußfäule und Mosaikkrankheit.**

Schädlinge:

- Blattläuse, Spinnmilben und Bohnenfliegen können Schäden verursachen. Eine **integrierte Schädlingskontrolle** ist entscheidend.

Reife Hülse der Sojabohne

Verwendung und Ernte

Verwendung: Sojabohnen sind weltweit eine der wichtigsten Kulturen zur **Öl- und Eiweißgewinnung.** Sie werden in der Tierfütterung und zunehmend auch für pflanzliche Lebensmittel (Tofu, Sojamilch) genutzt.

Erntezeitpunkt: Reif ist die Kultur, wenn die Blätter eingetrocknet und abgefallen sind. Der Wassergehalt der Körner sollte bei der Ernte **maximal 14 %** betragen.

Mähdrusch:

- Verwendung von tiefschneidenden Mähdreschern, da die Hülsen tief am Stängel sitzen.
- Trommelgeschwindigkeit: ca. 600 U/min.
- Dreschkorbabstand: vorne 20–25 mm, hinten 15–18 mm.

Nachhaltigkeitsaspekte

- **Klimaanpassung:** Der Anbau von Sojabohnen wird durch trockenheitstolerante Sorten und verbesserte Impfdüngungen zunehmend auch in nördlicheren und weniger optimalen Regionen etabliert.
- **Förderprogramme:** In Österreich wird der Sojaanbau durch EU-weite Programme zur Förderung von Eiweißpflanzen unterstützt. Diese tragen zur Reduzierung von Sojaimporten und zur Stärkung der regionalen Eiweißversorgung bei.

12.4. Anbau von Pflanzen zur Bioenergiegewinnung

Angesichts der schwindenden fossilen Energievorräte und der drängenden Notwendigkeit zur Senkung der Treibhausgasemissionen gewinnt die Bioenergie aus nachwachsenden Rohstoffen zunehmend an Bedeutung. Der nachhaltige Anbau von Energiepflanzen bietet eine vielversprechende Alternative, um erneuerbare Energiequellen zu fördern und regionale Wirtschaftskreisläufe zu stärken.

12.4.1. Pflanzen zur Gewinnung von Treibstoffen

Bioethanol und Biodiesel

- **Körnerraps (Biodiesel):**
  - **Einsatz:** Rapsöl kann direkt in umgerüsteten Motoren verwendet werden oder durch Veresterung in Biodiesel (Rapsmethylester, RME) umgewandelt werden.
  - **Nebenprodukte:** Presskuchen und Schrote dienen als hochwertiges Futtermittel.
  - **Erträge:** Pro Hektar können bis zu 1.500 Liter Biodiesel erzeugt werden.

- **Ethanolweizen (Bioethanol):**
  - **Voraussetzungen:** Siehe Kapitel 6.3.1.
  - **Einsatz:** Bioethanol wird aus stärkehaltigen Pflanzen gewonnen und als Benzinersatz oder -zusatz verwendet. Besonders wichtig sind Sorten mit hohem Stärkegehalt und niedrigem Eiweißgehalt.
  - **Ertrag:** Aus **3 Tonnen** Weizen wird etwa **1 Tonne Bioethanol** hergestellt.
  - **Weitere Rohstoffe:** Mais, Zuckerrüben und Kartoffeln eignen sich ebenfalls zur Ethanolproduktion.

- **Nachhaltigkeit:**
  - Die Einhaltung der EU-Richtlinie über die Förderung der Nutzung von Energie aus erneuerbaren Quellen (Richtlinie (EU) 2018/2001) ist verpflichtend.
  - In Österreich gelten strikte Anforderungen an den Anbau von Rohstoffen für Biotreibstoffe, um eine umweltschonende Produktion zu gewährleisten.

12.4.2. Pflanzen zum Betrieb von Biogasanlagen

- **Rohstoffe:**
  - **Silagen:** Vorwiegend von Mais, Hirse, Sonnenblumen, Luzerne und Gras.
  - **Substrate:** Wirtschaftsdünger (z. B. Gülle) wird häufig als Co-Substrat eingesetzt.

- **Funktionsweise:**
  - Anaerobe Fermentation durch Mikroorganismen produziert **Methangas**.
  - Das Gas wird gereinigt und in Blockheizkraftwerken zur Strom- und Wärmeerzeugung verwendet.
  - **Nährstoffkreislauf:** Die vergorene Gülle dient als hochwertiger organischer Dünger.

- **Nachhaltigkeit:**
  - Biogasanlagen tragen zur Reduktion von Methanemissionen aus Gülle und anderen organischen Abfällen bei.
  - In Österreich wird die Nutzung von Biogasanlagen durch das Erneuerbaren-Ausbau-Gesetz (EAG) gefördert.

12.4.3. Pflanzen zur Gewinnung von Wärmeenergie

Kurzumtriebsgehölze

- **Arten:**
  - Hauptsächlich **Pappeln, Weiden, Robinien**, aber auch **Eschen** und **Erlen**.

- **Anbau:**
  - Stecklinge (ca. **14.000 Stück/ha** für Pappeln und **18.000 Stück/ha** für Weiden) werden mit speziellen Maschinen gepflanzt.
  - Erste Ernte nach 2–3 Jahren, danach alle 2–3 Jahre über eine Gesamtnutzungsdauer von 15–20 Jahren.

- **Erträge:**
  - **7–28 t absolut trockene Biomasse/ha.**
- **Nachhaltigkeit:**
  - Kurzumtriebsgehölze binden Kohlenstoff und verbessern die Bodenstruktur.
  - Nach Ablauf der Nutzungsdauer werden die Wurzelstöcke mit einer Forstfräse zerkleinert.

Miscanthus (Chinaschilf)

- **Anbau:**
  - Geeignet für Maisanbaulagen mit gutem Wasserhaltevermögen.
  - Pflanzung der Rhizome ab Mitte April mit einem Abstand von **1 m × 1 m**.
- **Pflege:**
  - Geringer Düngungsbedarf, Pflanzenschutzmittel ähnlich wie im Maisanbau.
- **Ernte:**
  - Erfolgt im zeitigen Frühjahr nach dem Abfrosten der Pflanzen mit reihenlosen Häckslern.
  - Feuchtigkeitsgehalt des Ernteguts: **12–15 %**.
- **Erträge:** Bis zu **15–20 t/ha Trockenmasse.**
- **Nutzung:**
  - Zur Wärmegewinnung oder als Rohstoff für industrielle Anwendungen (z. B. Dämmmaterialien).

Besondere Hinweise für Österreich

1 Rechtliche Vorgaben:
- Der Anbau von Energiepflanzen unterliegt den Vorgaben der EU und den österreichischen Förderprogrammen für erneuerbare Energien.
- Gemäß dem EAG werden Anlagen gefördert, die Energiepflanzen nachhaltig einsetzen.

2 Förderung und Wirtschaftlichkeit:
- Landwirte können Fördermittel für den Anbau von Bioenergiepflanzen beantragen.
- Effiziente Nutzung und Kreislaufwirtschaft (z. B. Reststoffverwertung) sind zentrale Kriterien für die Förderung.

3 Beratung und Vernetzung:
- Informationen und Beratung sind bei der **Agrarmarkt Austria (AMA)** und den **Landwirtschaftskammern** erhältlich.

Nachhaltigkeit und Perspektiven

- Der Anbau von Pflanzen für die Bioenergiegewinnung ist ein wichtiger Beitrag zur Energiewende und kann durch geeignete Fruchtfolgen und ökologische Anbaupraktiken nachhaltig gestaltet werden.
- Österreich hat durch seine landwirtschaftlichen Strukturen und Förderprogramme ideale Voraussetzungen, um Bioenergiepflanzen in nachhaltige Produktionssysteme zu integrieren

13. Anhang

Definitionen von Begriffen im Zusammenhang mit EU-Programmen und moderner Landwirtschaft

AMA – Agrarmarkt Austria

Österreichische Institution zur Abwicklung von Förderungs- und Kontrollprogrammen im Bereich der Landwirtschaft.

Ackerland (A)

Alle Flächen, die für den Anbau von Feldfrüchten unter Pflug genommen werden können.

Ausgleichszulage (AZ)

Beihilfe für landwirtschaftliche Betriebe in benachteiligten Gebieten zur Sicherung der Bewirtschaftung.

Bodenklimazahl (BKZ)

Kennzahl zur Bewertung der Ertragsfähigkeit eines Bodens, auf einer Skala von 0 bis 100 Punkten.

Degressive Ausgleichszahlungen

Finanzielle Unterstützung während des Übergangszeitraums nach dem EU-Beitritt zur Anpassung der Wettbewerbsfähigkeit.

Bioökonomie

Nachhaltige Nutzung biologischer Ressourcen zur Produktion von Nahrungsmitteln, Energie und Materialien.

Feldstück

Abgegrenzte landwirtschaftliche Fläche (Acker oder Grünland), die als Bewirtschaftungseinheit gilt.

Flächen-Basiserfassung

Erfassung aller landwirtschaftlich genutzten Flächen, die für EU-Förderprogramme relevant sind.

Flächenstilllegung

Verpflichtung zur vorübergehenden Nichtnutzung landwirtschaftlicher Flächen, meist zur Erhaltung der Biodiversität oder zur Reduzierung von Überschüssen.

Futterfläche

Flächen zur Erzeugung von Futtermitteln im Zeitraum 1. Januar bis 31. Juli; Silomais kann je nach Nutzung auch als Getreidefläche gelten.

Garantiemenge

Von der EU vorgegebene Produktionsmenge bestimmter landwirtschaftlicher Erzeugnisse, deren Überschreitung Sanktionen nach sich ziehen kann.

Gemeinsame Agrarpolitik (GAP)

Rahmenpolitik der EU zur Förderung einer nachhaltigen, wettbewerbsfähigen und umweltfreundlichen Landwirtschaft.

Grundstück
Katastral definierte landwirtschaftliche Fläche mit einer eindeutigen Grundstücksnummer.

Grüner ECU
Historisch verwendete Währungseinheit in der EU-Agrarpolitik, heute durch den Euro ersetzt.

Intervention
Markteingriff durch staatliche Maßnahmen, z. B. Festsetzung von Interventionspreisen, um Preisstabilität zu gewährleisten.

INVEKOS
Integriertes Verwaltungs- und Kontrollsystem der EU zur Beantragung und Abwicklung von Agrarförderungen.

Kleinerzeuger
Betriebe mit weniger als 10 ha landwirtschaftlicher Nutzfläche (je nach Definition), oft von bestimmten Verpflichtungen befreit.

Kulturpflanzenausgleich (KPA)
Förderungen für den Anbau von Getreide, Ölsaaten, Eiweißpflanzen und für Flächenstilllegungen.

Landwirtschaftliche Nutzfläche (LN)
Gesamtheit der Acker-, Grünland- und Sonderkulturen eines landwirtschaftlichen Betriebes.

Non-Food-Bereich
Anbau von Pflanzen für die industrielle Nutzung oder Bioenergiegewinnung, z. B. Raps für Biodiesel oder Miscanthus für Biomasse.

ÖPUL – Österreichisches Programm zur Förderung einer umweltgerechten Landwirtschaft
Förderprogramm zur Unterstützung umweltschonender Bewirtschaftungsweisen, Förderung der Biodiversität und Ressourcenschonung.

Referenzfläche
Ausgleichsberechtigte landwirtschaftliche Fläche, deren Überschreitung zur Kürzung von Förderungen führen kann.

Richtpreis
Preisempfehlung für landwirtschaftliche Produkte, der vom Markt erzielt werden soll (kein staatlich garantierter Fixpreis).

Schlag
Zusammenhängende Teilfläche eines Feldstücks, die mit derselben Kultur bestellt wird.

Spezialkulturen (S)
Intensive, arbeits- und flächenaufwendige Kulturen wie Obst-, Gemüse-, Weinbau und Baumschulen.

Zwölfmonatszeitraum
Ein landwirtschaftliches Wirtschaftsjahr, meist von 1. April bis 31. März.

Neue Begriffe und Ergänzungen

Agroforstwirtschaft
Mischsysteme aus Bäumen, Sträuchern und landwirtschaftlichen Kulturen oder Weideflächen zur Förderung der Biodiversität und Bodengesundheit.

Carbon Farming
Landwirtschaftliche Praktiken, die darauf abzielen, Kohlenstoff im Boden zu binden und Treibhausgasemissionen zu reduzieren.

Biodiversitätsförderflächen
Landwirtschaftliche Flächen, die gezielt für den Schutz von Artenvielfalt genutzt werden (z. B. Blühstreifen, Hecken).

Precision Farming
Technologiegestützte Anbaumethoden zur Optimierung des Ressourceneinsatzes und zur Steigerung der Erträge bei minimalen Umweltauswirkungen.

Agroökologie
Ganzheitlicher Ansatz für eine nachhaltige Landwirtschaft, der ökologische, soziale und ökonomische Aspekte integriert.

Direktzahlungen
EU-Förderungen, die als Einkommensstütze direkt an landwirtschaftliche Betriebe ausgezahlt werden, oft gekoppelt an Umweltauflagen.

Klimasmarte Landwirtschaft
Anpassungsstrategien zur Bewältigung der Klimakrise, einschließlich nachhaltiger Bodenbewirtschaftung, wassersparender Anbaumethoden und CO_2-Reduktion.

Green Deal der EU
Initiative zur Förderung einer nachhaltigen Wirtschaft in Europa, mit Schwerpunkt auf einer umweltfreundlichen Landwirtschaft.

Die jeweils jahresaktuellen Maßnahmen zum ÖPUL-Programm finden Sie auf https://www.ama.at/fachliche-informationen/oepul/aktuelle-informationen

Miscanthus-Feld für die Biomasse-Gewinnung